Deepen Your Mind

推薦序

檔案系統複雜而有趣。檔案系統可以說是電腦軟體系統中最複雜的子系統。登上檔案系統這座高峰，可以一覽眾山小，俯視任何其他複雜的軟體系統。

檔案系統使用的資料結構，能夠幫助使用者解決各種類型的問題。檔案系統的實現與運算資源管理、記憶體資源管理、網路資源管理相互作用，了解這些充滿歷史故事和智慧的技術方案是一個有趣的學習旅程。

作者任職於儲存業界的翹楚企業，長期從事統一儲存的研發，是負責檔案系統研發的首席工程師。博觀而約取，厚積而薄發。作者在長期知識的累積下撰寫了本書。「知道」是一種本事，把「知道」講得清楚是另一種本事。本書既包括豐富的檔案系統最前端知識，其內容講解又通俗易懂。

在網際網路與搜尋引擎時代，知識的獲取變得容易和便捷。在自媒體時代，資訊的產生、資訊的多樣性和資訊呈現的品質獲得呈爆炸性增長。在視訊網誌時代，文字、圖片、音訊、視訊的多媒體讓知識的展現方式豐富多彩、形象生動。那麼，是否有一本書可以讓人們暫時放下其他事情，花時間來靜靜閱讀呢？這必然是一本極易吸收，學習效率極高的書。閱讀時能讓人因似曾相識而會心一笑，時而讓人因為新收穫而喜悅無比。本書講解透徹，語言平實自然，從檔案系統的初始問題出發，一個問題一個問題地深入，一個基礎知識一個基礎知識地介紹，這種剝洋蔥式層層展開，透過層層臺階登山的方式，讀者能高枕無憂的不斷累積所學的知識，輕鬆掌握檔案系統的重點。

為了更進一步做到知其然更知其所以然，本書除了適當地介紹程式，還介紹方便好用的實驗工具和方法。舉例來說：「第四章 \4.1\4.1.1 基於檔案建構檔案系統」主要介紹使用 dd 命令和 loop 裝置方式，就可以不對自己的電腦做任何改動，模擬出一個檔案系統進行實驗。「第四章 \4.1\4.1.2 了解函數呼叫流程的利器」主要介紹使用 ftrace 追蹤檔案系統的內部 API 呼叫情況，有助讀者了解程式呼叫的流程。

這些工具和方法類似《庖丁解牛》中庖丁的牛刀和秘訣，讀者可以藉此逐步學習檔案系統的知識，了解檔案系統的工作原理。相信讀者透過學習本書，不僅可以掌握檔案系統的理論知識，還能從實踐中獲取檔案系統實現之精華。

高雷

Dell Technologies 中階儲存部門高級經理

前言

從最初的檔案系統雛形到現在,檔案系統已經發展六七十年了。檔案系統的特性變得越來越豐富,適用的場景也越來越多。目前,傳統檔案系統除個別網際網路業務外,基本上能滿足現有各種類型業務的需求。同時,很多應用也都直接建構在檔案系統之上。特別是非結構化的資料,通常都是以檔案的形式儲存在檔案系統中的,如音訊、視訊和日誌等。

隨著網際網路技術的發展,網際網路應用對傳統檔案系統提出更高的要求,傳統檔案系統很難滿足網際網路業務的需求。很多網際網路公司基於自身業務特性建構了自己的儲存系統。網際網路儲存系統更多的是基於自己業務特點簡化儲存系統的某些方面,而增強另外一些方面的。比如,對檔案系統附加特性進行弱化,而對性能和擴充性進行增強等。雖然網際網路公司的儲存系統都是一些私有化的儲存系統,但核心技術並沒有太大變化。

網際網路領域有很多典型的儲存系統,其中比較著名的有 Google 的 GFS、開放原始碼產品 HDFS、Facebook 的 Haystack 及淘寶的 TFS 等。每一種儲存系統都是針對其應用進行了特殊的最佳化,通常只能應用在某種特定的業務模式中。

以 Haystack 儲存系統為例,其主要應用在 Facebook 社交軟體的照片應用中。照片應用有一個非常典型的特徵是一次寫入、多次讀取、不會修改。而該應用對檔案系統的其他特性則沒有要求,如擴充屬性和快照等。

雖然檔案系統具有非常廣泛的應用，但是目前中文並沒有一本系統介紹檔案系統的書籍。作者在學習檔案系統時曾經閱讀很多電腦書籍，發現它們大多只是對檔案系統進行了比較簡要的介紹。比如，一些作業系統類的書籍，其中某些章節對檔案系統的概念和原理進行了介紹，但距離實踐還有一些差距，特別是與現在網際網路相關的技術相差甚遠。

透過學習本書內容，希望讀者能夠對檔案系統技術有一個全面深入的了解，並結合原始程式碼進行實例解析。同時，本書對檔案系統在網際網路和雲端運算等領域的應用進行了進一步的介紹和原理分析，讓讀者對檔案系統技術在最先進的應用有所了解。

♣ 主要內容

本書分為七章，第一章和第二章主要介紹檔案系統的概念、原理和基本使用，希望讀者能夠對檔案系統有整體、基本的認識。第三章和第四章主要對本地檔案系統的關鍵技術、原理介紹，並且結合實例進行程式分析。本地檔案系統是學習其他檔案系統的基礎，因此這兩章進行了詳細的介紹。第五章主要對傳統網路檔案系統介紹，並結合 NFS 的程式介紹了實現細節。第六章主要對分散式網路檔案系統介紹，並結合目前常用的分散式檔案系統 CephFS 和 GlusterFS 介紹了具體實現。第七章主要介紹了檔案系統的其他形態，對目前網際網路應用最廣的物件儲存進行深入的介紹。

✤ 適合讀者群

雖然本書是介紹檔案系統知識的專業書籍，但是並非只針對儲存系統開發人員。軟體開發人員、運行維護人員和系統架構師等都可以從本書獲得有用的知識。

- 軟體開發人員：了解檔案系統的原理對軟體開發人員如何合理使用檔案系統的相關 API 會非常有幫助。比如，軟體開發人員不清楚檔案系統快取的存在，那麼在使用 API 時可能就不知道如何保證停電時資料不遺失。

- 運行維護人員：有一些系統參數是與檔案系統相關的，如當處理程序打開時最大檔案的數量。如果能夠對檔案系統的原理有所了解，相信可以幫助運行維護人員合理地設定系統參數。

- 系統架構師：檔案系統中的很多技術是通用技術，了解這些技術可以說明系統架構師進行其他系統的設計，還可以說明系統架構師將檔案系統中的一些技術遷移到其他軟體設計中。

✤ 軟體及程式版本

本書涉及的軟體比較多，分別是 Linux 核心、Ceph、GlusterFS 和 NFS-Ganesha 等。本書涉及的 Linux 核心程式為 5.8 版本，涉及的 Ceph 相關程式為 13.2（Mimic）版本，涉及的 GlusterFS 相關程式為 release-8 版本，涉及的 NFS-Ganesha 的程式為 2.8.3 版本。

本書介紹從本地檔案系統到分散式檔案系統等許多技術，涉及的技術點比較多。作者在說明時儘量結合原始程式碼和圖示將相關內容解釋清楚。由於作者水準有限，書中難免存在一些疏漏和不足，希望同行專家和讀者們給予批評與指正。

特別要感謝電子工業出版社的林瑞和編輯，沒有他的鼓勵和指導，就沒有本書的問世。在撰寫本書的過程中，林瑞和編輯給予了很多非常專業的建議。還要感謝我的好友劉佔甯，他對整本書稿進行了很認真的閱讀，無論是遣詞造句，還是技術內容的準確性方面都提出了很多建議，使得本書的內容更加精準。

我在撰寫本書時獲得了家人，特別是我的妻子路歡歡的很大支持，她承擔了很多的家務，讓我有更多的時間專注寫作。另外，還有很多其他朋友和同事對本書提了建議，在此一併表示感謝！

張書寧

2021 年 11 月於北京

目錄

01 從檔案系統是什麼說起

1.1　什麼是檔案系統 1-2

　　1.1.1　普通使用者角度的檔案系統 1-4

　　1.1.2　作業系統層面的檔案系統 1-13

　　1.1.3　檔案系統的基本原理 1-16

1.2　常見檔案系統及分類 1-19

　　1.2.1　本地檔案系統 1-20

　　1.2.2　虛擬檔案系統 1-20

　　1.2.3　網路檔案系統 1-21

　　1.2.4　叢集檔案系統 1-22

　　1.2.5　分散式檔案系統 1-23

02 知其然 -- 如何使用檔案系統

2.1　巧婦之炊 -- 準備開發環境 2-2

2.2　檔案內容的存取 -- 讀 / 寫檔案 2-3

　　2.2.1　檔案系統的 API 2-3

　　2.2.2　檔案存取的一般流程 2-5

　　2.2.3　檔案內容的讀 / 寫實例 2-6

　　2.2.4　關於 API 函數的進一步解釋 2-8

2.3　如何遍歷目錄中的檔案 2-12

2.4　格式化檔案系統與掛載 2-16

2.5 檔案系統與許可權管理 2-19

    2.5.1 Linux 許可權管理簡介 2-20

    2.5.2 設置檔案的 RWX 許可權 2-21

    2.5.3 設置檔案的 ACL 許可權 2-26

2.6 檔案系統的鎖機制 2-30

    2.6.1 檔案鎖的分類與模式 2-30

    2.6.2 Linux 檔案鎖的使用 2-32

2.7 檔案系統的擴展屬性 2-37

2.8 檔案的零拷貝 2-39

    2.8.1 零拷貝的基本原理 2-39

    2.8.2 零拷貝的系統 API 2-41

03 知其所以然 -- 本地檔案系統原理及核心技術

3.1 Linux 檔案系統整體架構簡介 3-2

    3.1.1 從 VFS 到具體檔案系統 3-4

    3.1.2 關鍵處理流程舉例 3-7

3.2 本地檔案系統的關鍵技術與特性 3-25

    3.2.1 磁碟空間布局（Layout） 3-26

    3.2.2 檔案的資料管理 3-37

    3.2.3 快取技術 3-48

    3.2.4 快照與複製技術 3-55

    3.2.5 日誌技術 3-59

    3.2.6 許可權管理 3-60

    3.2.7 配額管理 3-66

3.2.8　檔案鎖的原理 3-68

3.2.9　擴展屬性與 ADS 3-69

3.2.10 其他技術簡介 3-73

3.3　常見本地檔案系統簡介 3-74

3.3.1　ExtX 檔案系統 3-74

3.3.2　XFS 檔案系統 3-75

3.3.3　ZFS 檔案系統 3-76

3.3.4　Btrfs 檔案系統 3-77

3.3.5　FAT 檔案系統 3-78

3.3.6　NTFS 檔案系統 3-79

04　從理論到實戰 -- Ext2 檔案系統程式詳解

4.1　本地檔案系統的分析方法與工具 4-2

4.1.1　基於檔案建構檔案系統 4-2

4.1.2　了解函式呼叫流程的利器 4-3

4.2　從 Ext2 檔案系統磁碟布局説起 4-5

4.2.1　Ext2 檔案系統整體布局概述 4-5

4.2.2　超級區塊（SuperBlock）..................................... 4-8

4.2.3　區塊群組描述符號（Block Group Descriptor）........... 4-11

4.2.4　區塊位元映射（Block Bitmap）........................... 4-14

4.2.5　inode 位元映射（inode Bitmap）......................... 4-15

4.2.6　inode 與 inode 表 4-15

4.3　Ext2 檔案系統的根目錄與目錄資料布局 4-21

4.4　Ext2 檔案系統的掛載 4-25

4.5　如何建立一個檔案 4-26

　　4.5.1　建立普通檔案 4-27

　　4.5.2　建立軟硬連結 4-32

　　4.5.3　建立目錄 4-37

4.6　Ext2 檔案系統刪除檔案的流程 4-38

4.7　Ext2 檔案系統中檔案的資料管理與寫資料流程 4-43

　　4.7.1　Ext2 檔案系統中的檔案資料是如何管理的 4-43

　　4.7.2　從 VFS 到 Ext2 檔案系統的寫流程 4-45

　　4.7.3　不同寫模式的流程分析 4-50

　　4.7.4　快取資料更新及流程 4-56

4.8　讀取資料的流程分析 4-58

　　4.8.1　快取命中場景 4-60

　　4.8.2　非快取命中場景 4-60

　　4.8.3　資料預先讀取邏輯 4-62

4.9　如何分配磁碟空間 4-69

　　4.9.1　計算儲存路徑 4-71

　　4.9.2　獲取儲存路徑 4-74

　　4.9.3　分配磁碟空間 4-76

4.10　Ext2 檔案系統的擴展屬性 4-78

　　4.10.1　Ext2 檔案系統擴展屬性是怎麼在磁碟儲存的 4-78

　　4.10.2　設置擴展屬性的 VFS 流程 4-81

　　4.10.3　Ext2 檔案系統擴展屬性介面實現 4-84

4.11　許可權管理程式解析 4-90

　　4.11.1　ACL 的設置與獲取 4-90

　　4.11.2　ACL 許可權檢查 4-92

4.12 檔案鎖程式解析 4-93

 4.12.1 flock() 函數的核心實現 4-93

 4.12.2 fcntl() 函數的核心實現 4-95

05 基於網路共用的網路檔案系統

5.1 什麼是網路檔案系統 5-1

5.2 網路檔案系統與本地檔案系統的異同 5-3

5.3 常見的網路檔案系統簡析 5-4

 5.3.1 NFS 檔案系統 5-4

 5.3.2 SMB 協定與 CIFS 協定 5-5

5.4 網路檔案系統關鍵技術 5-6

 5.4.1 遠端程序呼叫（RPC 協定） 5-7

 5.4.2 用戶端與服務端的語言——檔案系統協定 5-9

 5.4.3 檔案鎖的網路實現 5-10

5.5 準備學習環境與工具 5-11

 5.5.1 架設一個 NFS 服務 5-11

 5.5.2 學習網路檔案系統的利器 5-13

5.6 網路檔案系統實例 5-15

 5.6.1 NFS 檔案系統架構及流程簡析 5-15

 5.6.2 RPC 協定簡析 5-19

 5.6.3 NFS 協定簡析 5-22

 5.6.4 NFS 協定的具體實現 5-29

5.7 NFS 服務端及實例解析 5-46

　　　5.7.1　NFSD 5-47

　　　5.7.2　NFS-Ganesha 5-57

06 提供橫向擴展的分散式檔案系統

6.1　什麼是分散式檔案系統 6-2

6.2　分散式檔案系統與網路檔案系統的異同 6-2

6.3　常見分散式檔案系統 6-3

　　　6.3.1　GFS 6-4

　　　6.3.2　CephFS 6-6

　　　6.3.3　GlusterFS 6-6

6.4　分散式檔案系統的橫向擴展架構 6-7

　　　6.4.1　中心架構 6-7

　　　6.4.2　對等架構 6-9

6.5　分散式檔案系統的關鍵技術 6-11

　　　6.5.1　分散式資料布局 6-11

　　　6.5.2　分散式資料可靠性（Reliability）........................... 6-13

　　　6.5.3　分散式資料一致性（Consistency）......................... 6-19

　　　6.5.4　裝置故障與容錯（Fault Tolerance）....................... 6-21

6.6　分散式檔案系統實例之 CephFS 6-22

　　　6.6.1　架設一個 CephFS 分散式檔案系統 6-23

　　　6.6.2　CephFS 分散式檔案系統架構簡析 6-24

　　　6.6.3　CephFS 用戶端架構 6-28

　　　6.6.4　CephFS 叢集端架構 6-31

6.6.5　CephFS 資料組織簡析 6-34

6.6.6　CephFS 檔案建立流程解析 6-42

6.6.7　CephFS 寫資料流程解析 6-53

6.7　分散式系統實例之 GlusterFS 6-55

6.7.1　GlusterFS 的安裝與使用 6-56

6.7.2　GlusterFS 整體架構簡析 6-61

6.7.3　轉換器與轉換器樹 6-63

6.7.4　GlusterFS 資料分布與可靠性 6-70

6.7.5　GlusterFS 用戶端架構與 I/O 流程 6-76

6.7.6　GlusterFS 服務端架構與 I/O 流程 6-79

07　百花爭豔 -- 檔案系統的其他形態

7.1　使用者態檔案系統框架 7-1

7.1.1　Linux 中的使用者態檔案系統框架 Fuse 7-2

7.1.2　Windows 中的使用者態檔案系統框架 Dokany 7-12

7.2　物件儲存與常見實現簡析 7-15

7.2.1　從檔案系統到物件儲存 7-16

7.2.2　S3 物件儲存簡析 7-23

7.2.3　Haystack 物件儲存簡析 7-24

A　參考文獻

01

從檔案系統是什麼說起

我們無時無刻都在使用檔案系統，進行開發時在使用檔案系統，瀏覽網頁時在使用檔案系統，玩手機時也在使用檔案系統。

對於非專業人士來說，可能根本不知道檔案系統為何物。因為通常來說，我們在使用檔案系統時一般不會感知到檔案系統的存在。即使是程式開發人員，很多人對檔案系統也是一知半解。

雖然檔案系統經常不被感知，但是檔案系統是非常重要的。在 Linux 中，檔案系統是其核心的四大子系統之一；微軟的 DOS（Disk Operating System，磁碟管理系統），核心就是一個管理磁碟的檔案系統，由此可見檔案系統的重要性。

▶ 1.1 什麼是檔案系統

想要更加深入理解檔案系統，先要明白什麼是檔案系統。業界並沒有給檔案系統下一個明確的定義，作者翻閱《作業系統概念》和《現代作業系統》等書籍，也沒有找到關於檔案系統的明確定義。在《微軟英漢雙解電腦百科辭典》[1] 中有關於檔案系統的如下描述。

> 在作業系統中，檔案系統是指檔案命名、儲存和組織的整體結構。一個檔案系統包括檔案、目錄，以及定位和存取這些檔案與目錄所必需的資訊。檔案系統也可以表示作業系統的一部分，它把應用程式對檔案操作的要求翻譯成低級的、面向磁區的並能被控制磁碟的驅動程式所理解的任務。

關於檔案系統的定義，《微軟英漢雙解電腦百科辭典》舉出的描述比較詳細，但過於繁瑣。《電腦科學技術名詞》（第三版）[2] 舉出的定義如下。

> （1）儲存、管理、控制、保護電腦系統中持久資料的軟體模組。
> （2）儲存在外部儲存的具有某種組織結構的資料集合。

從前文對檔案系統的敘述可以知道，檔案系統是一個控制資料存取的軟體系統，它實現了檔案的增、刪、改、查。而通常我們所説的檔案系統是建構在硬碟（SSD 卡和 SD 卡等）中的。因此，檔案系統其實就是一個對硬碟（或者説區塊裝置）空間進行管理，實現資料存取的軟體系統。

從狹義上來説，檔案系統實現了對磁碟資料的存取。而從廣義上來説，檔案系統未必需要建構在磁碟中，它還可以建構在網路或記憶體中。無論建構在哪種裝置上，最為核心的功能是實現對資料的存取。

除對資料的存取外，檔案系統更重要的一個功能是抽象一個更加容易存取儲存空間的介面。這裡所説的介面包括用於程式開發的 API 介面和普

通使用者的操作介面。為了方便理解，我們可以將檔案系統對磁碟空間
的管理用圖 1-1 表示。

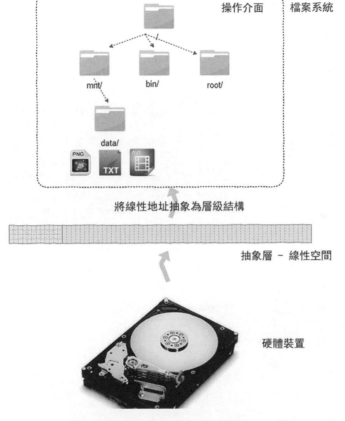

▲ 圖 1-1 檔案系統空間管理原理示意圖

我們對圖 1-1 進行簡單的解釋。底層是硬體裝置，這裡以硬碟為例。中
間層是硬碟驅動器和作業系統把硬碟抽象為的一個連續的線性空間。頂
層是檔案系統，將線性空間進行管理和抽象，呈現給使用者一個層級結
構。這裡的層級結構就是我們平常看到的目錄、子目錄和檔案等元素的
集合，即目錄樹。

1.1.1 普通使用者角度的檔案系統

大家對檔案系統的了解可能還是比較抽象，我們看一個 Windows 中檔案系統的實例。在 Windows 中，通常大家不太清楚檔案系統為何物。因為，一般安裝 Windows 時都是一鍵安裝，安裝完成後磁碟已經被格式化（格式化是對硬碟、隨身碟或其他區塊裝置進行初始化的過程）。透過 Windows 的資源管理器，我們只需要移動滑鼠就能實現檔案的所有操作。所以，我們通常並不會感知到在 Windows 中還有檔案系統的存在。

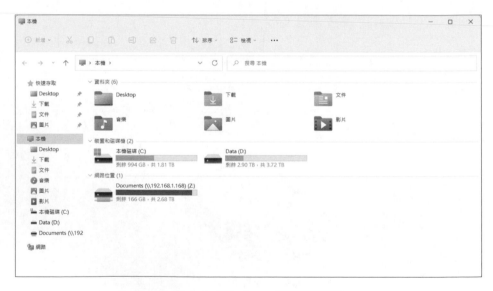

▲ 圖 1-2 Windows 資源管理器

如圖 1-2 所示，這些資料夾與檔案都是儲存在磁碟上的，但我們並不知道具體磁碟空間是什麼樣的，檔案系統軟體呈現出來一個非常清晰的表象，我們可以非常容易地建立、刪除和複製資料夾與檔案。而這些功能是透過一個軟體實現的，這個軟體就是檔案系統。

不僅在 Windows 中可以透過滑鼠實現對檔案系統的管理，而且在 Linux 中也可以透過滑鼠實現對檔案系統的管理。圖 1-3 所示為 Ubuntu（一個以桌面應用為主的 Linux 作業系統）中的 GUI 管理介面，可以看出其管理方式與 Windows 非常類似。

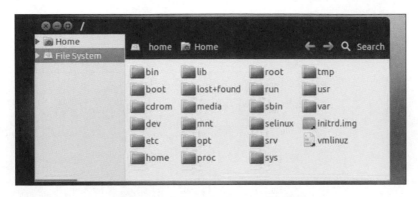

▲ 圖 1-3　Ubuntu 中的 GUI 管理介面

目前，主流作業系統的檔案系統資料組織形式大致都是這樣的。在目錄下面有子目錄和檔案，子目錄下面又有子目錄和檔案，形成一個層級的樹形結構。這種方式非常方便使用者實現對檔案的分類管理。以 Linux 為例，最終形成的層級目錄樹形結構如圖 1-4 所示。

這種樹形結構的資料組織方式是非常實用的。透過目錄可以實現對內容的分類管理，而主類又可以包含子類。這在現實中有很多類似的場景，如公司銷售按照區域管理客戶資料。如圖 1-5 所示，在每個目錄中儲存不同縣市的客戶資料；而每個縣市又劃出為不同的地區。透過這種層級結構，非常便於使用者管理資料。

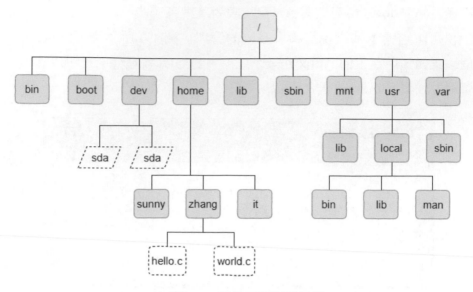

▲ 圖 1-4 層級目錄樹形結構

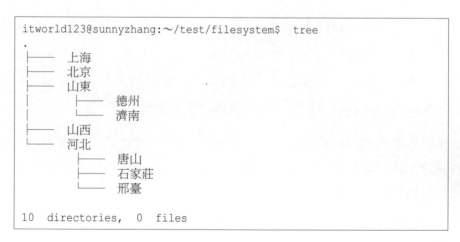

▲ 圖 1-5 公司客戶資料層級結構

同時還需要說明的是，檔案系統對檔案進行了抽象化處理，對檔案系統而言，所有檔案都是位元組流，它並不關注檔案的格式與內容。檔案的格式是由具體的應用軟體來負責的。例如，文字檔由文字編輯軟體來處理（如 vim）；圖片檔案則由圖片瀏覽工具或編輯工具來處理（如 Windows 中的畫圖工具）。只有具體的軟體才會關注檔案的格式和內容。

下面對檔案系統常見的概念進行一些簡要的介紹。

1.1.1.1 目錄（Directory）的概念

前文已經提到過「目錄」這個術語，但並沒有解釋。在檔案系統中目錄是一種容器，它可以容納子目錄和普通檔案。目錄就像日常生活中的資料夾一樣，它可以容納檔案。在 GUI 終端中可以很容易地分辨出目錄和普通檔案的差別，目錄的圖示與日常生活中的資料夾也非常像。如圖 1-6 所示，選中的 home 就是 Linux 下目錄的圖示。

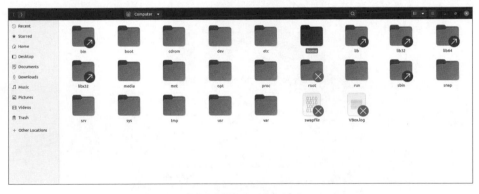

▲ 圖 1-6 GUI 終端中的目錄與普通檔案

在命令列中區分目錄和普通檔案就不太直觀了，但也並不太困難。有些 Shell 會將目錄和檔案顯示成不同的顏色，以方便使用者區分目錄和檔案。另外，在屬性中會有標識，如圖 1-7 所示，「唐山」這一目錄最前面的字元為 d，這個 d 就是 directory 的縮寫，因此我們可以透過第一個字元來區分目錄和檔案。

```
itworld123@sunnyzhang:/root/test/filesystem/河北$ ls -alh
total 24K
drwxr-xr-x 5 root root 4.0K Sep 12 01:32 .
drwxr-xr-x 8 root root 4.0K Sep 12 09:05 ..
drwxr-xr-x 2 root root 4.0K Sep 12 01:23 唐山
-rw-r--r-- 1 root root    4 Sep 12 01:32 投標.doc
drwxr-xr-x 2 root root 4.0K Sep 12 01:23 石家庄
drwxr-xr-x 2 root root 4.0K Sep 12 01:23 邢台
```

▲ 圖 1-7　Shell 中的目錄與普通檔案

如果深入了解目錄的實現原理，就會知道其實目錄本身也是一種檔案。只不過目錄中儲存的資料是特殊的資料，這些資料就是關於檔案名稱等中繼資料（管理資料的資料）的資訊。以「河北」目錄為例，其中儲存的資料其實是檔案名稱與一個數字的對應關係，如圖 1-8 所示，這個數字就是所謂的 inode ID。在檔案系統層面中，普通使用者透過檔案名稱讀取資料的過程需要這種映射關係。

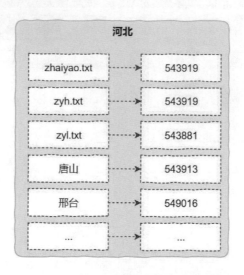

▲ 圖 1-8　目錄中的資料格式示意圖

1.1.1.2 檔案（File）的概念

在檔案系統中，最基本的概念是檔案，檔案是儲存資料的實體。從使用者的角度來看，檔案是檔案系統中最小粒度的單元。檔案的大小不是固定的，最小可以是 0 位元組，最大可以是幾十太位元組（根據具體檔案系統而定）。

為了便於使用者對檔案進行辨識和管理，檔案系統為每個檔案都分配了一個名稱，稱為檔案名稱。檔案名稱就好像人名一樣，它是一個標識。比如，我們去學校找張三，讓班主任幫忙把張三叫出來，此時班主任就能透過人名很容易找到張三。

檔案系統也是這樣，當普通使用者想要存取某個檔案時，告訴檔案系統自己想要存取的檔案名稱，此時檔案系統就可以根據檔案名稱找到該檔案的資料。比如，在 Windows 中按兩下某個視訊或圖片檔案，那麼就有相應的軟體將其打開。底層原理方面就涉及檔案系統對檔案資料尋找的流程。

檔案名稱通常包含兩部分，並透過 "." 進行了分隔，但並非絕對。以圖 1-9 中的 test1.jpg 檔案為例，該檔案名稱可以分為兩部分：第一部分稱為檔案主名，它表示該檔案的標識，就好像人名一樣；第二部分稱為副檔名，它的作用是標識檔案的類型。這種命名方式便於使用者能夠對檔案有一個快速的整體認識。比如，我們可以一眼就能知道某個檔案儲存的是視訊、音訊還是圖片。

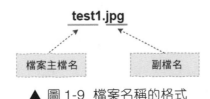

▲ 圖 1-9 檔案名稱的格式

下面進一步介紹檔案的內部。從普通使用者（開發人員）的角度來看，檔案就是一個線性空間，這就好比程式開發中的陣列一樣。與陣列不同的是檔案的大小是可以變化的，當寫入更多的資料時，檔案的容量就會變大。雖然檔案資料以普通使用者角度來看是線性的、連續的，但是在檔案系統層面並非如此。其真實位置可能在磁碟的任意位置。如圖 1-10 所示，一個檔案通常在邏輯上被劃分為若干等份，每一份被稱為一個邏輯區塊（Block）。檔案的邏輯區塊在磁碟中的物理位置並不固定，邏輯區塊是連續的，物理區塊卻可能散布在很多地方。

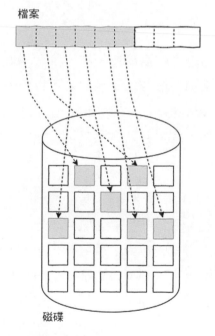

▲ 圖 1-10 檔案資料的組織形式

對檔案系統而言，它並不關心檔案是什麼格式的，而是把所有檔案看作位元組流。但是在普通使用者層面需要關心檔案的格式。因為，不同格式的檔案需要使用不同的工具存取。對 Windows 和桌面版的 Linux 而言，作業系統層面建立了檔案格式與軟體的連結，因此當按兩下檔案的圖示時就會自動使用對應的軟體打開該檔案。但也不一定，因為有時可能系統缺少相關的軟體，或者連結關係被破壞，此時就無法打開該檔案。

檔案格式的種類非常多，如常見的 .txt、.pptx、.docx 或 .mp3 等，都由特定的工具軟體打開。.mp3 格式的檔案只有透過播放機軟體打開才有意義，才可以播放音樂。如果使用文字編輯工具打開一個 .mp3 格式的檔案，看到的只能是一堆亂碼。

1.1.1.3 連結（Link）的概念

連結是 Linux 檔案系統的概念，在 Windows 和 macOS 中通常被稱為捷徑。Linux 中的連結分為軟連結（Soft Link）和硬連結（Hard Link）兩種。其中，軟連結又被稱為符號連結（Symbolic Link），它是檔案的另外一種形態，其內容指向另外一個檔案路徑（相對路徑或絕對路徑）。硬連結則不同，它是一個已經存在檔案的附加名稱，也就是同一個檔案的第二個或第 N 個名稱。

為了更加直觀地理解軟連結和硬連結的概念，在 test 目錄中建立一個原始檔案 src_file.txt。同時為該檔案分別建立一個軟連結（softlink.txt）和一個硬連結（hardlink.txt）。然後使用 ls 命令查看該目錄的詳細資訊，如圖 1-11 所示。

```
itworld123@sunnyzhang:/root/test/filesystem/link$ ls -alhi
total 16K
147848 drwxr-xr-x 2 root root 4.0K Sep 12 09:06 .
    99 drwxr-xr-x 8 root root 4.0K Sep 12 09:05 ..
147849 -rw-r--r-- 2 root root    7 Sep 12 09:05 hardlink.txt
147850 lrwxrwxrwx 1 root root   12 Sep 12 09:05 softlink.txt -> src_file.txt
147849 -rw-r--r-- 2 root root    7 Sep 12 09:05 src_file.txt
```

▲ 圖 1-11 檔案的軟連結與硬連結

透過上面的結果可以看出，軟連結有一個 "->" 符號，該符號指示了該連結所指向的目的檔案。而硬連結並沒有 "->" 符號，也就是我們無法明確地知道哪個是硬連結的目的檔案。但是如果我們觀察一下硬連結與原始檔案最前面的數字就會發現是一樣的。這個數字是 inode ID，說明它們是指向同一個檔案的。

從原理上來理解，硬連結其實是在目錄中增加了一項，而該項的 inode ID 是原始檔案的 inode ID。因此硬連結與原始檔案的內容是完全一樣的。

那麼連結的作用是什麼呢？主要是為了實現對原始檔案的快速存取，並且節省儲存空間。在有些情況下，我們需要在 B 目錄使用 A 目錄中的某個檔案。這時使用連結要比複製功能更加方便、合適。因為透過連結的方式，在原始檔案發生變化的情況下可以馬上感知，不需要重新複製，同時又節省儲存空間。

▲ 圖 1-12 連結的使用示意圖

為了更加直觀地理解連結的作用，透過圖 1-12 的實例進行簡介。以教育機構教學為例。假設已經有一個教學素材庫，有很多素材在目錄 data

中。某學期需要開始一個新的課程，該課程要用到素材庫中的一個視訊檔案。該課程的素材都在 course 目錄中。此時就可以在 course 目錄中建立一個到素材庫的連結。這樣 course 目錄中既包含了該視訊，又不會占用太多儲存空間。另外，即使對素材庫中的視訊檔案進行了修改，course 目錄中也只是一個連結，因此其內容也會跟著修改，不會出現不一致的情況。

1.1.2 作業系統層面的檔案系統

上文從普通使用者的角度介紹了檔案系統。其目的是提供給使用者一個方便管理檔案（資料）的方式。而從作業系統角度來說，檔案系統則主要實現對硬體資源的管理，也就是對磁碟資源的管理。

任何技術的出現都是為了解決問題，檔案系統也是為了解決某些問題。那麼檔案系統是為了解決什麼問題呢？

檔案系統解決的是對磁碟空間使用的問題。通常一臺電腦配置一個磁碟，而磁碟的空間就是一個線性空間，就好比一個非常大的陣列。然而在一個作業系統上會執行很多軟體，如視訊軟體、瀏覽器、音訊軟體和文字編輯軟體等。這些軟體通常都要使用磁碟空間。如果這些軟體都直接使用磁碟空間則會有如下很多問題。

（1）磁碟空間的存取會存在衝突。由於沒有軟體統一管理磁碟空間，各個軟體各自為政，那麼在存取磁碟空間時就有可能存在衝突的情況。

（2）磁碟空間的管理會非常複雜。由於各種不同格式的檔案，以及不同大小的檔案，沒有檔案系統將導致磁碟空間很難管理。

在電腦領域中有一個非常有用的定律，任何複雜的問題都可以透過分層來解決。檔案系統就是這種邏輯。作業系統實現了檔案系統，而檔案系統是應用程式與磁碟驅動程式之間的一層軟體。

檔案系統對下實現了對磁碟空間的管理，對上為使用者（應用程式）呈現層級資料組織形式和統一的存取介面。

基於檔案系統，使用者（應用程式）只需要建立、刪除或讀取檔案即可，他們並不需要關注磁碟空間的細節，所有磁碟空間管理相關的動作則由檔案系統來處理。檔案系統所處的位置如圖 1-13 所示。

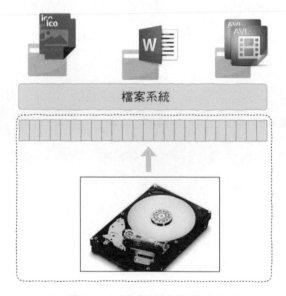

▲ 圖 1-13 檔案系統所處的位置

其實檔案系統不僅可以建構在磁碟上，它還可以建構在任何區塊裝置上，甚至網路上。在 Linux 中，最常見的區塊裝置包括裸磁碟、分區、LVM 卷冊和 RAID 等。我們可以對上述任何區塊裝置進行格式化，建構檔案系統。Windows 中的檔案系統也是可以建構在其卷冊群組上的。

檔案系統不僅僅可以建構在區塊裝置上，甚至可以建構在一個普通的檔案上。磁碟是一個線性空間，而檔案也是一個線性空間。因此，在一個檔案上建構檔案系統是沒有任何問題的。這也是我們在後面學習檔案系統用到的一個便捷方法。

下面先簡單看一下如何在一個檔案上建構檔案系統。首先要有一個內容全為 0 的檔案。生成方法如下：

```
dd if=/dev/zero of=./img.bin bs=1M count=1
```

執行命令後，查看一下目前的目錄，可以看到生成了一個容量為 1.0MB 的新檔案，如圖 1-14 所示。

```
root@sunnyzhang:~/test/ext2# dd if=/dev/zero of=./img.bin bs=1M count=1
1+0 records in
1+0 records out
1048576 bytes (1.0 MB, 1.0 MiB) copied, 0.00275223 s, 381 MB/s
root@sunnyzhang:~/test/ext2# ll
total 1032
drwxr-xr-x 2 root root    4096 Jan 31 11:27 ./
drwxr-xr-x 5 root root    4096 Jan 31 11:26 ../
-rw-r--r-- 1 root root 1048576 Jan 31 11:27 img.bin
```

▲ 圖 1-14　生成的新檔案資訊

然後對該檔案進行格式化。例如，建構一個 Ext2 檔案系統，並對該檔案系統進行格式化，具體方法及結果如圖 1-15 所示。

```
root@sunnyzhang:~/test/ext2# mkfs.ext2 img.bin
mke2fs 1.44.1 (24-Mar-2018)
Discarding device blocks: done
Creating filesystem with 1024 1k blocks and 128 inodes

Allocating group tables: done
Writing inode tables: done
Writing superblocks and filesystem accounting information: done
```

▲ 圖 1-15　Ext2 檔案系統的格式化

從執行命令的結果可以看出，Ext2 檔案系統已經完成格式化。如何驗證一下呢？一個簡單的方法是使用 dumpe2fs 命令，該命令可以獲取檔案系統的描述資訊。另外一個複雜的方法是借助 Linux 的循環裝置（回環裝置）。透過該循環裝置可以將一個檔案虛擬成區塊裝置，然後將該區塊裝置掛載到目錄樹中。具體需要執行的命令如下：

```
losetup /dev/loop10 ./img.bin
mkdir /tmp/ext2
mount /dev/loop10 /tmp/ext2
```

執行完成上述命令後，如果沒有出現錯誤，且可以看到如圖 1-16 所示的目錄內容，則說明 Ext2 檔案系統格式化成功。當然，為了進一步的驗證，可以向該目錄拷貝檔案。

```
root@sunnyzhang:~/test/ext2# ll /tmp/ext2/
total 17
drwxr-xr-x  3 root root  1024 Jan 31 11:32 ./
drwxrwxrwt 10 root root  4096 Jan 31 11:33 ../
drwx------  2 root root 12288 Jan 31 11:32 lost+found/
```

▲ 圖 1-16 Ext2 檔案系統掛載後的目錄

綜上所述，檔案系統實現對線性儲存空間的管理，這裡的線性儲存空間既可以是磁碟等區塊裝置，還可以是一個檔案。

1.1.3 檔案系統的基本原理

前文從使用者角度和作業系統角度分別對檔案系統進行介紹，可以知道檔案系統實現了對磁碟空間的管理，並提供便於使用的介面。本節介紹一下檔案系統的基本原理。

要想理解檔案系統，先要從磁碟說起，畢竟檔案系統是建構在磁碟中的。雖然磁碟的內部非常複雜，但是磁碟廠商做了很多工作，將磁碟的複雜性掩蓋起來。對於普通使用者來說，磁碟就是一個線性空間，就好像 C 語言中的陣列一樣，透過偏移就可以存取其空間（讀 / 寫資料）。

如圖 1-17 所示，一個包含多個碟片的磁碟，經過磁碟控制卡和驅動程式之後，普通使用者看到的是一個線性的儲存空間。其位址空間從 0 開始，一直到磁碟的最大容量。

▲ 圖 1-17 磁碟與空間的線性化

雖然這種線性空間已經極大地簡化了對磁碟的存取，但是對普通使用者而言還是非常難以使用的。因此，對作業系統而言，需要提供給使用者一個更加直觀和好用的使用介面。

檔案系統正是作業系統中用於解決磁碟空間管理問題的軟體，一方面檔案系統對磁碟空間進行統一規劃，另一方面檔案系統提供給普通使用者人性化的介面。就好比倉庫中的貨架，將空間進行規劃和編排，這樣根據編號就可以方便地找到具體的貨物。而檔案系統也有類似功能，將磁

碟空間進行規劃和編號處理。這樣普通使用者透過檔案名稱就可以找到
具體的資料，而不用關心資料到底是怎麼儲存的。

以 Ext4 檔案系統為例，它將磁碟空間進行劃分。首先將磁碟空間劃分為
若干個子空間（見圖 1-18），這些子空間稱為區塊群組。然後將每個子
空間劃分為等份的邏輯區塊。這裡邏輯區塊是最小的管理單元，邏輯區
塊的大小可以是 1KB、2KB 或 4KB 等，由使用者在格式化時確定。

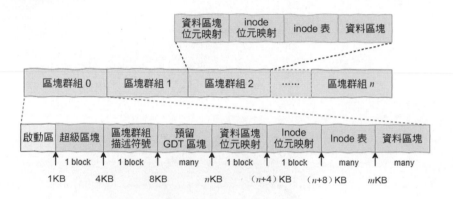

▲ 圖 1-18　Ext4 檔案系統的磁碟布局（Layout）

為了管理這些邏輯區塊，需要一些區域來記錄哪些邏輯區塊已經被使
用，哪些還沒有被使用。記錄這些資料的資料通常在磁碟的特殊區域，
我們稱這些資料為檔案系統的中繼資料（Metadata），如圖 1-18 所示中
的資料區塊位元映射和 inode 位元映射等。透過中繼資料，檔案系統實
現了對磁碟空間的管理，最終提供給使用者簡單好用的介面。

這樣，使用者對檔案的操作就轉化為檔案系統對磁碟空間的操作。比
如，當使用者向某個檔案寫入資料時，檔案系統會將該請求轉換為對磁
碟的操作，包括分配磁碟空間、寫入資料等。而對檔案的讀取操作則轉
換為定位到磁碟的某個位置、從磁碟讀取資料等。

至此，相信大家對檔案系統的基本原理有一個感性的認識，但是有可能還有一種霧裡看花的感覺。不用太著急，作者在後續章節會進行更加詳細的介紹。

▶ 1.2 常見檔案系統及分類

目前，常見的檔案系統有幾十個。雖然檔案系統的具體實現形式紛繁複雜，具體特性也各不相同，但是有一定規律可循。下面將介紹一下常見的檔案系統都有哪些種類。

透過前文我們了解基於磁碟的本地檔案系統，對其基本原理也進行簡要的介紹。其實檔案系統發展到現在，其種類也豐富多樣。比如，基於磁碟的普通本地檔案系統除了 Ext4，還包括 XFS、ZFS 和 Btrfs 等。其中 Btrfs 和 ZFS 不僅可以管理一塊磁碟，還可以實現多塊磁碟的管理。不僅如此，這兩個檔案系統實現了資料的容錯管理，這樣可以避免磁碟故障導致的資料遺失。

除了對磁碟資料管理的檔案系統，還有一些網路檔案系統。也就是說，這些檔案系統看似在本地，但其實資料是在遠端的專門裝置上。用戶端透過一些網路通訊協定實現資料的存取，如 NFS 和 GlusterFS 等檔案系統。

經過幾十年的發展，檔案系統的種類非常多，我們沒有辦法逐一進行介紹。本節就對主要的檔案系統進行介紹。

1.2.1 本地檔案系統

本地檔案系統是對磁碟空間進行管理的檔案系統,也是最常見的檔案系統形態。從呈現形態上來看,本地檔案系統就是一個樹形的目錄結構。本地檔案系統本質上就是實現對磁碟空間的管理,實現磁碟線性空間與目錄層級結構的轉換,如圖 1-19 所示。

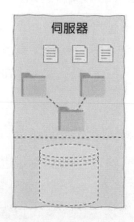

▲ 圖 1-19 從磁碟線性空間到目錄層級結構

從普通使用者的角度來說,本地檔案系統主要簡化對磁碟空間的使用,降低使用難度,以提高利用效率。常見的本地檔案系統有 Ext4、Btrfs、XFS 和 ZFS 等。

1.2.2 虛擬檔案系統

虛擬檔案系統是 Linux 中的概念,它是對傳統檔案系統的延伸。虛擬檔案系統並不會持久化資料,而是記憶體中的檔案系統。它是以檔案系統的形態實現使用者與核心資料互動的介面。常見的虛擬檔案系統有 proc、sysfs 和 configfs 等。

在 Linux 中，虛擬檔案系統主要實現核心與使用者態的互動。比如，我們經常使用的 iostat 工具，其本質上是透過存取 /proc/diskstats 檔案獲取資訊的，如圖 1-20 所示。而該檔案正是虛擬檔案系統中的一個檔案，但其內容其實是核心中對磁碟存取的統計，它是核心某些資料結構的實例。

```
root@sunnyzhang:~/test/ext2# cat /proc/diskstats
   7    0 loop0 55 0 2140 536 0 0 0 0 0 84 336
   7    1 loop1 11034 0 24122 131908 0 0 0 0 0 2776 128364
   7    2 loop2 5 0 16 0 0 0 0 0 0 0 0
   7    3 loop3 0 0 0 0 0 0 0 0 0 0 0
   7    4 loop4 0 0 0 0 0 0 0 0 0 0 0
   7    5 loop5 0 0 0 0 0 0 0 0 0 0 0
   7    6 loop6 0 0 0 0 0 0 0 0 0 0 0
   7    7 loop7 0 0 0 0 0 0 0 0 0 0 0
  11    0 sr0 0 0 0 0 0 0 0 0 0 0 0
   8    0 sda 56551 2971 2720381 57112 58367 58100 3481896 70716 0 43688 127888
   8    1 sda1 228 0 12018 88 0 0 0 0 0 88 88
   8    2 sda2 55777 2971 2689156 56692 28706 58100 3481896 64740 0 37408 121492
   8   16 sdb 177 0 8396 100 0 0 0 0 0 44 100
   7   10 loop10 34 0 158 0 2 0 4 12 0 0 0
```

▲ 圖 1-20 磁碟存取統計資訊

1.2.3 網路檔案系統

網路檔案系統是基於 TCP/IP 協定（整個協定可能會跨層）的檔案系統，允許一臺電腦存取另一臺電腦的檔案系統，就如存取本地檔案系統 [2]。網路檔案系統通常分為用戶端和服務端，其中用戶端類似本地檔案系統，而服務端則是對資料進行管理的系統。網路檔案系統的使用與本地檔案系統的使用沒有任何差別，只需要執行 mount 命令掛載即可。網路檔案系統也有很多種類，如 NFS 和 SMB 等。

在使用者層面，完成掛載後的網路檔案系統與本地檔案系統完全一樣，看不出任何差異，對使用者是透明的。網路檔案系統就好像將遠端的檔案系統映射到了本地。如圖 1-21 所示，左側是用戶端，右側是檔案系統服務端。

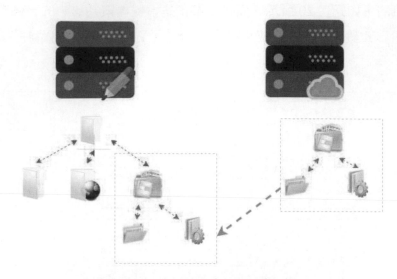

▲ 圖 1-21　網路檔案系統的映射

透過圖 1-21 可以看到，當在用戶端對服務端匯出的檔案系統進行掛載後，服務端的目錄樹就成為用戶端目錄樹的一顆子樹。這個子目錄對普通使用者來說是透明的，不會感知到這是一個遠端目錄，但實際上讀 /寫請求需要透過網路轉發到服務端進行處理。

1.2.4　叢集檔案系統

叢集檔案系統本質上也是一種本地檔案系統，只不過它通常建構在基於網路的 SAN 裝置上，且在多個節點中共用 SAN 磁碟。叢集檔案系統最大的特點是可以實現用戶端節點對磁碟媒體的共同存取，且視圖具有一致性，如圖 1-22 所示。

這種視圖的一致性是指，如果在節點 0 建立一個檔案，那麼在節點 1 和節點 2 都可以馬上看到。這個特性其實跟網路檔案系統類似，網路檔案系統也是可以在某個用戶端看到其他用戶端對檔案系統的修改的。

但是兩者是有差異的，叢集檔案系統本質上還是建構在用戶端的，而網路檔案系統則是建構在服務端的。

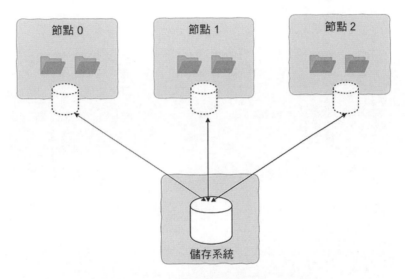

▲ 圖 1-22 叢集檔案系統存取示意圖

同時，對於叢集檔案系統來說，其最大的特點是多個節點可以同時為應用層提供檔案系統服務，特別適合用於業務多存活的場景，透過叢集檔案系統提供高可用叢集機制，避免因為當機造成服務失效。

1.2.5 分散式檔案系統

從本質上來說，分散式檔案系統其實也是一種網路檔案系統。在《電腦科學技術名詞》中舉出的定義為「一種檔案系統，所管理的資料資源儲存在分散式網路節點上，提供統一的檔案存取介面」[2]，可以看出，分散式檔案系統與網路檔案系統的差異在於服務端包含多個節點，也就是服務端是可以橫向擴展的。從使用角度來說，分散式檔案系統的使用與網路檔案系統的使用沒有太大的差異，也是透過執行 mount 命令掛載，用戶端的資料透過網路傳輸到服務端進行處理。

知其然 -- 如何使用檔案系統

本章重點介紹一下如何使用檔案系統，如果大家對檔案系統的使用比較熟悉，則可以直接跳過本章。檔案系統的使用分為兩個不同的角度：一個是普通使用者角度；另一個是程式設計師角度或開發者角度。需要注意的是，這裡的開發是指應用等級的開發，而非核心檔案系統的開發。

從普通使用者角度來說，檔案系統的使用是非常簡單的。對於檔案系統的使用無非四個字，即增、刪、改、查。也就是建立檔案（夾）、刪除檔案（夾）、修改或移動檔案（夾）和檢索檔案（夾）。

從開發者角度來說，也主要集中在上面所述四項內容。另外，可能包含其他一些高級特性的使用，但差別不大。開發者除了基本使用，還需對檔案系統有更深入的理解，如寫資料是如何繞過快取的，如何建立一個稀疏檔案，如何給檔案加鎖等。

由於從普通使用者角度來說使用檔案系統是非常簡單的，特別是目前檔案系統的管理都是透過 GUI（如 Windows 資源管理器）來完成的，這就更加降低了檔案系統使用的門檻。因此，本節主要從開發者的角度介紹檔案系統的使用。

▶ 2.1 巧婦之炊 -- 準備開發環境

正所謂「巧婦難為無米之炊」，在開始工作之前需要先準備一下環境。主要指開發環境，該開發環境用於編譯程式，實現對檔案系統相關 API 的驗證。這裡以 Linux 為主，建議使用 Ubuntu 18.04 版本。當然，其他 Linux 開發環境問題也不大，畢竟 Linux 的檔案系統 API 是遵循 POSIX 標準的。

以 Ubuntu 18.04 為例，需要安裝一些用於開發的軟體套件。具體安裝過程非常簡單，可以透過如下命令安裝軟體套件：

```
sudo apt-get install build-essential manpages manpages-dev manpages-
posix manpages-posix-dev
```

上述軟體套件主要是開發（編譯）工具和說明文件。Linux 下的開發與 Windows 下的開發有著比較明顯的差異，在 Linux 下開發通常不使用 IDE 環境。Linux 下的開發基本上是先透過文字編輯器編輯程式，再透過編譯工具生成可執行檔。

▶ 2.2 檔案內容的存取 -- 讀 / 寫檔案

對於普通使用者來說，透過命令或按一下滑鼠就可以進行檔案的操作。
Linux 的桌面版、Windows 和 macOS（圖 2-1 為 macOS 的 GUI）等都
提供基於 GUI 的方式來存取檔案系統。我們可以透過按一下滑鼠實現檔
案的基本操作。但是作為程式設計師，如果想透過程式實現檔案操作又
應該如何做呢？

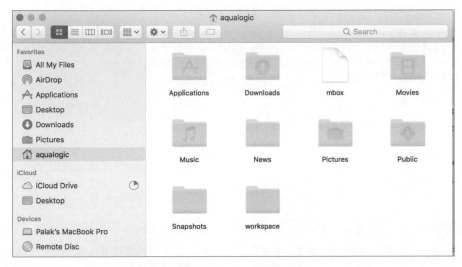

▲ 圖 2-1 macOS 的 GUI

本節的實例已經在 Ubuntu 18.04 下透過測試，理論上在 CentOS 等其
他發行版本也不會有問題。

2.2.1 檔案系統的 API

程式設計師對檔案系統的存取是透過系統 API 或系統呼叫來完成的。
每種作業系統都有一套對檔案系統進行存取的 API。在類 UNIX 中，這

套 API 是遵循 POSIX 標準的。在 Windows 中，雖然 API 與 POSIX 不相容，但用法基本一致。

表 2-1 所示為部分 Linux 和 Windows 中檔案操作相關的 API。由於本書的重點並非 API 介紹手冊，因此這裡列舉的只是整個檔案 API 集合中非常小的一個子集，其目的是讓大家對檔案系統的 API 有一個整體的認識。

表 2-1 部分 Linux 和 Windows 中檔案操作相關的 API

功 能 描 述	Linux	Windows
打開檔案	open	CreateFileA
檔案寫入資料	write	WriteFile
從檔案讀取資料	read	ReadFile
關閉檔案	close	FileClose
移動檔案指標位置	lseek	SetFilePointer
刪除檔案	remove	DeleteFileA

透過表 2-1 可以看出，無論是 Windows 還是 Linux，其提供的 API 基本是一致的，而且可以從名稱很容易猜出該 API 的具體作用。

作業系統提供給使用者的 API 是經過簡化的，主要是方便使用者的使用。以 Linux 中的 open() 函數為例，該函數用於打開一個檔案，其語法格式如下：

```
int open(const char *pathname, int flags);
```

open() 函數關鍵的輸入參數為檔案名稱（路徑），輸出結果為一個整數。這個整數被稱為檔案描述符號（File Descriptor）或控制碼

（Handle）。檔案的讀／寫等操作透過檔案描述符號來確定具體的檔案，不再關心檔案名稱。可以看出，檔案系統的 API 是非常簡潔的。但是在檔案系統內部，具體實現卻是要複雜很多。

2.2.2 檔案存取的一般流程

前文介紹了檔案存取的幾個主要的介面，現在主要介紹一下檔案存取的一般流程。作業系統給使用者提供了非常簡潔和直觀的檔案存取介面，通常來說一個檔案的存取（讀或寫）包含打開檔案、存取（讀或寫）檔案和關閉檔案三個主要步驟。

以 Linux 的介面為例，檔案存取的一般流程如圖 2-2 所示。在該流程中透過檔案名稱打開檔案，並返回一個檔案描述符號；之後透過該檔案描述符號向檔案寫資料；完成存取後關閉該檔案。

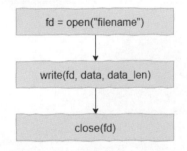

▲ 圖 2-2　檔案存取的一般流程

當然，這只是一個簡單的實例。實際上作業系統提供的 API 和參數要豐富得多，而且使用者的應用場景可能比較複雜，具體使用起來也多種多樣。

雖然本文以 Linux 平臺為例進行的說明，但其他檔案系統（如 Windows 等）對檔案的存取流程也都大致相同，沒有本質的差異。

2.2.3 檔案內容的讀 / 寫實例

前面我們介紹存取檔案的一般流程，可能大家感覺還會有點抽象。本節將透過一個實例來實際演示如何讀 / 寫一個檔案。這個實例主要模擬 Linux 的 cp 命令，也就是實現檔案的拷貝功能。

本實例主要用到了檔案操作的四個函數，open()、read()、write() 和 close() 等。這些函數很簡單，我們透過其名稱就可以看出作用。下面看一下該實例的程式（見程式 2-1）。

▼ 程式 2-1 拷貝檔案的實現

```
copy_file.c
1    /*=========================================================
2     * 檔案名稱：copy_file.c
3     * 作    者：SunnyZhang
4     * 功能描述：拷貝一個檔案，模擬Linux的cp命令
5     *=======================================================*/
6
7    #include <stdio.h>
8    #include <stdlib.h>
9    #include <fcntl.h>
10   #include <errno.h>
11   #include <sys/types.h>
12   #include <unistd.h>
13
14   #define BUF_LEN 4096
15   int main( int argc, char* argv[] )
16   {
17       int src_fd, dest_fd;            // 原始檔案和目的檔案的檔案描述符號
18       char data_buf[BUF_LEN];         // 用於臨時儲存讀取的資料
19       ssize_t read_count = 0;
20       ssize_t write_count = 0;
21       int ret = 0;
```

```
22
23      // 打開放原始碼檔案，原始檔案唯讀模式
24      src_fd = open( argv [1], O_RDONLY );
25      if ( -1 == str_fd ){
26          printf( "open src file error!" );
27          goto ERR_OUT;
28      }
29
30      // 打開目的檔案，目的檔案以寫模式打開
31      dest_fd = open( argv[2], O_WRONLY | O_CREAT, 0644 );
32      if ( -1 == dest_fd ){
33          printf( "open dest file error!" );
34          /*注意這裡跳到的位置，需要將前面打開的檔案關閉。在本實例中不關
35          *閉也沒關係，因處理程序退出時會自動關閉*/
36          goto OUT;
37      }
38      // 拷貝資料
39      while ( (read_count = read( src_fd, &data_buf, BUF_LEN ) )> 0 ){
40          ssize_t data_remain = read_count;
41          // 我們無法保證讀取的資料能否被一次性寫完，所以這裡迴圈寫入
42          while (data_remain > 0){
43              write_count = write( dest_fd, &data_buf, data_remain);
44              if (write_count < 0){// 在寫入失敗的情況下退出
45                  printf( "copy data error!" );
46                  goto FIN_OUT;
47              }
48              data_remain -= write_count;
49          }
50      }
51
52      // 任何讀取或寫入失敗都要提示使用者
53      if (read_count < 0 || write_count < 0){
54          printf("copy data error!");
55      }
56  FIN_OUT:
57      // 關閉檔案
```

```
58 │    close(dest_fd);
59 │ OUT:
60 │    close(src_fd);
61 │ ERR_OUT:
62 │    return(0);
63 │ }
```

在該實例中，分別打開兩個檔案（第 24 行～第 31 行），如果目的檔案不存在則建立新檔案。然後不斷迴圈地從原始檔案讀取資料並寫入目的檔案（第 39 行～第 50 行），直到讀完原始檔案的資料為止。最後將兩個檔案關閉（第 58 行～第 60 行）。

完成上述程式的撰寫後，我們可以將其編譯為一個可執行檔，然後就可以使用該功能了。具體編譯的方法如下：

```
gcc -o copy_file copy_file.c
```

如果編譯沒有問題，就可以進行如下測試：

```
./copy_file copy_file.c dest.c
```

執行完成上述程式後，我們可以對比一下 copy_file.c 和 dest.c 檔案的內容。比如使用 diff 命令，可以發現兩者的內容是完全一樣的，也就是我們實現了拷貝檔案的功能。

2.2.4 關於 API 函數的進一步解釋

前文只是舉出一個實例，並沒有對所用到的 API 做任何解釋。本節將對所使用的 API 函數進行一個簡單的解釋。限於篇幅，本節無法解釋所有內容，關於 API 的詳細描述大家可以透過 man 命令查看說明檔案，或者閱讀參考文獻 [3]。

2.2.4.1 open() 函數

open() 函數用於打開 / 建立一個檔案。該函數的語法格式如下：

```
int open(const char *pathname, int flags, mode_t mode);
```

其中，包含三個參數，分別是檔案路徑、旗標和模式。

檔案路徑是檔案位置和名稱的描述。旗標是對該介面功能的精細化控制，如唯讀打開，讀寫打開等。模式是指檔案的具體許可權資訊，也就是檔案的 RWX-GUO 屬性，該參數可以省略。

open() 函數執行成功後會返回一個整數變數，這個返回值就是檔案描述符號。檔案描述符號用於標識一個檔案，後續的操作都要依賴該檔案描述符號。

對於檔案的存取特性，可以透過 open() 函數的 flags 參數指定。比如，在打開檔案時，如果 flags 包含 O_SYNC 時則表示同步寫入，此時要求檔案系統將資料寫入持久化裝置後再返回。而在預設情況下則是資料寫入快取後就會直接返回。

open() 函數的功能特別豐富，限於篇幅，本節不再逐一介紹。大家可以透過 Linux 的 man 命令獲得關於該函數的更多解釋。可以在 Linux 命令列執行如下命令獲得說明資訊：

```
man 2 open
```

執行上述命令後可以輸出 open() 函數的詳細說明，如圖 2-3 所示。在上述命令中數字用於選擇具體的章節。這是因為在 Linux 的手冊中可能同一個關鍵字會有多個不同的說明，如有些是 API 函數、有些是命令等。

```
OPEN(2)

NAME
       open, openat, creat - open and possibly create a file

SYNOPSIS
       #include <sys/types.h>
       #include <sys/stat.h>
       #include <fcntl.h>

       int open(const char *pathname, int flags);
       int open(const char *pathname, int flags, mode_t mode);

       int creat(const char *pathname, mode_t mode);

       int openat(int dirfd, const char *pathname, int flags);
       int openat(int dirfd, const char *pathname, int flags, mode_t mode);

   Feature Test Macro Requirements for glibc (see feature_test_macros(7)):

       openat():
           Since glibc 2.10:
               _POSIX_C_SOURCE >= 200809L
           Before glibc 2.10:
               _ATFILE_SOURCE
```

▲ 圖 2-3 open() 函數的詳細說明

2.2.4.2 read() 函數

打開檔案之後就可以對檔案進行讀 / 寫入操作。先介紹一下讀取操作，可以使用 read() 函數來實現，該函數的語法格式如下：

```
ssize_t read(int fd, void *buf, size_t count);
```

該函數有三個參數，第一個參數是檔案描述符號，用於確定從哪個檔案讀取資料；第二個參數是緩衝區，用於儲存讀取的資料，在使用前需要分配記憶體空間；第三個參數是讀取的位元組數。read() 函數的返回值如果大於 0 則表示實際讀取的位元組數，小於 0 則表示該函數出錯。

程式 2-1 就有 read() 函數的應用，while 迴圈的條件是讀取的位元組數。如果實際讀取資料，則進入迴圈本體，否則跳出迴圈。

2.2.4.3 write() 函數

write() 函數的用法與 read() 函數的用法類似，也包含三個參數。其中，第一個參數是檔案描述符號，用於確定向哪個檔案寫入資料；第二個參數是緩衝區，用於儲存待寫入的資料；第三個參數是寫入的位元組數。該函數的語法格式如下：

```
ssize_t write(int fd, const void *buf, size_t count);
```

在通常情況下，write() 函數的返回值與參數 count 的值相同，在某些情況下可能會出現返回值小於 count。因此，在一般情況下，透過一個迴圈來保證讀取的資料被全部寫入。在極端情況下會出現寫入出錯，如磁碟容量不足或磁碟出現故障等，此時返回值小於 0。

2.2.4.4 close() 函數

close() 函數的作用是將檔案關閉，只有一個參數，就是之前打開的檔案描述符號。其語法格式如下：

```
int close(int fd);
```

本節主要介紹了 Linux 檔案系統在程式設計師層面的 API 介面。主要集中在單一檔案存取層面。其實檔案系統的存取介面很多，除了檔案存取，還有目錄存取、檔案鎖和映射等，這些內容後續再做介紹。

讀到這裡，不知道大家是否有如下幾個疑問。

（1）為什麼這些 API 透過一個整數（檔案描述符號）來標識一個檔案？

（2）當多個處理程序打開同一個檔案時，檔案描述符號在不同處理程序中是怎樣的？

要想解答上述問題，還得繼續深入挖掘檔案系統的實現細節，在後面章節對檔案系統原理的介紹中我們會逐漸撥開疑雲。

▶ 2.3 如何遍歷目錄中的檔案

檔案系統有一個常用的功能就是查看某個目錄的檔案清單。這個功能對應的命令列工具就是 ls 命令。而在 GUI 管理工具中，其實就是展示在我們面前的目錄和檔案清單等內容。

從本質上來說，目錄與檔案並沒有太大的差異。我們也可以將目錄理解為一個檔案，其中的資料是一些此目錄下的所有檔案名稱相關的內容。關於目錄內容的相關原理，會在後續章節進行詳細介紹，本節不再贅述。

本節從程式設計師開發的角度介紹一下如何查看目錄的內容，也就是遍歷目錄中的檔案。Linux 有一個專門的 API 來實現目錄的遍歷，這個 API 就是 readdir。下面實現一個類似 ls 的命令，但是功能上要比 ls 命令弱很多，如程式 2-2 所示。

▼ 程式 2-2 遍歷目錄的實現

```
list_dir.c
1    /*=========================================================
2     * 檔案名稱: list_dir.c
3     * 作者: SunnyZhang
4     * 功能描述:本程式用於模擬Linux的ls命令
5     *=========================================================*/
6
7    #include <stdio.h>
8    #include <sys/types.h>
```

```
9    #include <dirent.h>
10   #include <unistd.h>
11
12   int main(void)
13   {
14       DIR * dir;
15       struct dirent * ptr;
16
17       // 打開目前的目錄，本實例只實現了遍歷目前的目錄的功能
18       dir = opendir("./");
19       // 一個一個讀取目錄項
20       while ((ptr = readdir(dir)) != NULL) {
21           printf("%s ", ptr->d_name);// 輸出目錄項
22       }
23       printf("\n");
24       closedir(dir);
25       return 0;
26   }
```

這個程式的實現很簡單，只是輸出目前的目錄下的所有檔案和子目錄。編譯上述程式後執行，可以得到如下結果。對比 readdir 命令的結果和 ls 命令的結果，可以看出沒有太大的差異。差異在於我們實現的命令輸出了目前的目錄（.）和父目錄（..）。

```
root@sunnyzhang-VirtualBox:~/code/filesystem# ./list
list list_dir.c .. .
root@sunnyzhang-VirtualBox:~/code/filesystem# ls
list  list_dir.c
```

▲ 圖 2-4 輸出結果

透過閱讀上述程式我們可以知道，這裡目錄項的內容是以結構 dirent（directory entry 的縮寫）儲存的。我們可以看一下該結構的定義（來自 glibc2.32），如程式 2-3 所示。

▼ 程式 2-3 目錄項資料結構

```
linux/bits/dirent.h
22   struct dirent
23     {
24   #ifndef __USE_FILE_OFFSET64
25       __ino_t d_ino;                       // inode ID
26       __off_t d_off;                       // 在目錄檔案中的偏移
27   #else
28       __ino64_t d_ino;
29       __off64_t d_off;
30   #endif
31       unsigned short int d_reclen;    // 記錄的長度
32       unsigned char d_type;           // 檔案類型
33       char d_name[256];               // 檔案名稱
34     };
```

透過觀察該資料結構就會發現，這個資料結構只有 inode ID 和檔案名稱等資訊與 ls 命令展示的相關。那麼 ls 命令顯示的檔案的詳細資訊（如檔案的建立時間、大小和許可權等）又是如何獲取的呢？

要想回答這個問題，就要看一下系統提供的一個 API 函數。這個 API 函數就是 stat() 函數，該函數的語法格式如下：

```
int stat(const char *path, struct stat *buf);
```

從 stat() 函數的語法格式可以看出，該函數最主要的功能是返回一個 stat 類型的結構。該結構的定義如程式 2-4 所示（來自 glibc 2.32）。從該結構的定義我們可以看出，這裡面引用檔案非常詳細的資訊。透過這些資訊，我們完全可以實現一個完整版的 ls 命令。

▼ 程式 2-4 檔案屬性資料結構

linux/bits/stat.h

```
58   struct stat
59   {
60       __dev_t st_dev;                          // 裝置 ID
61       __field64(__ino_t, __ino64_t, st_ino);  // 檔案序號,也就是inode ID
62       __mode_t st_mode;                        // 檔案模式
63       __nlink_t st_nlink;                      // 連結數量
64       __uid_t st_uid;                          // 檔案所有者的使用者ID
65       __gid_t st_gid;                          // 檔案所群組的群組ID
66       __dev_t st_rdev;            // 檔案是裝置的情況下,此成員為裝置編號
67       __dev_t __pad1;
68       __field64(__off_t, __off64_t, st_size);  // 以位元組為單位的檔案大小
69       __blksize_t st_blksize;                  // I/O最佳區塊大小
70       int __pad2;
71       __field64(__blkcnt_t, __blkcnt64_t, st_blocks);  // 位元組區塊
72   #ifdef __USE_XOPEN2K8
73       /* 以毫微秒為單位的時間戳記採用與"struct timespec"結構
74        * 等效的格式儲存。
75        * 儘量使用該類型,但UNIX命名空間的規則不允許
76        * 識別字"timespec"出現在<sys/stat.h>標頭檔中。
77        * 因此,我們必須在嚴格相容原始特殊性的標準下處理
78        * 此標頭檔的使用   */
79       struct timespec st_atim;          // 最後存取該檔案的時間
80       struct timespec st_mtim;          // 最後修改該檔案的時間
81       struct timespec st_ctim;          // 最後狀態發生變化的時間
82   # define st_atime st_atim.tv_sec
83   # define st_mtime st_mtim.tv_sec
84   # define st_ctime st_ctim.tv_sec
85   #else
86       __time_t st_atime;            // 最後存取該檔案的時間(單位是秒)
87       unsigned long int st_atimensec; // 最後存取該檔案的時間
                                                  (單位是毫微秒)
88       __time_t st_mtime;            // 最後修改該檔案的時間(單位是秒)
```

```
89      unsigned long int st_mtimensec; // 最後修改該檔案的時間
                                                (單位是毫微秒)
90      __time_t st_ctime;          // 最後狀態發生變化的時間 (單位是秒)
91      unsigned long int st_ctimensec; // 最後狀態發生變化的時間
                                                (單位是毫微秒)
92  #endif
93      int __glibc_reserved[2];
94  };
```

關於如何實現一個完整版的 ls 命令本書不再贅述,大家可以自己思考並試著實現。如果實在不知道怎麼寫,則可以參考 ls 命令的原始程式碼實現。

▶ 2.4 格式化檔案系統與掛載

實際上格式化與掛載(Windows 不需要手動掛載)檔案系統才是檔案系統使用的第一步。格式化檔案系統相當於在區塊裝置上建立一個檔案系統,而掛載則是將該檔案系統啟動(在作業系統目錄樹呈現)的過程。

在安裝作業系統時,安裝程式已經對系統磁碟進行格式化操作。所以,在通常情況下我們不太會感知到在使用磁碟之前需要格式化。但是,如果電腦配置了多顆硬碟,則非系統硬碟在使用之前需要格式化才可以使用。

如果是 Windows,則格式化操作非常簡單。只需要按右鍵磁碟代號彈出一個快顯功能表,然後選擇「格式化」命令,如圖 2-5 所示,打開「格式化」對話方塊,如圖 2-6 所示。

▲ 圖 2-5 選擇「格式化」命令　　　▲ 圖 2-6 「格式化」對話方塊

在「格式化」對話方塊中，按一下「開始」按鈕，系統就可以幫我們完成磁碟整個格式化的過程。當然，在按一下「開始」按鈕之前可以根據需要調整檔案系統的參數，如檔案系統類型、分配單元的大小等。

當系統完成格式化之後，按兩下磁碟代號進入該磁碟，然後我們就可以做一些具體的操作了，如拷貝檔案或新建檔案等。

在 Linux 作業系統進行格式化稍微有些門檻，但並沒有太大的難度。Linux 命令列終端透過命令實現區塊裝置的格式化操作。其語法格式如下：

```
mkfs.ext4 /dev/sdb
```

這裡 /dev/sdb 就是一個區塊裝置，可以視為磁碟。命令名稱分為兩部分，mkfs（make filesystem 的簡寫）表示格式化，而 ext4 則表示檔案系統的類型。當然，該命令其實具有非常豐富的參數，如設置檔案系統區塊大小等，大家可以透過 man 命令進一步了解，本文不再贅述。

但是在 Linux 作業系統中完成格式化後，我們並不能像 Windows 那樣直接進入 /dev/sdb 這個磁碟裝置拷貝檔案，或者進行其他檔案操作。這裡需要額外操作一步，也就是將該磁碟裝置掛載到某個目錄下面。

假設現在有一個目錄（/mnt/ext4_test），執行如下命令就可以將剛才格式化的檔案系統掛載了。

```
mount /dev/sdb /mnt/ext4_test
```

如果沒有提示錯誤，那麼這個格式化後的磁碟就掛載到 Linux 檔案系統目錄樹的 /mnt/ext4_test 目錄下面。此時，我們對該目錄的存取就是對磁碟資料的存取。這個似乎是一個很神奇的動作，具體原理是什麼呢？請參考後續章節的解釋。

透過手動掛載的檔案系統在作業系統重新啟動後就不存在了，如果想要存取該磁碟的內容，則此時還需要重新執行 mount 命令進行掛載。有什麼方法可以在作業系統啟動過程中自動掛載？當然有，那就是透過 fstab 設定檔來實現，如圖 2-7 所示，第三行程式是針對本實例增加的配置項。

```
1 UUID=574279fd-876c-4cd8-b30e-bf122fa069f3 / ext4 defaults 0 0
2 /swap.img        none      swap     sw      0       0
3 UUID=c0210506-564a-4236-86eb-9cb7757ba8d6 /mnt/ext4_test          ext4 defaults 0 0
```

▲ 圖 2-7　fstab 設定檔實例

在上述配置項中每行分為六段。其中，第一個表示待掛載的裝置，如磁碟，其實這裡不僅可以是具體的裝置，還可以是標籤或檔案系統

UUID；第二個是掛載點（掛載點是一個掛載了新檔案系統的目錄）；第三個是檔案系統類型；第四個是掛載選項，本書選用預設值；第五個是被 dump 命令使用的選項；第六個是被 fsck 命令使用的選項。每個選項的詳細含義可以透過執行 man fstab 命令獲得。

▶ 2.5 檔案系統與許可權管理

現代作業系統通常支援多使用者操作。也就是說同一個作業系統可以允許很多使用者登入並操作其中的資源。這樣多使用者場景就存在一個資源隔離和保護的問題，也就是說在通常情況下 A 使用者應該只能存取 A 使用者的資源，B 使用者只能存取 B 使用者的資源，避免相互存取，造成資源使用的混亂和安全問題。

下面介紹檔案系統的許可權相關的內容。以 Windows 為例，按右鍵檔案，在彈出的快顯功能表中選擇「屬性」命令，打開「屬性」對話方塊，在該對話方塊中可以查看某個使用者對該檔案的存取權限。

在「tmp.txt 屬性」對話方塊中（見圖 2-8），透過選擇「安全」標籤就可以看到系統的使用者清單及許可權資訊。當選擇某個使用者時就可以看到該使用者對本檔案的存取權限情況。

除了可以查看檔案的許可權資訊，在「tmp.txt 屬性」對話方塊中還可以修改某個使用者對當前檔案的存取權限。

除了資源隔離的場景，還有一種資源分享的場景。比如，一個公司有多個部門。A 部門的所有使用者應該都可以存取該部門下的資源，而不允許存取其他部門的資源。這些需求都與檔案系統的許可權管理有關係。

當然，Linux 也有許可權相關的特性。只不過 Linux 中的操作大多是透過命令來完成的。接下來以 Linux 為例從實際操作和原理方面詳細解釋一下檔案系統是如何進行許可權控制的。

▲ 圖 2-8「tmp.txt 屬性」對話方塊

2.5.1 Linux 許可權管理簡介

Linux 最常用的許可權管理就是 RWX-UGO 許可權管理。其中，RWX 是 Read、Write 和 eXecute 的縮寫。而 UGO 則是 User、Group 和 Other 的縮寫。透過該機制建立使用者和群組實現對檔案的不同的存取權限。

如果在 Linux 的某個目錄下執行 ls -alh 命令，就可以看到如圖 2-9 所示的結果。其中，就包含了檔案的所屬使用者和群組的資訊，以及對應的許可權資訊。

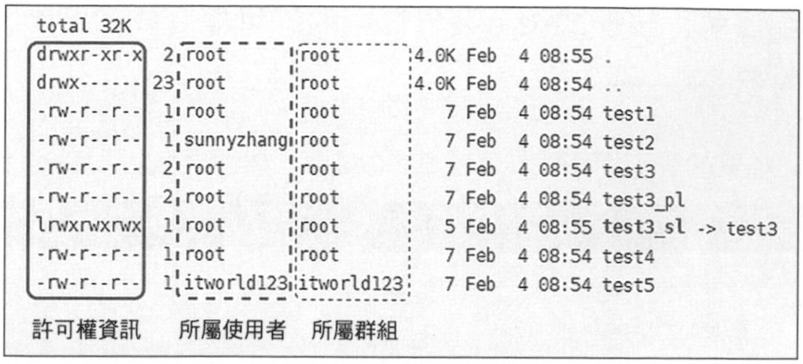

```
total 32K
drwxr-xr-x  2 root        root       4.0K Feb  4 08:55 .
drwx------ 23 root        root       4.0K Feb  4 08:54 ..
-rw-r--r--  1 root        root          7 Feb  4 08:54 test1
-rw-r--r--  1 sunnyzhang  root          7 Feb  4 08:54 test2
-rw-r--r--  2 root        root          7 Feb  4 08:54 test3
-rw-r--r--  2 root        root          7 Feb  4 08:54 test3_pl
lrwxrwxrwx  1 root        root          5 Feb  4 08:55 test3_sl -> test3
-rw-r--r--  1 root        root          7 Feb  4 08:54 test4
-rw-r--r--  1 itworld123  itworld123    7 Feb  4 08:54 test5

許可權資訊      所屬使用者  所屬群組
```

▲ 圖 2-9 Linux 檔案的許可權資訊

許可權描述資訊是每行前面 rw- 等字元描述的內容，而後面的 sunnyzhang 和 root 等字元則是使用者和群組的資訊。透過兩者的結合，在讀 / 寫等流程中就可以判定存取者是否有相應的許可權。

2.5.2 設置檔案的 RWX 許可權

2.5.2.1 基於 API 的許可權設置

在 Linux 中有相關的 API 來修改這個許可權。修改許可權的語法格式如下：

```
int chmod(const char *pathname, mode_t mode);
```

其中，第一個參數是檔案名稱，第二個參數是目標許可權。執行 chmod() 函數可以將檔案設置為目標許可權。

接下來看一下 chmod() 函數的用法。假設這裡有一個測試檔案，名稱為 test.bin。該檔案的初始許可權資訊如圖 2-10 上半部分所示（-rw-r--r--）。透過程式 2-5，將檔案的許可權設置為 S_IRUSR，也就是所屬使用者可讀。編譯執行該程式後，發現檔案的許可權變成如圖 2-10 下半部分所示的內容（-r-------- ）。

▼ 程式 2-5 檔案的許可權修改

change_mode.c

```
1   /*===========================================================
2    * 檔案名稱: change_mode.c
3    * 作  者: SunnyZhang
4    * 功能描述: 修改檔案的許可權資訊
5
6    *==========================================================*/
7
8   #include <stdio.h>
9   #include <fcntl.h>
10  #include <errno.h>
11  #include <sys/types.h>
12  #include <sys/stat.h>
13
14  int main( int argc, char* argv[] )
15  {
16      int ret = 0;
17
18      ret = chmod("test.bin", S_IRUSR);    // S_IRUSR是一個巨集定義，
                                             //   其值為00400
19      if (ret < 0){
20          printf("change mode failed");
21      }
22      return ret;
23  }
```

這種方法的缺點是將檔案原始的許可權都覆蓋了。比如想要為某個檔案添加某一項許可權，似乎並不太好實現。

```
root@sunnyzhang:~/code/chmod# ll
total 24
drwxr-xr-x 2 root root 4096 Oct 31 00:22 ./
drwxr-xr-x 6 root root 4096 Oct 31 00:12 ../
-rwxr-xr-x 1 root root 8352 Oct 31 00:22 change_mode*
-rw-r--r-- 1 root root  538 Oct 31 00:22 change_mode.c
-rw-r--r-- 1 root root    0 Oct 31 00:22 test.bin
root@sunnyzhang:~/code/chmod# ./change_mode
root@sunnyzhang:~/code/chmod# ll
total 24
drwxr-xr-x 2 root root 4096 Oct 31 00:22 ./
drwxr-xr-x 6 root root 4096 Oct 31 00:12 ../
-rwxr-xr-x 1 root root 8352 Oct 31 00:22 change_mode*
-rw-r--r-- 1 root root  538 Oct 31 00:22 change_mode.c
-r-------- 1 root root    0 Oct 31 00:22 test.bin
```

▲ 圖 2-10 設置檔案的許可權

其實仍有實現的辦法，就是先透過 stat 介面來獲取檔案的原始許可權資訊，添加期望的許可權後再設置該檔案的許可權。這次給該檔案增加執行許可權，如程式 2-6 所示。

▼ 程式 2-6 檔案的許可權修改

change_mode.c

```
1    /*===========================================================
2     * 檔案名稱: change_mode.c
3     * 作    者: SunnyZhang
4     * 功能描述: 修改檔案的許可權資訊
5     *===========================================================*/
6
7    #include <stdio.h>
8    #include <fcntl.h>
9    #include <errno.h>
10   #include <sys/types.h>
11   #include <sys/stat.h>
12   #include <unistd.h>
13
14   int main( int argc, char* argv[] )
15   {
```

```
16      int ret = 0;
17      struct stat file_info;
18      int mode = 0;
19
20      ret = stat("test.bin", &file_info);   // 獲取檔案原始的許可權資訊
21      if (ret < 0){
22          printf("get file info error!");
23      }
24
25      mode = file_info.st_mode | S_IXUSR;// 為了區分，這裡增加執行許可權
26      ret = chmod("test.bin", mode);        // 設置檔案的新許可權
27      if (ret < 0){
28          printf("change mode failed");
29      }
30      return ret;
31  }
```

重新編譯並執行該程式可以看出，這次是在原始許可權的基礎上增加了
執行許可權，而非把原來的許可權都給覆蓋了，執行結果如圖 2-11 所
示。

```
root@sunnyzhang:~/code/chmod# ll
total 24
drwxr-xr-x 2 root root 4096 Oct 31 00:50 ./
drwxr-xr-x 6 root root 4096 Oct 31 00:12 ../
-rwxr-xr-x 1 root root 8504 Oct 31 00:50 change_mode*
-rw-r--r-- 1 root root  739 Oct 31 00:50 change_mode.c
-rw-r--r-- 1 root root    0 Oct 31 00:49 test.bin
root@sunnyzhang:~/code/chmod# ./change_mode
root@sunnyzhang:~/code/chmod# ll
total 24
drwxr-xr-x 2 root root 4096 Oct 31 00:50 ./
drwxr-xr-x 6 root root 4096 Oct 31 00:12 ../
-rwxr-xr-x 1 root root 8504 Oct 31 00:50 change_mode*
-rw-r--r-- 1 root root  739 Oct 31 00:50 change_mode.c
-rwxr--r-- 1 root root    0 Oct 31 00:49 test.bin*
```

▲ 圖 2-11 為檔案增加執行許可權

這個 API 只能修改檔案的許可權資訊，無法修改檔案的所屬使用者和群組的資訊。如果想要修改所屬使用者和群組的資訊，則可以使用 chown() 函數，該函數的語法格式如下：

```
int chown(const char *pathname, uid_t owner, gid_t group);
```

如果想要設置檔案的所屬使用者和群組，只需要將使用者 ID 和群組 ID 傳進去即可。由於比較簡單，這裡不再舉例說明。

2.5.2.2 基於命令的許可權設置

透過程式設計的方式可以實現檔案的許可權修改，但是在日常操作中非常不方便。不必著急，Linux 已經為我們提供了相關的命令列工具，這些命令列工具與函數名稱相同，如 chmod 和 chown 等。

1. chmod 命令

還是以前面添加執行許可權為例，可以在命令列中執行如下命令：

```
sudo chmod +x test.bin
```

執行上述命令後，就可以得到與前面程式一樣的結果，如圖 2-11 所示。可以看出，透過命令列的方式對檔案的許可權進行修改要簡單快捷得多。

由於底層是採用二進位的方式儲存的，chmod 命令也是支援透過數字的方式修改其許可權屬性的。比如，執行如下命令：

```
sudo chmod 777 test.bin
```

其中，777 就是使所有的 RWX 都設置為 1，即可以被任何使用者和群組存取。執行結果如圖 2-12 所示。

```
root@sunnyzhang:~/code/chmod# ll
total 24
drwxr-xr-x 2 root root 4096 Oct 31 02:25 ./
drwxr-xr-x 6 root root 4096 Oct 31 00:12 ../
-rwxr-xr-x 1 root root 8504 Oct 31 00:50 change_mode*
-rw-r--r-- 1 root root  739 Oct 31 00:50 change_mode.c
-rwxrwxrwx 1 root root    0 Oct 31 00:49 test.bin*
```

▲ 圖 2-12 透過命令設置許可權

2. chown 命令

chown 命令用於修改檔案的所屬使用者資訊。比如,將屬於 root 的檔案 test.bin 改為屬於 sunnyzhang,可以執行如下命令:

```
chown sunnyzhang:sunnyzhang test.bin
```

3. chgrp 命令

從名字上可以看出,chgrp 命令用於修改檔案的所群組資訊。使用方法很簡單,本節不再贅述。

關於 RWX-UGO 的許可權存取控制就先介紹到這裡。其實除了 RWX-UGO 許可權控制,還有其他類型的許可權控制,如 ACL 許可權控制。

2.5.3 設置檔案的 ACL 許可權

前文介紹了 RWX-UGO 的許可權控制方法,但是這種方法過於簡單,很多場景無法滿足要求。為了讓大家理解為什麼有些問題無法透過 RWX-UGO 許可權管理解決,列舉一個大家都會遇到的實例。

假設有一個薪水單目錄,該薪水單目錄存放了公司所有人員的薪水單檔案。對於薪水單目錄中的檔案,顯然財務人員(可能是張三、張五等多個人)是可以讀 / 寫的,因為他們要生成這個薪水單,並可以更正錯

誤。例如，對於李四的薪水單檔案，李四可以讀但不允許寫。出於對薪
水的保密，其他人不允許讀，也不允許寫。為了讓大家更加清楚地理解
上述關係，透過圖 2-13 進行表示。

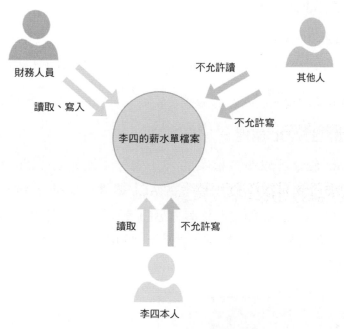

▲ 圖 2-13 薪水單的許可權設置

這種許可權的要求採用 RWX-UGO 的方式就很難實現。因為採用 RWX-
UGO 進行許可權控制只能引用檔案所有者和其他人，而無法控制多個
不同的具體人。為了解決這種複雜的許可權管理問題，Linux 還有另外
一套許可權控制方法，也就是 ACL 許可權控制方法。

ACL（Access Control List，存取控制清單），一個針對檔案 / 目錄的存
取控制清單。它在 RWX-UGO 許可權管理的基礎上為檔案系統提供一個
額外的、更靈活的許可權管理機制。ACL 允許給任何使用者或使用者群
組設置任何檔案 / 目錄的存取權限，這樣就能形成網狀的交叉存取關係。

ACL 的原理很簡單，就是在某個檔案中增加一些描述用戶名 / 群組名與
許可權的「鍵 - 值」對。比如，使用者 sunnyzhang 具有讀 / 寫許可權
（rw），可以為該檔案添加 sunnyzhang:rw 資訊。這樣在核心中就可以根
據該描述資訊確定某個使用者對該檔案的許可權。

Linux 有幾個命令列工具來對檔案 / 目錄的 ACL 屬性進行設置。使用起
來也比較簡單。接下來看一下如何獲取一個檔案的 ACL 屬性，或者為一
個檔案設置 ACL 屬性。

1. 獲取檔案的 ACL 屬性

透過 getfacl 命令可以獲取檔案的 ACL 屬性。比如 test.bin 檔案，我們
透過下面命令就可以獲取該檔案的 ACL 屬性，如圖 2-14 所示。由於
ACL 相容 RWX，因此即使在沒有做 ACL 設置的情況下也是可以獲得相
關內容的。我們對比一下圖中箭頭所指向的內容可以發現，ACL 屬性與
RWX 屬性是完全一致的。

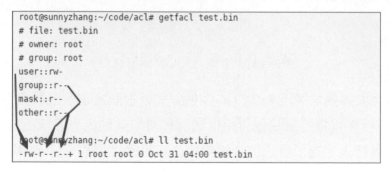

▲ 圖 2-14 ACL 屬性與 RWX 屬性對照

2. 設置檔案的 ACL 屬性

如何設置一個檔案的 ACL 屬性呢？可以透過 setfacl 命令用來設置檔案
或目錄的 ACL 屬性，該命令的語法格式如下：

```
setfacl [-bkRd] [{-m|-x} acl參數] 檔案/目錄名
```

雖然選項比較多，但是常用的選項主要是 -m 和 -x，前者用於給檔案 / 目錄添加 ACL 參數，後者用於刪除某個 ACL 參數。其他選項的作用請參考 man 手冊，本節不再贅述。

下面列舉一個簡單的實例，test.bin 檔案本來屬於 root 使用者，但是期望該檔案被 zhangsan 使用者讀 / 寫，程式如下：

```
setfacl -m u:zhangsan:rw test.bin
```

當設置完成後，再次透過 getfacl 命令獲取該檔案的 ACL 屬性時會發現結果中多了一行程式 "user:zhangsan:rw-"，如圖 2-15 所示。這一行程式就是我們添加的使用者 zhangsan 對該檔案的讀寫許可權（rw）。

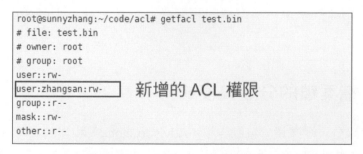

▲ 圖 2-15 ACL 許可權設置實例

ACL 除了擁有命令列工具，還擁有一套 API，以方便程式設計師透過程式設計的方式來修改檔案的 ACL 屬性。但是 ACL 中的 API 與 RWX 中的 API 相比，使用起來還是比較複雜的。如果想要透過程式設計的方式修改 ACL 屬性，則首先需要安裝一個 libacl 函數庫，然後使用該函數庫中的 API 來做相關的操作。關於 libacl 函數庫中 API 的用法本章不再介紹，後續章節在原理介紹時會詳述相關程式。

至此，大家應該對如何修改檔案的許可權有了一個整體的認識，但是對其實現原理可能還不太清楚。不過沒關係，我們在後續章節將結合程式詳細介紹 Linux 是如何實現許可權管理的。

▶ 2.6 檔案系統的鎖機制

我們知道對於臨界區的資源處理需要鎖機制。比如，在多執行緒情況下，如果存取某些共用的資料結構，那麼需要自旋鎖或互斥鎖來保護，防止併發讀 / 寫導致資料的不一致。對於檔案系統的檔案，同樣存在多執行緒或處理程序同時存取的問題，如果沒有鎖機制，則可能導致檔案資料的損壞或不一致。

本節將介紹檔案系統中檔案鎖的相關內容，包括檔案鎖的類型、API 和基本用法。

2.6.1 檔案鎖的分類與模式

從大類上來分，檔案鎖分為勸告鎖（Advisory Lock）和強制鎖（Mandatory Lock) 兩種類型。

勸告鎖是一種建議性的鎖，透過該鎖告訴存取者現在該檔案被其他處理程序存取，但不強制阻止存取。這就好比我們去景區旅遊，看到一個牌子寫著「遊客勿入」，但是門是開著的。如果我們不在乎警告，還是可以進去的。

強制鎖則是在有處理程序對檔案鎖定的情況下，其他處理程序是無法存取該檔案的。還以旅遊為例，你走到一個地方，雖然沒有牌子寫著「遊客勿入」，但是大門是緊鎖的。在這種情況下即使你想衝進去，也是沒辦法進去的。

在使用模式上，無論是勸告鎖還是強制鎖都分為共用鎖和排他鎖兩種。共用鎖與排他鎖的差異在於當處理程序 A 持有鎖的情況下，其他處理程序試圖持有該鎖時產生的行為不同。

共用鎖（Shared Lock）： 在任意時間內，一個檔案的共用鎖可以被多個處理程序擁有，共用鎖不會導致系統處理程序的阻塞。也就是說，當處理程序 A 持有共用鎖的情況下，處理程序 B 試圖持有該共用鎖也是可以的，而且不會造成對處理程序 B 的阻塞。這非常適用於兩個處理程序同時讀取檔案資料的場景，如圖 2-16 所示。

排他鎖（Exclusive Lock）： 在任意時間內，一個檔案的排他鎖只能被一個處理程序擁有。也就是說，當一個處理程序 A 持有排他鎖時，另外一個試圖獲取該鎖的處理程序 B 將被阻塞，直到占用鎖的處理程序釋放後，處理程序 B 才能繼續，如圖 2-17 所示。

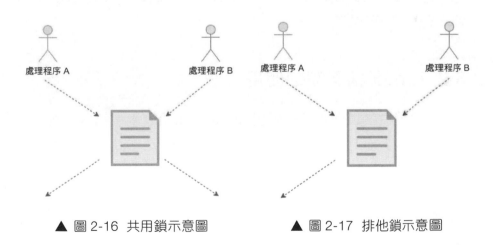

▲ 圖 2-16 共用鎖示意圖　　　　▲ 圖 2-17 排他鎖示意圖

為了讓大家更加清晰地理解共用鎖與排他鎖的關係，下面透過表 2-2 進行一個比較全面的表述。其中第一列表示某個處理程序已經獲取了某種類型的鎖。後面兩列則表示當另一個處理程序期望獲取該類型的鎖時是否可以獲得。

表 2-2　共用鎖與排他鎖的互斥關係

存在的鎖 / 請求類型	共　享　鎖	排　他　鎖
無	可獲取	可獲取
共用鎖	可獲取	拒絕
排他鎖	拒絕	拒絕

例如，檔案的讀 / 寫可以結合共用鎖與排他鎖來實現，寫檔案使用排他鎖，讀取檔案使用共用鎖。當有處理程序在寫檔案時，其他所有處理程序都不允許寫或讀此檔案。當沒有處理程序在寫檔案時，多個處理程序可以同時讀此檔案。

本節主要對檔案鎖的概念和類型進行了介紹，下面以 Linux 中 API 為例介紹一下如何使用檔案鎖。

2.6.2 Linux 檔案鎖的使用

在 Linux 中，檔案鎖的特性是透過 flock() 和 fcntl() 兩個函數對外提供的。這兩個函數都可以實現檔案加鎖和解鎖的流程，但是後者要比前者的特性更加豐富。

2.6.2.1 flock() 函數的使用簡析

下面先介紹一下 flock API 的使用，flock() 函數的語法格式如下：

```
int flock(int fd, int operation)
```

可以看出，該函數有兩個參數，一個是檔案的控制碼，另一個是具體的動作。

flock() 函數行為的差異依賴於 operation 參數，該參數可以是如下幾種情況。

- LOCK_SH：表示加共用鎖（Shared Lock）。
- LOCK_EX：表示加排他鎖（Exclusive Lock）。
- LOCK_UN：表示釋放鎖（Unlock）。

可以看出，檔案鎖的加鎖和解鎖都是由 flock() 函數實現的。在了解了上述參數的含義之後，再使用該函數就不太難了，此處就不再舉例説明。

2.6.2.2 fcntl() 函數的使用簡析

fcntl() 函數實現的特性要更加豐富一些，它不僅可以用於鎖操作，還可以用於其他操作，這主要依賴參數 cmd 的值。fcntl() 函數的語法格式如下：

```
int fcntl(int fd, int cmd, ... // arg  );
```

可以看出，該函數有兩個主要的參數，一個是 fd，表示目的檔案描述符號；另一個是 cmd，用於確定具體的操作，對於檔案鎖 cmd 來説，可以是 F_GETLK、F_SETLK 和 F_SETLKW。其實後面還有第三個參數，這個參數是可變參數。對於檔案鎖操作，第三個參數的類型為 struct flock。此時函數的語法格式如下：

```
int fcntl (int fd, int cmd, struct flock *lock);
```

lock 參數是檔案鎖的詳細屬性資訊，它描述了我們想要添加什麼類型的檔案鎖，以及其他一些描述資訊。該結構包含的內容如程式 2-7 所示。

▼ 程式 2-7　檔案鎖結構

```
bits/fcntl.h
36   struct flock
37     {
38       short int l_type;          // 類型包括F_RDLCK、F_WRLCK和F_UNLCK
39       short int l_whence;
40   #if __WORDSIZE == 64 || !defined __USE_FILE_OFFSET64
41       __off_t l_start;
42       __off_t l_len;
43   #else
44       __off64_t l_start;       // 檔案鎖的起始位置
45       __off64_t l_len;         // 鎖定區間的長度，0表示到檔案結尾
46   #endif
47       __pid_t l_pid;            // 持有檔案鎖的處理程序ID
48     };
```

透過上述參數可以看出，該方法不僅可以實現各種檔案鎖類型，檔案鎖的粒度也會更細一些。其中，成員 l_start 與 l_len 用於描述鎖定的檔案的範圍。

成員 l_type 描述了檔案鎖操作的具體類型，它的值可以是 F_RDLCK、F_WRLCK 和 F_UNLCK 等。其中，F_RDLCK 是加讀（共用）鎖，F_WRLCK 是寫（排他）鎖，而 F_UNLCK 是解鎖操作。當對檔案進行加鎖或解鎖操作時，只需要填充相應的參數，並呼叫該介面即可。

為了更加清楚地說明上述各個參數的用途，下面列舉一個實例。在該實例中定義了一個排他鎖。同時，透過 F_SETLKW 參數讓 fcntl() 函數添加一個需要等待（Wait）模式的鎖（第 30 行），如程式 2-8 所示。

▼ 程式 2-8 檔案鎖使用實例

```
lock_file.c
1    /*============================================================
2     * 檔案名稱: lock_file.c
3     * 作    者: SunnyZhang
4     * 功能描述: 對一個檔案進行加鎖
5     *============================================================*/
6
7    #include <stdio.h>
8    #include <stdlib.h>
9    #include <fcntl.h>
10   #include <errno.h>
11   #include <sys/types.h>
12   #include <unistd.h>
13
14   #define BUF_LEN 4096
15   int main( int argc, char* argv[] )
16   {
17       int ret = 0;
18       struct flock test_lock = {
19           .l_whence = SEEK_SET,
20           .l_type = F_WRLCK                // 排他鎖
21       };
22
23       int fd = open("test.bin", O_RDWR);
24       if (fd < 0) {
25           printf("open file failed\n");
26           goto OUT;
27       }
28
29       printf("before lock file\n");
30       ret = fcntl(fd, F_SETLKW, &test_lock); // 加鎖操作,如果已經被
                                                  //         加鎖則等待
31       if (ret < 0) {
32           printf("lock file failed\n");
```

```
33          goto OUT;
34      }
35      printf("after lock file\n");
36      sleep(150);                    // 休眠150秒，用於模擬存取碰撞
37
38  OUT:
39      return(ret);
40  }
```

編譯並執行上述程式，然後開啟另一個視窗再次執行上述程式。我們會
發現該程式被阻塞了。如果將第 30 行程式中的 F_SETLKW 修改為 F_
SETLK，此時程式並不會被阻塞，而是會返回一個錯誤。

如果這時使用其他軟體存取該檔案，會出現什麼結果呢？比如，使用
cat 命令讀取檔案資料。

結果是可以正常讀取資料。這時大家可能會產生疑問。加鎖不是實現對
資料的排他保護嗎？怎麼還可以讀取資料呢？這是因為在 Linux 中預設
使用的是勸告鎖。如果處理程序沒有對鎖的狀態進行詢問而直接存取資
料，則鎖並不會保護資料。

為了對某個特定檔案施行強制性上鎖，需要使用強制鎖。使用強制鎖需
要滿足如下幾個條件。

（1）掛載檔案系統時要指定 mand 選項（mount -o mand）。

（2）必須關閉檔案的組成員執行位元（chmod g-x file）。

（3）必須打開檔案的 SGID 位元（chmod g+s file）。這裡 SGID（Set
　　　Group ID）是檔案 / 目錄的一種特殊許可權，用於使用者臨時獲得
　　　群組許可權。

完成上述操作後，如果在第一個視窗執行該程式，則在第二個視窗執行
cat 命令或 vim 命令查看檔案資料時會被阻塞。

▶ 2.7 檔案系統的擴展屬性

在檔案系統中，檔案的基礎屬性比較有限，如檔案的 inode ID、建立時
間、大小和存取屬性等。通用檔案系統的使用者往往有很多個性化的需
求，因此檔案系統透過擴展屬性允許使用者自訂一些功能。

檔案的擴展屬性（xattrs）透過「鍵 - 值」對（Key/Value）方式提供了
一種儲存附加資訊的方式，擴展屬性與檔案或目錄相連結。每個擴展屬
性可以透過唯一的鍵來區分，鍵的內容必須是有效的 UTF-8 編碼，格式
為 namespace.attribute，每個鍵採用完全限定的形式，也就是鍵必須有
一個確定的首碼（如 user）。

在 Linux 中，對擴展屬性的管理可以透過 setfattr 命令和 getfattr 命令完
成。前者是設置檔案的擴展屬性，後者是獲取檔案的擴展屬性。以設置
檔案的擴展屬性為例，setfattr 命令的語法格式如下：

```
setfattr -n user.sunnyzhang -v itworld123 f1.txt
```

執行上述命令後就為檔案 f1.txt 設置了擴展屬性。需要注意的是，該擴
展屬性的資料並不在檔案內容中，而是在其他地方。

在圖 2-18 中，第一個命令用於設置檔案的擴展屬性和獲取檔案的擴展
屬性。在設置擴展屬性時，-n 後面是擴展屬性的名稱，而 -v 後面則是擴
展屬性的值。

透過 getfattr 命令獲取檔案的擴展屬性。在圖 2-18 中,第二個命令可以獲取該檔案的所有擴展屬性,當然也可以配合選項來獲取某些特定名稱的擴展屬性。

```
root@sunnyzhang-VirtualBox:/mnt/ext2# setfattr -n user.sunnyzhang  -v itworld123 f1.txt
root@sunnyzhang-VirtualBox:/mnt/ext2# getfattr f1.txt
# file: f1.txt
user.sunnyzhang
```

▲ 圖 2-18 檔案擴展屬性的設置與獲取

這兩個命令的功能很豐富,大家可以自行閱讀 man 手冊,此處不再贅述。除了可以使用上述命令來對擴展屬性進行管理,還可以透過 API 來管理擴展屬性,這更適合程式設計師使用。使用 API 設置和獲取擴展屬性的語法格式如下:

```
int setxattr(const char *path, const char *name, const void *value,
size_t size, int flags);
ssize_t getxattr(const char *path, const char *name, void *value, size_
t size);
```

這裡需要說明的是,setxattr 中的 flags 參數用於指定 setxattr 的行為。該參數有兩種可能的值,分別是 XATTR_CREATE 和 XATTR_REPLACE。如果參數的值是 XATTR_CREATE,在添加擴展屬性時,遇到名稱相同屬性,則返回錯誤碼 EEXIST。如果是 XATTR_REPLACE,則會用新值替換該屬性的舊值。

擴展屬性的具體應用要根據使用者的用途而定。比如,在 Ceph 分散式儲存中,使用本地檔案系統的擴展屬性來儲存物件的一些屬性資訊。一些桌面應用使用擴展屬性儲存一些附屬資訊,如文件的作者和描述資訊等。

▶ 2.8 檔案的零拷貝

2.8.1 零拷貝的基本原理

Linux 包含核心態和使用者態。如果學習過核心的相關知識就會了解到核心態的記憶體和使用者態的記憶體是隔離的。當使用者態的程式向檔案寫入資料時,需要將使用者態的資料拷貝到核心態的記憶體中;當使用者態的程式讀取資料時,需要將核心態的內容拷貝到使用者態的記憶體中。

讀取檔案的過程分為兩個步驟,首先從磁碟中讀取資料並將其保存到核心記憶體中,然後從核心記憶體中將資料拷貝到使用者分配的 data_buf 中。在寫入資料時,先將 data_buf 中的資料拷貝到核心記憶體中,然後寫入磁碟。這種資料的拷貝過程其實是非常消耗記憶體資源的,如果能減少記憶體拷貝過程,則一方面可以提高性能,另一方面可以減少延遲時間。

不僅檔案系統存在類似的問題,網路也存在類似的檔案。如果想要將一個檔案透過網路發送到某個節點,則要經過兩次使用者態與核心態的記憶體拷貝。第一次將檔案系統快取中的資料拷貝到使用者態緩衝區,第二次將使用者緩衝區的內容拷貝到傳輸協定的緩衝區,如圖 2-19 所示。除了使用者態與核心態之間的記憶體拷貝,還有硬體與系統記憶體之間的資料傳輸(通常為 DMA 方式)。

我們觀察一下會發現,對於單純地將檔案資料發送到網路的場景(如 Web 服務端發送照片),其實沒必要經過使用者態緩衝區轉發,完全可以直接將檔案系統快取的資料從核心中拷貝到傳輸協定的核心快取中。

這樣本質上就減少了一次核心態與使用者態之間的記憶體拷貝，如圖 2-20 所示。其實如果在核心實現兩個模組的記憶體拷貝不僅會減少記憶體拷貝的負擔，而且也會減少核心態與使用者態上下文切換的負擔。

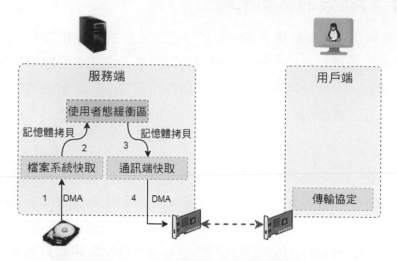

▲ 圖 2-19 資料存取的記憶體拷貝

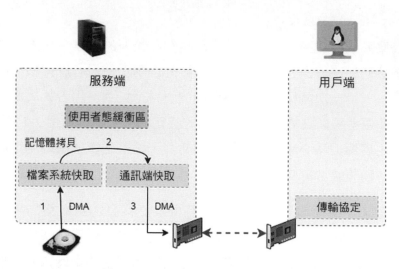

▲ 圖 2-20 避免使用者態拷貝的示意圖

雖然使用上述方式消除了核心態與使用者態之間的記憶體拷貝過程，但是在核心內部還是有一次拷貝的。後來 Linux 核心又做了進一步的最佳化，消除了核心內部的記憶體拷貝。在該最佳化中，當執行 2 時，並不是進行全記憶體拷貝，而是將一個描述資料位置的資訊拷貝到通訊端快取中（圖 2-21 中步驟 2），透過傳輸協定發送資料時根據描述資訊利用 DMA 機制直接將資料發送出去（圖 2-21 中的粗線）。

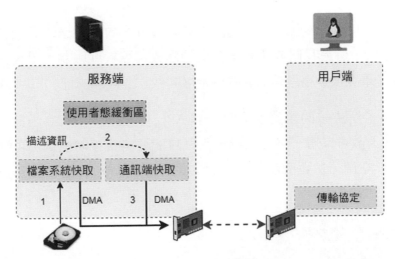

▲ 圖 2-21　避免磁碟快取與網路快取拷貝的示意圖

透過上面描述我們發現，其實所謂零拷貝技術並非沒有任何記憶體拷貝，它主要是消除資料的拷貝，描述資料的拷貝是不可缺少的。

2.8.2　零拷貝的系統 API

Linux 透過 sendfile() 函數來使用零拷貝，sendfile() 函數的語法格式如下：

```
ssize_t sendfile(int out_fd, int in_fd, off_t * offset, size_t count );
```

在 sendfile() 函數中，int out_fd 參數是輸入資料的檔案描述符號，可以與前面的檔案對應；int in_fd 參數是輸出資料的檔案描述符號，可以與前面的通訊端對應。實際上，在目前的 Linux 中，輸出資料的位置可以是網路，也可以是檔案。

off_t * offset 和 size_t count 兩個參數分別是偏移和大小，這兩個參數的組合用來確定從原始檔案的哪個位置讀取多少資料。

雖然 sendfile() 函數可以直接在核心中實現檔案內容的讀取和資料的發送（寫入），但是我們無法對資料進行修改。這樣就限制了零拷貝技術的使用，畢竟很多場景是需要對原始檔案做一些處理的。

Linux 為了解決該問題實現了另一個 API，也就是 mmap() 函數。透過 mmap() 函數可以將一個檔案中一定區域的資料直接映射到處理程序的虛擬位址空間，並返回記憶體空間的位址，mmap() 函數的語法格式如下：

```
void *mmap(void *addr, size_t length, int prot, int flags, int fd, off_
t offset);
int munmap(void *addr, size_t length);
```

在 mmap() 函數中，addr 參數是期望返回的位址，其值可以為 NULL，此時系統會自動分配位址；fd 參數是對應的檔案的檔案描述符號；offset 參數是對應的資料在檔案的位置；length 參數是映射的長度；另外，還有兩個確定附加特性的參數，prot 和 flags。

建構映射後，檔案內容與使用者態記憶體之間的關係如圖 2-22 所示。這樣我們就可以透過存取這個記憶體來存取檔案資料，也就是當修改該記憶體的內容時，也就對檔案的內容進行了修改。透過使用這種方式也

就不需要使用 write() 函數和 read() 函數，避免記憶體拷貝和上下文切換
的消耗。

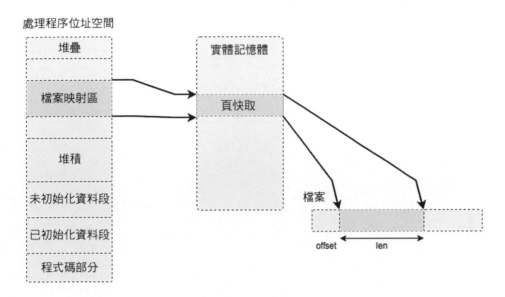

▲ 圖 2-22 檔案內容與使用者態記憶體之間的關係

知其所以然 -- 本地檔案系統 原理及核心技術

我們知道檔案系統最早是用來管理磁碟等存放裝置的。為了區分，我們將直接管理磁碟等存放裝置的檔案系統稱為本地檔案系統（Local File System）。本地檔案系統是最常用的檔案系統，在不同的作業系統中往往有不同的檔案系統，如 Linux 中的 Ext4 和 XFS、Windows 中的 NTFS、macOS 中的 HFS+ 和 AFS 等。

本地檔案系統是最典型、最常用、最簡單的檔案系統。因此，這裡先以本地檔案系統為例來進行介紹。由於 Linux 中的檔案系統是開放原始碼的，可以透過閱讀程式實現，因此這裡主要以 Linux 檔案系統為例來進行介紹。

▶ 3.1　Linux 檔案系統整體架構簡介

檔案系統是 Linux 核心四大子系統（處理程序管理、記憶體管理、檔案系統和網路堆疊）之一，檔案系統的地位可見不一般。為了便於理解具體的檔案系統，下面先介紹一下 Linux 檔案系統的整體架構，如圖 3-1 所示，在具體檔案系統（如 Ext2、Ext4 和 XFS 等）與應用程式之間有一層抽象層，稱為虛擬檔案系統（Virtual File System，VFS）。

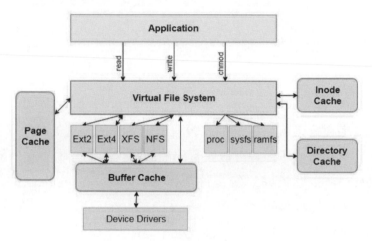

▲ 圖 3-1　Linux 檔案系統的整體架構

由圖 3-1 可以看出，該架構的核心是 VFS。VFS 提供了一個檔案系統框架，本地檔案系統可以基於 VFS 實現，其主要做了如下幾方面的工作。

（1）VFS 作為抽象層為應用層提供了統一的介面（read、write 和 chmod 等）。

（2）在 VFS 中實現了一些公共的功能，如 inode 快取（Inode Cache）和頁快取（Page Cache）等。

（3）規範了具體檔案系統應該實現的介面。

基於上述設定，其他具體的檔案系統只需要按照 VFS 的約定實現相應的
介面及內部邏輯，並註冊在系統中，就可以完成檔案系統的功能了。

在 Linux 中，在格式化磁碟後需要透過 mount 命令將其掛載到系統目
錄樹的某個目錄下面，這個目錄被稱為掛載點（mount point）。完成掛
載後，我們就可以使用基於該檔案系統格式化的磁碟空間了。在 Linux
中，掛載點幾乎可以是任意目錄，但為了規範化，掛載點通常是 mnt 目
錄下的子目錄。

圖 3-2 所示為一個相對比較複雜的 Linux 目錄樹。在該 Linux 目錄樹
中，根檔案系統為 Ext3 檔案系統，而在 mnt 目錄下又有 ext4_test 和
xfs_test 兩個子目錄，並且分別掛載了 Ext4 檔案系統和 XFS 檔案系統。

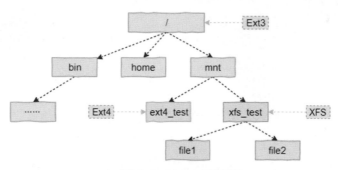

▲ 圖 3-2 Linux 目錄樹

在 Linux 目錄樹中，多個檔案系統的關係是由核心中的一些資料結構表
示的。在進行檔案系統掛載時會建立檔案系統之間的關係，並且註冊具
體檔案系統的 API。當使用者態呼叫打開檔案的 API 時，會找到對應的
檔案系統 API，並連結到檔案相關的結構（如 file 和 inode 等）。

上面的描述比較抽象，大家可能還是有點不太明白。不要著急，在後面
的章節中，我們會結合程式更加詳細地介紹 VFS 及如何實現對多種檔案
系統的支援。

3.1.1 從 VFS 到具體檔案系統

Linux 中的 VFS 並不是一開始就有的，最早發布的 Linux 版本並沒有 VFS。而且，最初 VFS 並非是基於 Linux 發明的，它最早於 1985 年由 Sun 公司在其 SunOS 2.0 中開發，主要目的是調配其本地檔案系統和 NFS 檔案系統。

VFS 透過一套公共的 API 和資料結構實現了對具體檔案系統的抽象。當使用者呼叫作業系統提供的檔案系統 API 時，會透過軟中斷的方式呼叫核心 VFS 實現的函數。表 3-1 所示為部分檔案系統 API 與核心函數的對應關係。

表 3-1 部分檔案系統 API 與核心函數的對應關係

使用者態 API	核 心 函 數	說　明
open	ksys_open()	打開檔案
close	ksys_close()	關閉檔案
read	ksys_read()	讀取資料
write	ksys_write()	寫入資料
mount	do_mount()	掛載檔案系統

由表 3-1 可以看出，每個使用者態 API 都有一個核心函數與之對應。當應用程式呼叫檔案系統的 API 時會觸發與之對應的核心函數。這裡列舉的只是檔案系統 API 中的一個比較小的子集，目的是說明 API 與 VFS 的關係。如果大家想了解其他 API 則自行閱讀核心原始程式碼，此處不再贅述。

為了讓大家能夠對 VFS 與具體檔案系統的關係有一個基本的認識，本節以 Ext2 的寫介面為例來展示一下從 API 到 VFS 函數，再到 Ext2 檔案系統函數的呼叫關係。如圖 3-3 所示，API 函數 write() 透過軟中斷觸發核心 ksys_write() 函數，該函數經過若干處理後最終會透過函數指標（file->f_op->wirte_iter）的方式呼叫 Ext2 檔案系統中的 ext2_file_write_iter() 函數。

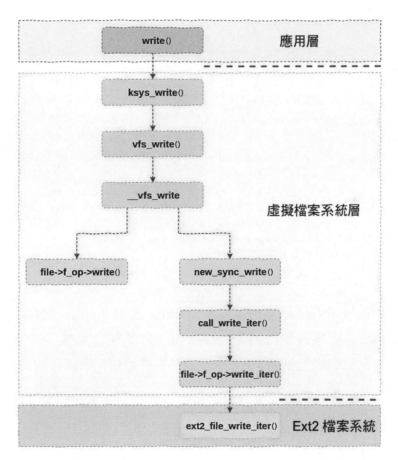

▲ 圖 3-3 Linux 檔案系統寫入資料函式呼叫流程

看上去很簡單，VFS 只要呼叫具體檔案系統註冊的函數指標即可。但是這裡有個問題沒有解決，VFS 中的函數指標是什麼時候被註冊的呢？

Ext2 檔案系統中的函數指標是在打開檔案時被初始化的（具體細節請參考 3.1.2.2 節）。大家都知道，使用者態的程式在打開一個檔案時返回的是一個檔案描述符號，在核心中表示檔案的結構 file 與之對應。在這個結構中有幾個比較重要的成員，包括 f_inode、f_ops 和 f_mapping 等，如圖 3-4 所示。

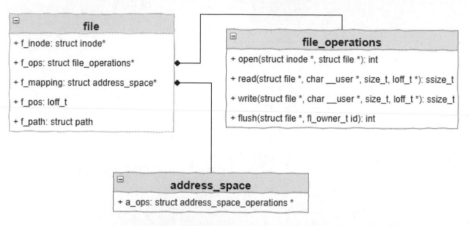

▲ 圖 3-4 檔案存取的核心資料結構

在圖 3-4 中，f_inode 是該檔案對應的 inode 節點。f_ops 是具體檔案系統（如 Ext2）檔案操作的函數指標集合，它是在打開檔案時被初始化的。VFS 正是透過該函數指標集合來實現對具體檔案系統存取的。

至此，大家應該對 VFS 與具體檔案系統互動有了一個大致的了解。但是還有很多細節有待層層剝開。比如，在打開檔案時函數指標是如何被註冊的，具體檔案系統是如何使用 VFS 頁快取的等，相關實現請參考下一節的內容。

3.1.2 關鍵處理流程舉例

為了更加清楚地理解 VFS 與具體檔案系統的關係，本節以 Ext2 檔案系統的掛載、打開檔案與寫入資料為例介紹一下使用者態介面、VFS 和 Ext2 介面之間的呼叫關係。透過上述流程的分析，我們會對 VFS 的架構及關鍵資料結構和流程有比較清晰的認識。基於這個基礎，在學習其他流程時也就相對駕輕就熟了。

3.1.2.1 檔案系統的註冊

在 Linux 中，具體檔案系統通常是一個核心模組。在核心模組被載入（初始化）時完成檔案系統的註冊。以 Ext2 檔案系統為例，其初始化程式如程式 3-1 所示，呼叫 register_filesystem() 函數將 Ext2 檔案系統註冊到系統中。這個函數其實就是 Linux 中模組初始化的程式，任何核心模組都有一個類似的初始化函數。

▼ 程式 3-1 Ext2 檔案系統初始化

```
ext2/super.c
1637  static int __init init_ext2_fs(void)
1638  {
1639      int err;
1640
1641      err = init_inodecache();      // 初始化inode快取
1642
1643      if (err)
1644          return err;
1645          err = register_filesystem(&ext2_fs_type); // 註冊檔案系統
1646
1647      if (err)
1648          goto out;
1649      return 0;
```

```
1650    out:
1651        destroy_inodecache();
1652        return err;
1653    }
```

register_filesystem() 函式呼叫了兩個主要的函數，一個是初始化 inode
快取（第 1641 行）；另一個是呼叫檔案系統註冊函數（第 1645 行）。
檔案系統的註冊很簡單，該流程就是將表示某種類型的檔案系統的結構
（file_system_type）實例添加到一個全域的鏈結串列中。這個結構實例
主要實現的函數是 mount()。以 Ext2 檔案系統為例，該結構如程式 3-2
所示。

▼ 程式 3-2 Ext2 檔案系統的結構

```
ext2/super.c
1628    static struct file_system_type ext2_fs_type = {
1629        .owner          = THIS_MODULE,
1630        .name           = "ext2",
1631        .mount          = ext2_mount,
1632        .kill_sb        = kill_block_super,
1633        .fs_flags       = FS_REQUIRES_DEV,
1634    };
```

由於檔案系統實例被添加到一個全域鏈結串列中，當使用者態執行掛載
命令時就可以呼叫這裡的 mount() 函數指標（對於 Ext2 檔案系統，其具
體實現為 ext2_mount）。mount() 函數的主要作用是從儲存媒體讀取超
級區塊資訊，並建立該檔案系統根目錄的 dentry 實例。這個 dentry 實
例在後面掛載流程中將被用到。

大家在這裡只需要知道檔案系統註冊了一個 mount() 函數即可，關於掛
載的更多細節會在後面章節再詳細介紹。

3.1.2.2 打開檔案的流程

按理說應該先介紹一下檔案系統的掛載流程，畢竟檔案系統的掛載才是
一個從無到有的過程。但是直接介紹掛載流程，大家理解上有點困難，
因此先介紹打開檔案的流程。

當打開一個檔案時，呼叫的是 open() 函數，其語法格式如下：

```
int fd = open (const char *pathname,int flags,mode_t mode);
```

open() 函數傳入一個字串的路徑參數（如 /mnt/data/dir1/file.log），然後
返回一個檔案描述符號。返回的檔案描述符號就是一個整數，後續用該
整數表示一個檔案。這樣就可以透過這個檔案描述符號進行存取，如讀
/ 寫資料相關介面。

本節將介紹打開檔案的流程，重點解釋清楚如下幾個問題。

（1）如何透過一個字串路徑來打開一個檔案？
（2）為什麼透過一個檔案描述符號就可以實現檔案的存取？

要回答上述問題，需要更加深入地分析核心打開檔案的流程。在核心
中，打開的檔案是透過 file 結構表示的，而且該結構與處理程序連結。
因此，使用處理程序打開的所有檔案都保存在表示處理程序結構（task_
struct）的 files 成員中。處理程序結構（task_struct）與 file 的關係比較
複雜，如圖 3-5 所示。其中，fdtable 是一個檔案描述符號表，fd 成員以
陣列的形式儲存 file 結構中的指標，而上文所述的檔案描述符號其實就
是該陣列的索引。

在 3.1.1 節提到 file 結構中最重要的是函數指標。正是透過這些函數指
標，當讀 / 寫該檔案時就可以存取具體檔案系統的函數。接下來介紹一
下這些函數指標是如何被初始化的。

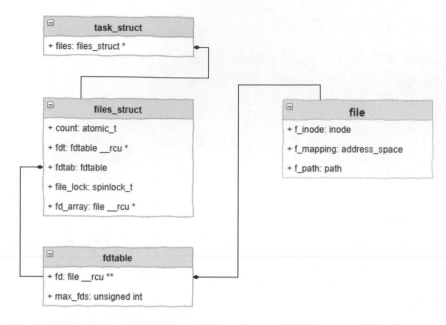

▲ 圖 3-5 處理程序結構（task_struct）與 files 的關係

首先，從整體上看一下打開檔案的流程，如圖 3-6 所示。該流程忽略了快取情況，只展示了核心流程。該流程有兩個主要分支，分支 1 用來對檔案路徑進行解析，並逐級建構每級目錄名 / 檔案名稱對應的 inode 和 dentry；分支 2 則進行檔案打開必要的設置工作，具體內容根據不同的檔案系統而定。

圖 3-6 中的核心函數是 do_sys_openat2()，如程式 3-3 所示。在 do_sys_openat2() 函數中，首先呼叫 get_unused_fd_flags() 函數（第 1177 行）分配一個可用的檔案描述符號；然後呼叫 do_flip_open 函數（第 1179 行）打開檔案，返回 file 指標；最後呼叫 fd_install() 函數（第 1185 行）將 file 指標連結到處理程序結構（task_struct）中檔案描述符號所在的資料項目。

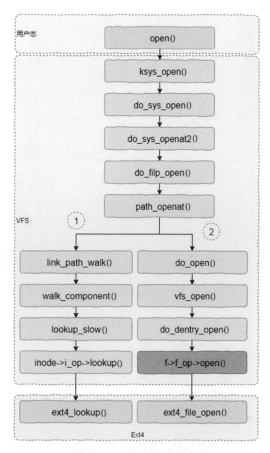

▲ 圖 3-6 打開檔案的流程

完成上述連結操作後，後續對檔案進行讀 / 寫等操作，就可以透過檔案描述符號找到對應的 file 結構指標。

▼ 程式 3-3 do_sys_openat2() 函數

fs/open.c   ksys_open->do_sys_open->do_sys_openat2

```
1163   static long do_sys_openat2(int dfd, const char __user *filename,
1164            struct open_how *how)
1165   {
```

```
1166        struct open_flags op;
1167        int fd = build_open_flags(how, &op);
1168        struct filename *tmp;
1169
1170        if (fd)
1171            return fd;
1172
1173        tmp = getname(filename);
1174        if (IS_ERR(tmp))
1175            return PTR_ERR(tmp);
1176
1177        fd = get_unused_fd_flags(how->flags);   // 獲取一個可以使用的
檔案描述符號
1178        if (fd >= 0) {
1179            struct file *f = do_filp_open(dfd, tmp, &op); // 打開檔
案，file在其中分配
1180            if (IS_ERR(f)) {
1181                put_unused_fd(fd);
1182                fd = PTR_ERR(f);
1183            } else {
1184                fsnotify_open(f);
1185                fd_install(fd, f);   // 將file指標連結到處理程序的檔案
描述符號中
1186            }
1187        }
1188        putname(tmp);
1189        return fd;
1190 }
```

更進一步，我們看一下 do_filp_open() 函數是如何分配並初始化 file 結構指標的。在圖 3-6 中，分支 1 透過 link_path_walk() 函數實現字串路徑的解析，該函數的語法格式如下：

```
int link_path_walk(const char *name, struct nameidata *nd)
```

其中，name 參數是字串表示的路徑；nd 參數類似一個迭代器，用於儲存中間結果和最終結果。

路徑（Path）字串被 "/" 拆分為若干部分，每一部分稱為一個元件（Component），如圖 3-7 所示。在打開檔案時，link_path_walk() 函數正是透過一個一個元件遍歷的方式最終打開檔案的。

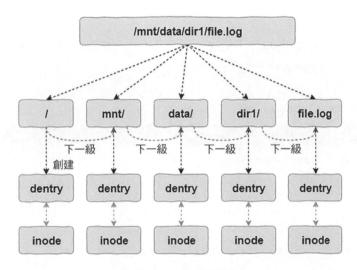

▲ 圖 3-7　路徑與元件

元件的遍歷就是逐漸實例化該元件對應的 inode 和 dentry 的過程。在沒有任何快取的情況下，dentry 會先被初始化，在 dentry 中引用檔案 / 目錄名字串。在具體某一級目錄中，會呼叫該目錄 inode 的 lookup() 函數尋找該目錄中的對應子項（子目錄或子檔案），然後完成子項 dentry 和 inode 的初始化。

以 Ext4 檔案系統中的 lookup() 函數為例，透過其關鍵程式（見程式 3-4）可以看出共有三個關鍵步驟。

（1）從目錄中尋找對應子項：根據 dentry 儲存的名稱字串從目錄中尋找是否有對應的項目。如果有該名稱對應的檔案 / 目錄，則返回目錄項資料結構 de。同時，dentry 會被插入到雜湊表中。

（2）建立並初始化 inode：根據 de 中保存的 inode ID 資訊從磁碟尋找 inode 資料，並初始化記憶體資料結構 inode。該 inode 與具體檔案系統相關。

（3）連結 inode 與 dentry：在 dentry 中有一個成員用於儲存 inode 資訊，這一步驟會建立兩者之間的關係。

▼ 程式 3-4　ext4_lookup() 函數

```
fs/ext4/namei.c
1682    static struct dentry *ext4_lookup(struct inode *dir, struct
        dentry *dentry, unsigned int flags)
1683    {
1684        struct inode *inode;
1685        struct ext4_dir_entry_2 *de;
1686        struct buffer_head *bh;

1691        bh = ext4_lookup_entry(dir, dentry, &de);// 從目錄中尋找對應項
            ......  // 刪除部分程式
1707        inode = ext4_iget(dir->i_sb, ino, EXT4_IGET_NORMAL); // 建立
        並初始化inode
            ......  // 刪除部分程式
1735        return d_splice_alias(inode, dentry);  // 連結inode與dentry
1736    }
```

在分支 1 完成路徑解析，獲得 inode 和 dentry 之後，分支 2 負責 file 指標的設置。主要程式在 do_dentry_open() 函數中，將該函數中無關程式刪除，只保留核心程式，如程式 3-5 所示。

▼ 程式 3-5　do_dentry_open() 函數

```
fs/open.c  do_open->vfs_open->do_dentry_open
768  static int do_dentry_open(struct file *f,
769              struct inode *inode,
770              int (*open)(struct inode *, struct file *))
771  {
772      static const struct file_operations empty_fops = {};
773      int error;
774
775      path_get(&f->f_path);
776      f->f_inode = inode;
777      f->f_mapping = inode->i_mapping;
778      f->f_wb_err = filemap_sample_wb_err(f->f_mapping);
779      f->f_sb_err = file_sample_sb_err(f);
     ...... // 刪除部分程式
809      f->f_op = fops_get(inode->i_fop);  // 這裡是函數指標的初始化
876  }
```

透過上述程式可以看出，這裡完成了 file 指標的主要初始化工作，特別是函數指標的初始化（第 809 行）。透過上文介紹的打開檔案的流程，我們對如何從一個路徑字串打開一個具體的檔案，最終生成 file 指標和檔案描述符號的過程有了一定的了解。

上面介紹的打開檔案的流程是快取中沒有期望內容的情況。如果在快取中已經有 dentry 和 inode，那麼就不用呼叫 lookup() 函數，而是可以直接從快取中獲得 dentry 和 inode，因此打開檔案的流程會簡單一些。

接下來再看一看使用者態的檔案描述符號為什麼可以表示一個檔案。其實前面已經提及，在 Linux 中，打開檔案必須要與處理程序（執行緒）連結。也就是說，一個打開的檔案必須隸屬於某個處理程序。在 Linux 核心中一個處理程序透過 task_struct 結構描述，而打開的檔案則用 file 結構描述。

透過圖 3-5 可知，file 指標其實就是 task_struct 結構中的一個陣列項。而
使用者態的檔案描述符號其實就是陣列的下標。這樣透過檔案描述符號
就可以很容易到找到 file 結構指標，然後透過其中的函數指標存取資料。

接下來看一下具體的程式。以寫入資料流程為例，在核心中是 ksys_
write() 函數。如程式 3-6 所示，其中，第 622 行中的 fdget_pos() 函數根
據 fd 返回 fd 類型的結構，而該結構中包含 file 結構指標。後續的操作
則是以該指標來表示這個檔案的。

▼ 程式 3-6 ksys_write() 函數

```
fs/read_write.c
620  ssize_t ksys_write(unsigned int fd, const char __user *buf, size_t
     count)
621  {
622      struct fd f = fdget_pos(fd);    // 從處理程序結構中找到fd對應的
     file結構指標
623      ssize_t ret = -EBADF;
624
625      if (f.file){
626          loff_t pos, *ppos = file_ppos(f.file);
627          if (ppos){
628              pos = *ppos;
629              ppos = &pos;
630          }
631          ret = vfs_write(f.file, buf, count, ppos);   // f.file就是
     file結構指標
632          if (ret >= 0 && ppos)
633              f.file->f_pos = pos;
634          fdput_pos(f);
635      }
636
637      return ret;
638  }
```

完成本節閱讀後，大家應該對字串路徑與 dentry 和 inode 結構的關係，以及 file 結構中指標的內容有所了解。基於這個基礎，我們再學習掛載的過程就要簡單一些。

3.1.2.3　掛載檔案系統

掛載是使用者態發起的命令，也就是大家都知道的 mount 命令。當執行該命令時需要指定檔案系統的類型（本文假設為 XFS）、檔案系統資料的位置（也就是裝置）及希望掛載到的位置（掛載點）。透過這些關鍵資訊，VFS 就可以完成具體檔案系統的初始化，並將其連結到當前已經存在的檔案系統中。假設作業系統使用的是 Ext4 檔案系統，有一個磁碟（sdc）並格式化為 XFS 檔案系統。我們期望將磁碟 sdc 掛載到 /mnt/xfs_test 目錄下，命令如下：

```
mount -t xfs /dev/sdc /mnt/xfs_test
```

執行上述命令後，XFS 檔案系統就被掛載到 xfs_test 目錄了。這樣，當存取 xfs_test 目錄時就是存取的 XFS 根目錄，而非原 Ext4 檔案系統的目錄了。

為了更加清楚地說明該問題，舉出一個實例，如圖 3-8 所示。假設有一個磁碟並格式化為 XFS 檔案系統，在根目錄有 xfs_file1 和 xfs_file2 兩個檔案。此時，期望以 xfs_test 作為掛載點對 XFS 進行掛載。在掛載之前該目錄中有 file1 和 file2 兩個檔案，上述檔案是 Ext4 中的資料（見圖 3-8 上半部分）。如果執行上面掛載命令後，則該目錄的內容就變成 XFS 根目錄中的內容，也就是 xfs_file1 和 xfs_file2（見圖 3-8 下半部分）。

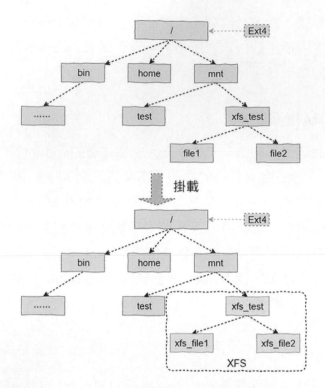

▲ 圖 3-8　檔案系統掛載示意圖

結合前文，我們知道檔案 / 目錄名是與 dentry 相連結的，而 dentry 又和 inode 相連結。因此，無論是存取檔案還是目錄中的內容，關鍵是找到對應的中繼資料並初始化為 inode。其中，比較重要的是對 inode 中操作函數的初始化。

由此我們可以猜測，對於掛載操作，應該是將 dentry 中的 d_inode 成員由 Ext4 的 inode 替換為 XFS 的 inode。這樣在打開檔案流程中遍歷路徑時，獲取的就是已掛載檔案系統的 inode，存取的資料自然就是已掛載檔案系統的資料。是否如猜想的那樣？我們接下來具體分析一下檔案系統掛載的程式。

mount 命令本質上呼叫的是 mount API，其函數原型如下：

```
int mount (const char *source, const char *target, const char
*filesystemtype,
unsigned long mountflags, const void *data);
```

從參數可以看出，主要包括裝置路徑、掛載點和檔案系統類型等參數。

以檔案系統 API 為入口，掛載操作的核心流程如圖 3-9 所示。由於
Linux 的掛載命令支援的特性比較多，所以程式的各種分支流程很多。
限於篇幅，本節以基本掛載流程為例進行介紹，其他流程大同小異，大
家可以自行閱讀核心相關程式。

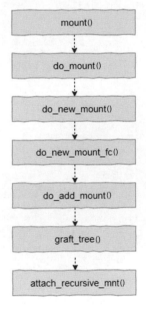

▲ 圖 3-9 檔案系統掛載操作的核心流程

在上述核心流程中，涉及掛載的關鍵資訊的初始化是在 do_new_
mount() 函數中完成的，包括獲取待掛載的檔案系統類型態資料結構、

建立檔案系統上下文資料結構本體和獲取待掛載檔案系統的根目錄等，
如程式 3-7 所示。

▼ 程式 3-7 do_new_mount() 函數

```
fs/namespace.c
```

```
2834    static int do_new_mount(struct path *path, const char *fstype,
        int sb_flags,
2835                int mnt_flags, const char *name, void *data)
2836    {
2837        struct file_system_type *type;
2838        struct fs_context *fc;            // 檔案系統上下文結構
2839        const char *subtype = NULL;
2840        int err = 0;
2841
2842        if (!fstype)
2843            return -EINVAL;
2844        // 獲取待掛載的檔案系統類型態資料結構，它是在檔案系統模組初始化
        時註冊的
2845        type = get_fs_type(fstype);
2846        if (!type)
2847            return -ENODEV;
2848
        ...... // 刪除部分程式
        // 建立檔案系統上下文資料結構本體，該結構用於儲存掛載流程中需要
        的一些參數
2860        fc = fs_context_for_mount(type, sb_flags);
        ...... // 刪除部分程式
2874
2875        if (!err)
2876            err = vfs_get_tree(fc);    // 獲取待掛載檔案系統的根目錄，根
        目錄會填充到fc中
2877        if (!err)
2878            err = do_new_mount_fc(fc, path, mnt_flags);    // 完成後續
        掛載動作
```

```
2879        put_fs_context(fc);
2880        return err;
2881    }
```

其中,檔案系統上下文資料結構本體包含了掛載檔案系統必需的資訊,最主要的是在呼叫 vfs_get_tree() 函數時會呼叫具體檔案系統中的 mount() 函數,然後將該函數返回的根目錄對應的 dentry 填充到檔案系統上下文資料結構本體(以下簡稱為 fc)中。

有了上述資訊的準備後,接下來就呼叫 do_new_mount_fc() 函數來完成後續的掛載動作。在該函數中會根據 fc 中的資訊建立一個 vfsmount 的實例,vfsmount 結構定義如程式 3-8 所示。

▼ 程式 3-8 vfsmount 結構定義

```
fs/ mount.h
70   struct vfsmount {
71       struct dentry *mnt_root;      // 檔案系統的根目錄
72       struct super_block *mnt_sb;   // 超級區塊資料
73       int mnt_flags;
74   } __randomize_layout;
```

在 vfsmount 結構中有兩個非常重要的成員:一個是 mnt_root,它是檔案系統根目錄的 dentry;另一個是 mnt_sb,它是檔案系統的超級區塊資料。

另一個與 vfsmount 連結的結構是 mount,前者是後者的一個成員,兩者關係如圖 3-10 所示。mount 結構有很多成員,我們這裡不再逐一介紹,比較重要的成員包括 mnt_mountpoint(掛載點目錄項)、mnt(掛載檔案系統的資訊)和 mnt_mp(掛載點)。

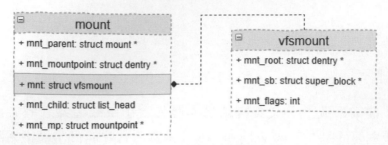

▲ 圖 3-10 掛載相關資料結構

除了上面成員，mount 結構還有 mnt_parent 和 mnt_child 成員，透過上述成員將 mount 組成一個樹形結構。另外，在 mount 結構中還有一個用於雜湊表的成員，用於將 mount 結構添加到雜湊表中。

了解了上述資料結構，接下來看一下掛載流程中幾個比較重要的函數。其中，一個是 d_set_mounted() 函數，該函數的實現如程式 3-9 所示。d_set_mounted() 函數最主要的敘述是第 1459 行，用於為 dentry 增加 DCACHE_MOUNTED 旗標。透過該旗標標識該子目錄是一個特殊的子目錄，也就是掛載了檔案系統的子目錄，這個旗標在打開檔案時會用到。

▼ 程式 3-9 d_set_mounted() 函數

```
fs/dcache.c   do_new_mount_fc->lock_mount->get_mountpoint->d_set_mounted
1441   int d_set_mounted(struct dentry *dentry)
1442   {
1443       struct dentry *p;
1444       int ret = -ENOENT;
1445       write_seqlock(&rename_lock);
1446       for (p = dentry->d_parent; !IS_ROOT(p); p = p->d_parent) {
1447
1448           spin_lock(&p->d_lock);
1449           if (unlikely(d_unhashed(p))) {
1450               spin_unlock(&p->d_lock);
```

```
1451            goto out;
1452        }
1453        spin_unlock(&p->d_lock);
1454    }
1455    spin_lock(&dentry->d_lock);
1456    if (!d_unlinked(dentry)) {
1457        ret = -EBUSY;
1458        if (!d_mountpoint(dentry)) {
1459            dentry->d_flags |= DCACHE_MOUNTED;    //設置為掛載狀態
1460            ret = 0;
1461        }
1462    }
1463    spin_unlock(&dentry->d_lock);
1464 out:
1465    write_sequnlock(&rename_lock);
1466    return ret;
1467 }
```

另外兩個比較重要的函數是 mnt_set_mountpoint() 和 commit_tree()
（這兩個函數透過 do_new_mount_fc->do_add_mount->graft_tree-
>attach_recursive_mnt 路徑被先後呼叫），透過這兩個函數建立了父子
mount 之間的連結，並且將待掛載的 mount 添加到雜湊表中。當完成上
述函數的處理流程後，檔案系統也就掛載成功了。

由於 dentry 在 mount 中，因此父子 mount 連結之後，在檔案系統層面
也就建立了掛載點 dentry 和待掛載裝置根目錄 dentry 之間的連結。也
就是說，透過掛載點中的 dentry，我們就能找到掛載裝置中的 dentry。

返回打開檔案遍歷路徑的流程，看一看對掛載點有什麼特殊的處理。當
每次遍歷路徑中的一個元件時，最後都會呼叫 step_into() 函數，該函數
最終會呼叫 __traverse_mounts() 函數進行掛載點的處理。__traverse_
mounts() 函數與掛載點相關的程式如程式 3-10 所示。

▼ 程式 3-10 __traverse_mounts() 函數

```
fs/namei.c  step_into->handle_mounts->traverse_mounts->__traverse_mounts
1207  static int __traverse_mounts(struct path *path, unsigned flags,
1208              bool *jumped, int *count, unsigned lookup_flags)
1209  {
1210      struct vfsmount *mnt = path->mnt;
1211      bool need_mntput = false;
1212      int ret = 0;
1213
1214      while (flags & DCACHE_MANAGED_DENTRY) {
      ...... // 省略部分程式
1223
1224          if (flags & DCACHE_MOUNTED) {  // 確認是否有掛載的檔案系統
1225              struct vfsmount *mounted = lookup_mnt(path); // 尋找
      雜湊表
1226              if (mounted) {              // 命令空間
1227                  dput(path->dentry);
1228                  if (need_mntput)
1229                      mntput(path->mnt);
1230                  path->mnt = mounted;
1231                  path->dentry = dget(mounted->mnt_root);
                  // 前面敘述更新為該目錄下已掛載檔案系統根目錄對應的
      目錄項
1232                  flags = path->dentry->d_flags;
1233                  need_mntput = true;
1234                  continue;
1235              }
1236          }
1237  ...... // 省略部分程式
      }
```

透過程式 3-10 可以看出，第 1224 行程式判斷該元件是否為掛載點。如果是掛載點，則透過呼叫 lookup_mnt() 函數來找到對應的 vfsmount 實例。由於該實例保存著已掛載檔案系統的根目錄 dentry，因此，可以使用該 dentry 更新 path 中的 dentry，而忽略原始的 dentry。

有了 dentry 之後，也就相當於找到了該檔案系統根目錄對應的 inode。從而使用該 inode 的函數指標就可以存取已掛載檔案系統的資料。

透過上述分析，我們對掛載流程如何實現將一個具體檔案系統掛載到目前的目錄樹的一個子目錄有了比較清晰的認識。可以看出上述流程主要是在 VFS 中完成的，而具體檔案系統方面主要是呼叫了其實現的 mount() 函數來建立一個根目錄的 dentry。

3.1.2.4 讀 / 寫資料流程

打開檔案的知識，理解檔案系統操作 VFS 與具體檔案系統的關係就簡單多了。由於檔案的絕大部分操作都是透過在 inode 註冊的函數指標完成的，而在打開檔案時，函數指標會被給予值給 file 結構中的成員 f_op。因此，對於檔案的讀 / 寫等存取，經過 VFS 後都可以找到對應的具體檔案系統的函數指標進行具體檔案系統的操作。

▶ 3.2 本地檔案系統的關鍵技術與特性

檔案系統應該是儲存領域最複雜的領域之一，其原因在於檔案系統需要實現的特性太多，支援的場景太多。涉及檔案系統相關的技術非常多，很難一一介紹，本節主要介紹一下本地檔案系統的關鍵技術與特性。這些幾乎是所有檔案系統都要考慮的內容。

另外，本節更偏重於理論層面，更多實際程式層面的內容會在第四章進行詳細講解。

3.2.1 磁碟空間布局（Layout）

檔案系統的核心功能是實現對磁碟空間的管理。對磁碟空間的管理是指要知道哪些空間被使用了，哪些空間沒有被使用。這樣，在使用者層需要使用磁碟空間時，檔案系統就可以從未使用的區域分配磁碟空間。

為了對磁碟空間進行管理，檔案系統往往將磁碟劃分為不同的功能區域。簡單來説，磁碟空間通常被劃分為中繼資料區與資料區兩個區域，如圖 3-11 所示。其中，資料區就是儲存資料的地方，使用者在檔案中的資料都會儲存在該區域；而中繼資料區則是對資料區進行管理的地方。前文提到，檔案系統需要知道磁碟的哪些區域已經被分配出去了。所以，必須要有一個地方進行記錄，這個地方就是中繼資料區。

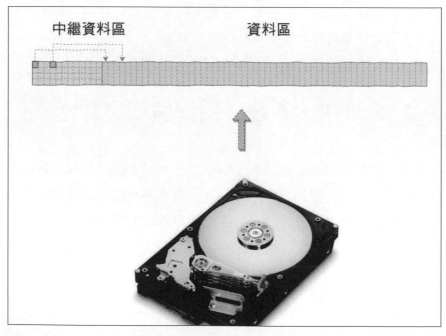

▲ 圖 3-11 磁碟空間管理的基本原理

當然，實際檔案系統的區域劃分要複雜很多，這裡主要是讓大家容易理解一些。接下來結合實例來介紹一下關於檔案系統磁碟空間布局與空間管理的相關內容。

3.2.1.1 基於固定功能區的磁碟空間布局

基於固定功能區的磁碟空間布局是指將磁碟的空間按照功能劃分為不同的子空間。每種子空間有具體的功能，以 Linux 中的 ExtX 檔案系統為例，其空間被劃分為資料區和中繼資料區，而中繼資料區又被劃分為資料區塊位元映射、inode 位元映射和 inode 表等區域，如圖 3-12 所示。

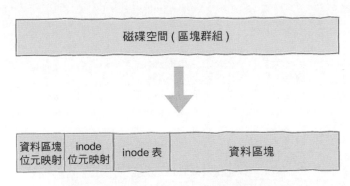

▲ 圖 3-12 基於固定功能區的磁碟空間布局

這裡 ExtX 是 Ext、Ext2、Ext3 和 Ext4 檔案系統的總稱，該系列檔案系統是 Linux 原生的檔案系統。

但在實際實現時，ExtX 並不是將整個磁碟劃分為如圖 3-12 所示的功能區，而是先將磁碟劃分為等份（最後一份的空間可能會小一些）的若干個區域，這個區域被稱為區塊群組（Block Group）。磁碟空間的管理是以區塊群組為單位進行管理的，在所有區塊群組中第一個區塊群組（區塊群組 0）是最複雜的。

圖 3-13 所示為 Ext2 檔案系統的磁碟空間布局及區塊群組 0 的細節（以 4KB 邏輯區塊大小為例，如果是其他邏輯區塊大小則略有差異）。區塊群組 0 最前面空間是啟動區，這個是預留給作業系統使用的，接下來分別是超級區塊、區塊群組描述符號、預留 GDT 區塊、資料區塊位元映射、inode 位元映射、inode 表和資料區塊。除區塊群組 0 及一些備份超級區塊的區塊群組外，其他區塊群組並沒有這麼複雜，大多數區塊群組只有資料區塊位元映射、inode 位元映射、inode 表和資料區塊等關鍵的資訊。

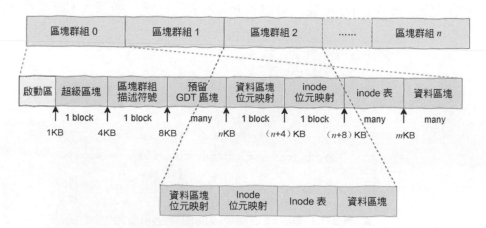

▲ 圖 3-13 Ext2 檔案系統的磁碟空間布局及區塊群組 0 的細節

超級區塊（SuperBlock）：也就是不一般的區塊，這是相對檔案系統的其他區塊來說的。超級區塊儲存了檔案系統等級的資訊，如檔案系統的邏輯區塊大小、掛載點等，它是檔案系統的起點。

inode（index node，索引節點），所謂索引節點也就是索引資料的節點。在 Linux 檔案系統中一個 inode 對應著一個檔案，它是檔案資料的起點。在 ExtX 檔案系統中，inode 是放在一個固定的區域的，通常在每個區塊群組中都有若干個 inode，稱為 inode 表，類似陣列。由於 inode

數量固定，且儲存形式固定，因此可以根據 inode 偏移給予編號，稱為 inode ID（或者 inode number）。反過來，也可以根據該 inode ID 快速定位 inode 的具體位置，進而讀到 inode 的內容。

位元映射（Bitmap）：在 ExtX 檔案系統中包含資料區塊位元映射和 inode 位元映射，用來描述對應資源的使用情況。位元映射透過一個位元（bit）的資料來描述對應資源的使用情況，0 表示沒有被使用，1 表示已經被使用。

```
Group 0: (Blocks 1-8192)
  Primary superblock at 1, Group descriptors at 2-2
  Reserved GDT blocks at 3-121
  Block bitmap at 122 (+121)
  Inode bitmap at 123 (+122)
  Inode table at 124-363 (+123)
  7815 free blocks, 1909 free inodes, 2 directories
  Free blocks: 378-8192
  Free inodes: 12-1920
Group 1: (Blocks 8193-16384)
  Backup superblock at 8193, Group descriptors at 8194-8194
  Reserved GDT blocks at 8195-8313
  Block bitmap at 8314 (+121)
  Inode bitmap at 8315 (+122)
  Inode table at 8316-8555 (+123)
  7829 free blocks, 1920 free inodes, 0 directories
  Free blocks: 8556-16384
  Free inodes: 1921-3840
Group 2: (Blocks 16385-24576)
  Block bitmap at 16385 (+0)
  Inode bitmap at 16386 (+1)
  Inode table at 16387-16626 (+2)
  7950 free blocks, 1920 free inodes, 0 directories
  Free blocks: 16627-24576
  Free inodes: 3841-5760
Group 3: (Blocks 24577-30719)
  Backup superblock at 24577, Group descriptors at 24578-24578
  Reserved GDT blocks at 24579-24697
  Block bitmap at 24698 (+121)
  Inode bitmap at 24699 (+122)
  Inode table at 24700-24939 (+123)
  5780 free blocks, 1920 free inodes, 0 directories
  Free blocks: 24940-30719
  Free inodes: 5761-7680
```

▲ 圖 3-14　Ext2 檔案系統中繼資料資訊（1KB 邏輯區塊）

為了能夠更加直觀地理解 ExtX 檔案系統的布局情況，我們可以格式化一個檔案系統，然後透過 dumpe2fs 命令來獲取其描述資訊。對於實驗驗證,我們不必在一個磁碟上來進行檔案系統的格式化。其實在一個空白檔案即可進行檔案系統的格式化。比如,這裡格式化一個 30MB 的 Ext2 檔案系統,並且指定檔案系統區塊大小是 1KB,當使用 dumpe2fs 命令查看時可以看到一共有四個區塊群組,如圖 3-14 所示。

可以看到該檔案系統中的第一個區塊群組包含超級區塊及 GDT 保留資訊,第二個區塊群組包含一個備份(Backup)超級區塊和 GDT 保留資訊,而第三個區塊群組則不包含超級區塊的資訊。正如前文所述,如果區塊裝置的儲存空間充足,其實大部分區塊群組是不包含超級區塊資訊的。

對比圖 3-13 中的磁碟空間布局和圖 3-14 格式化的實例,如超級區塊的位置、位元映射的位置等,我們可以更加直觀地了解磁碟空間布局的細節。透過這種方式可以加深我們對檔案系統相關原理的理解。

如果在格式化時選擇檔案系統區塊的大小是 4KB,則此時我們可以看到檔案系統中只有一個區塊群組,如圖 3-15 所示。為什麼檔案系統區塊大小不同,區塊群組的數量會有變化呢?

```
Group 0: (Blocks 0-7679)
  Primary superblock at 0, Group descriptors at 1-1
  Reserved GDT blocks at 2-2
  Block bitmap at 3 (+3)
  Inode bitmap at 4 (+4)
  Inode table at 5-244 (+5)
  7429 free blocks, 7669 free inodes, 2 directories
  Free blocks: 251-7679
  Free inodes: 12-7680
```

▲ 圖 3-15 Ext2 檔案系統中繼資料資訊(4KB 邏輯區塊)

原因很簡單,因為 ExtX 檔案系統透過一個邏輯區塊來儲存資料區塊位元映射,如果將檔案系統格式化為 1KB 的區塊大小,那麼對應的資料區塊位元映射可以管理 8192(1024×8)個資料區塊,也就是 8MB

（1024×1024×8）空間。因此 30MB 的儲存空間被劃分為四個區塊群
組。

而對於 4KB 大小邏輯區塊的檔案系統，一個區塊可以管理 32768
（4×1024×8）個資料區塊，也就是 128MB（32768×4KB）。因此
30MB 的儲存空間只需要劃分為一個區塊群組。

不僅區塊群組的大小受限於此，在 ExtX 檔案系統中 inode 的數量也受限
於此。表 3-2 所示為官網舉出的不同區塊大小情況下相關資料。由於上
述限制，在使用時也就隨之會有限制。比如，對於 1KB 大小邏輯區塊的
檔案系統，由於一個區塊群組中最大只有 8192 個 inode，因此也就最
多只能建立 8192 個檔案，超過該規格則無法繼續建立新的檔案。

表 3-2 官網舉出的不同區塊大小情況下相關資料

上限 \ 區塊大小	1KB	2KB	4KB	8KB
檔案系統區塊數	2,147,483,647 個	2,147,483,647 個	2,147,483,647 個	2,147,483,647 個
每區塊群組區塊數	8,192 個	16,384 個	32,768 個	65,536 個
每區塊群組 inode 數	8,192 個	16,384 個	32,768 個	65,536 個
每區塊群組位元組數	8MB	32MB	128MB	512MB
檔案系統大小	2TB	8TB	16TB	32TB
單檔案最大區塊數	16,843,020 個	134,217,728 個	1,074,791,436 個	8,594,130,956 個
檔案大小	16GB	256GB	2TB	2TB

3.2.1.2 基於非固定功能區的磁碟空間布局

基於功能分區的磁碟空間布局空間職能清晰，便於手動進行遺失資料的
恢復。但是由於中繼資料功能區大小固定，因此容易出現資源不足的情
況。比如，在巨量小檔案的應用場景下，有可能會出現磁碟剩餘空間充
足，但 inode 不夠用的情況。

在磁碟空間管理中有一種非固定功能區的磁碟空間管理方法。這種方法也分為中繼資料和資料,但是中繼資料和資料的區域並非固定的,而是隨著檔案系統對資源的需求而動態分配的,比較典型的有 XFS 和 NTFS 等。本節將以 XFS 為例介紹一下 XFS 的磁碟空間布局情況及管理磁碟空間的方法。

XFS 檔案系統先將磁碟劃分為等份的區域,稱為分配組(Allocate Group,簡稱 AG)。XFS 對每個分配組進行獨立管理,這樣可以避免在分配空間時產生碰撞,影響性能。不同於 ExtX 檔案系統,XFS 檔案系統的 AG 容量可以很大,最大可以達到 1TB。

如圖 3-16 所示,每個 AG 包含的資訊有超級區塊(xfs_sb_t)、剩餘空間管理資訊(xfs_agf_t)和 inode 管理資訊(xfs_agi_t)。在 XFS 檔案系統中,AG 中的磁碟空間管理不同於 ExtX 檔案系統中的磁碟空間管理,它不是透過固定的位元映射區域來管理磁碟空間的,而是透過 B+ 樹管理磁碟空間的。xfs_agf_t 和 xfs_agi_t 則是用來磁碟空間 B+ 樹和 inode B+ 樹的樹根和統計資訊等內容的資料結構。

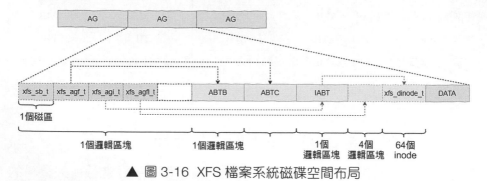

▲ 圖 3-16 XFS 檔案系統磁碟空間布局

剩餘空間的管理透過兩個 B+ 樹來實現。其中,一個 B+ 樹透過區塊的編號來管理剩餘空間;另一個 B+ 樹透過剩餘區塊的大小來管理。透過兩個不同的 B+ 樹可以實現對剩餘空間的快速尋找。

同樣,在 XFS 檔案系統中 inode 也是透過一個 B+ 樹來管理的,這一點與 ExtX 檔案系統不同。在 XFS 檔案系統中,將 64 個 inode(預設大小是 256 位元組)打包為一個區塊(chunk),而該區塊作為 B+ 樹的一個葉子節點。

XFS 檔案系統中的 inode 透過 B+ 管理,位置並不確定。因此 XFS 檔案系統無法像 ExtX 檔案系統那個根據 inode 的偏移來確定編號。XFS 檔案系統透過另外一種方式確定 inode 編號,從而方便根據 inode 編號尋找 inode 節點中的資料。

inode 編號分為相對 inode 編號和絕對 inode 編號兩種。相對 inode 編號是指標對 AG 的編號,也就是 AG 中的編號;絕對 inode 編號則是在整個檔案系統中的編號。

相對 inode 編號格式分為兩部分,高位元部分是該 inode 所在的邏輯區塊在 AG 中的偏移,而低位元部分則是該 inode 在該區塊中的偏移。這樣檔案系統根據 inode 編號就可以在 AG 中定位具體的 inode。

絕對 inode 編號格式就比較好理解了,它是在高位元增加了 AG 的編號。這樣在檔案系統等級根據 AG 編號就可以定位 AG,然後根據 AG 內區塊偏移定位具體的區塊,進而可以知道具體的 inode 資訊。圖 3-17 是兩種模式 inode 編號格式示意圖。

▲ 圖 3-17 XFS 檔案系統的 inode 編號格式示意圖

為了容易理解,列舉一個具體的實例。我們知道 XFS 檔案系統預設 inode 大小是 256KB,假設檔案系統邏輯區塊大小是 1KB,那麼一個區塊可以包含四個 inode。假設儲存 inode 的區塊在 AG 偏移為 100 的地方,而 inode 在該邏輯區塊的第三個位置,相對 inode 編號示意圖如圖 3-18 所示。

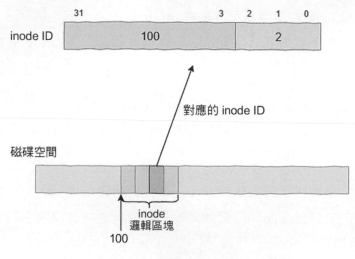

▲ 圖 3-18 相對 inode 編號示意圖

根據上述資訊可以得到,該 inode 的 ID 為 100≪3＋2,也就是 802。絕對 inode 編號相對於相對 inode 編號只是在高位元增加了一個 AG 編號。

3.2.1.3 基於資料追加的磁碟空間布局

前文介紹的磁碟空間布局方式對於資料的變化都是原地修改的,也就是對於已經分配的邏輯區塊,當對應的檔案資料改動時都是在該邏輯區塊進行修改的。在檔案隨機 I/O 比較多的情況下,不太適合使用 SSD 裝置,這主要由 SSD 裝置的修改和抹寫特性所決定。

有一種基於資料追加的磁碟空間布局方式,也被稱為基於日誌(Log-structured)的磁碟空間布局方式。這種磁碟空間布局方式對資料的變更並非在原地修改,而是以追加寫的方式寫到後面的剩餘空間。這樣,所有的隨機寫都轉化為順序寫,非常適合用於 SSD 裝置。

Linux 也有基於日誌的檔案系統實現,這就是 NILFS2。為了便於磁碟空間的管理和回收,NILFS2 檔案系統將磁碟劃分為若干個 Segment,Segment 預設大小是 8MB。這裡第一個 Segment 的大小略有差異,由於前面啟動磁區和超級區塊占用了 4KB 的空間,因此第一個 Segment 的大小是 4KB ～ 8MB。

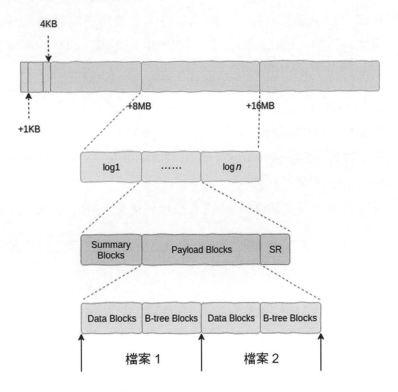

▲ 圖 3-19 NILFS2 檔案系統磁碟空間布局

如圖 3-19 所示，每一個 Segment 包含若干個日誌（log）。每一個日誌由摘要區塊（Summary Blocks）、有效酬載區塊（Payload Blocks）和可選的超級根區塊（SR）組成。這裡有效酬載區塊就是儲存實際資料的單元。

如圖 3-19 所示，有效酬載區塊以檔案為單位進行組織，每個檔案包含資料區塊和 B 樹區塊。其中，B 樹區塊是中繼資料，實現對資料區塊的管理。但是實際情況可能要比圖示的格式複雜一些，因為隨著檔案的修改，資料區塊和 B 樹區塊會發生很大的變化。

在 NILFS2 檔案系統中，檔案分為若干類，分別是常規檔案、目錄檔案、連結檔案和中繼資料檔案。中繼資料檔案是用於維護檔案系統中繼資料的檔案。目前，Linux 核心版本中的 NILFS2 檔案系統的中繼資料檔案如下。

（1）inode 檔案（ifile）：用於儲存 inode。

（2）檢查點檔案（Checkpoint file，簡稱 cpfile）：儲存檢查點。

（3）段使用檔案（Segment usage file，簡稱 sufile）：用於儲存段（segment）的使用狀態。

（4）資料位址轉換檔案（DAT）：進行虛擬區塊號與常規區塊號的映射。

圖 3-20 所示為 NILFS2 檔案系統中各種類型的檔案在磁碟的布局情況，這裡的檔案包括內部檔案和常規檔案。

▲ 圖 3-20 NILFS2 檔案系統中各種類型的檔案在磁碟的布局情況

透過圖 3-20 可以看出，NILFS2 檔案系統中的中繼資料都是在段的尾部，而資料則是在段的開始位置。這個與實際使用是相關的，因為段資料的分配是從頭到尾追加的。這種布局模式便於資料和中繼資料的管理。

上面介紹的都是單磁碟檔案系統。除了單磁碟檔案系統，目前還有很多檔案系統可以管理多個磁碟。也就是一個檔案系統可以建構在多個磁碟之上，並且實現資料的容錯保護，如 ZFS 和 Btrfs 等。

3.2.2　檔案的資料管理

本節主要介紹在檔案系統中檔案（目錄）中的資料是如何被管理的。前文已經介紹了磁碟空間的管理方式，知道磁碟會被劃分為多個檔案區塊，檔案區塊的大小可以是 1KB、2KB 或 4KB 等。但是一個檔案可能會大於這些檔案區塊的大小，如一個電影的大小約為 1GB。這就涉及檔案資料管理的問題。

對於檔案系統來説，無論檔案是什麼格式，儲存的是什麼內容，它都不關心。檔案就是一個線性空間，類似一個大陣列。而且檔案的空間被檔案系統劃分為與檔案系統區塊一樣大小的若干個邏輯區塊。檔案系統要做的事情就是將檔案的邏輯區塊與磁碟的物理區塊建立關係。這樣當應用存取檔案的資料時，檔案系統可以找到具體的位置，進行相應的操作。

檔案資料的位置透過檔案的中繼資料進行描述，這些中繼資料描述了檔案邏輯位址與磁碟物理位址的對應關係，如圖 3-21 所示為檔案邏輯區塊與磁碟資料的對應關係。

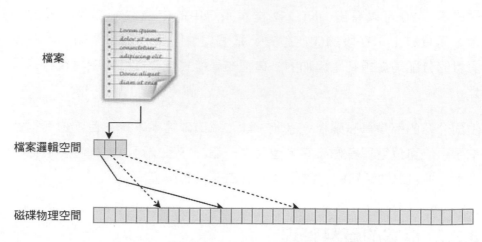

▲ 圖 3-21 檔案邏輯區塊與磁碟資料的對應關係

以 Linux 為例，檔案的起點是 inode，檔案資料的位置資訊是儲存在 inode 中的。這樣就可以根據 inode 儲存的關於檔案資料的位置資訊找到具體的資料。我們能想到的最直觀的方式就是在 inode 中儲存每一個區塊的位置資訊。比如，在邏輯區塊大小為 1KB 的檔案系統中有一個 3KB 的檔案。那麼在 inode 中有一個陣列，前 3 項的值分別儲存磁碟的位址資訊，這樣就可以根據陣列的內容找到磁碟上儲存的檔案資料。

實際上，檔案的資料管理方式大致如此，但又不完全是這樣。不同的檔案系統採用了不同的管理方式，下面就介紹一下檔案資料的管理方式。

3.2.2.1 基於連續區域的檔案資料管理

基於連續區域的檔案資料管理方式是一次性為檔案分配其所需要的空間，且空間在磁碟上是連續的。由於檔案資料在磁碟上是連續儲存的，因此只要知道檔案的起始位置所對應的磁碟位置和檔案的長度就可以知道檔案資料在磁碟上是如何儲存的。

舉例説明，如圖 3-22 所示，假設某個目錄有三個檔案，分別是 test1、test2 和 test3，其中，每個檔案資料在磁碟的位置及長度如圖 3-22 所示（左側）。每個檔案的資料如圖 3-22 所示（箭頭的指向及深色方塊處）。

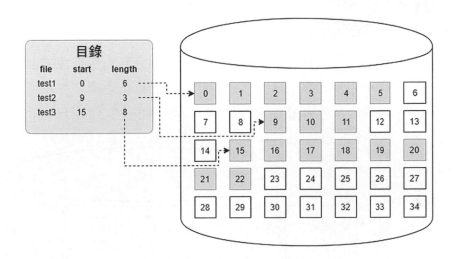

▲ 圖 3-22 基於連續區域的檔案資料管理

假設要存取 test2 檔案，根據目錄中記錄的資料，可以知道檔案起始位置對應磁碟第九個邏輯區塊，因此根據該資訊和檔案內部偏移就可以很容易地計算出檔案任意偏移的資料在磁碟上的位置。

這種檔案資料管理方式的最大缺點是不夠靈活，特別是對檔案進行追加寫入操作非常困難。如果該檔案後面沒有剩餘磁碟空間，那麼需要先將該檔案移動到新的位置，然後才能追加寫入操作。如果整個磁碟的可用空間沒有能夠滿足要求的空間，那麼會導致寫入失敗。

除了追加寫入操作不夠靈活，該檔案資料管理方式還有另一個缺點就是容易形成碎片空間。由於檔案需要占用連續的空間，因此很多小的可用空間就可能無法被使用，從而降低磁碟空間使用率。

鑑於上述缺點，在磁碟等需要經常修改資料的儲存媒體的檔案系統通常都不採用基於連續區域的檔案資料管理方式。該方式目前主要應用在光碟等儲存媒體的檔案系統中，如 ISOFS。

3.2.2.2 基於鏈結串列的檔案資料管理

基於鏈結串列的檔案資料管理方式將磁碟空間劃分為大小相等的邏輯區塊。在目錄項中引用檔案名、資料的起始位置和終止位置。在每個資料區塊的後面用一個指標來指向下一個資料區塊，如圖 3-23 所示。

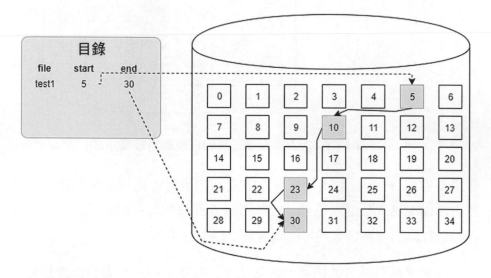

▲ 圖 3-23 基於鏈結串列的檔案資料管理

這種方式可以有效地解決連續區域的碎片問題，但是對檔案的隨機讀 / 寫卻無能為力。這主要是因為在檔案的中繼資料中沒有足夠的資訊描述每塊資料的位置。為了實現隨機讀 / 寫，一些檔案系統在具體實現時做了一些調整。

以 FAT12 檔案系統為例,該檔案系統其實使用的就是鏈結串列方式,但是 FAT12 又不完全使用的是鏈結串列方式。為了支援對檔案的隨機讀 / 寫,FAT12 將檔案的中繼資料取出出來,而非儲存在資料區塊的結尾部分。這樣,檔案的中繼資料可以一次性載入到記憶體中,從而實現對隨機存取的支援。

為了便於理解 FAT12 的原理,列舉一個具體的實例,如圖 3-24 所示。假設有一個 file1.txt 檔案,我們根據目錄檔案項知道其起始的簇位址是 0x05,這個是 file1.txt 檔案第一個簇的位置,然後根據簇位址就能從檔案配置表(FAT)中找到對應的記錄,兩者是一一對應的(圖 3-24 中雙向箭頭處)。根據記錄內容,我們可以知道下一個簇的位置,依此類推,就可以找到該檔案的所有資料。

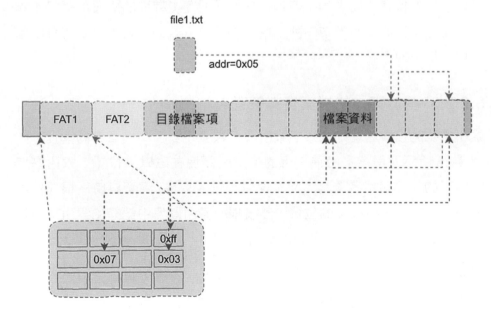

▲ 圖 3-24 FAT12 檔案資料管理示意圖

如果簡化一下這個結構，則整個關係就是一個單向鏈結串列的關係。我們可以將 FAT 記錄理解為 next 指標，簇是 data 資料。只不過 FAT 記錄和簇是透過位址偏移建立了兩者之間的關係的。圖 3-24 可以簡化為圖 3-25。

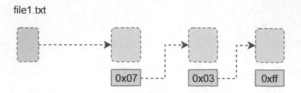

file1.txt

0x07 0x03 0xff

▲ 圖 3-25 FAT12 檔案資料管理方式簡化圖

透過對比可以看出，FAT12 本質上是基於鏈結串列資料管理方式的，但是由於檔案配置表本身比較小，可以一次性載入到記憶體中，因此也是可以滿足隨機存取需求的。但是這種方式對隨機存取的支援度還是不夠的，畢竟記憶體中的鏈結串列存取也是相當低效的，特別是針對鏈結串列項比較多的情況。

3.2.2.3 基於索引的檔案資料管理

索引方式的資料管理是指透過索引項目來實現對檔案內資料的管理。如圖 3-26 所示，與檔案名稱對應的是索引區塊在磁碟的位置，索引區塊中儲存的並非使用者資料，而是索引清單。當讀 / 寫資料時，根據檔案名稱可以找到索引區塊的位置，然後根據索引區塊中記錄的索引項目可以找到資料區塊的位置，並存取資料。

上文只是對索引方式進行了非常簡單的說明。在實際專案實現時會有各種差異，但本質上是一樣的。接下來介紹兩種常見的索引方式：一種是基於間接區塊的檔案資料管理方式；另一種是基於 Extent 的檔案資料管理方式。

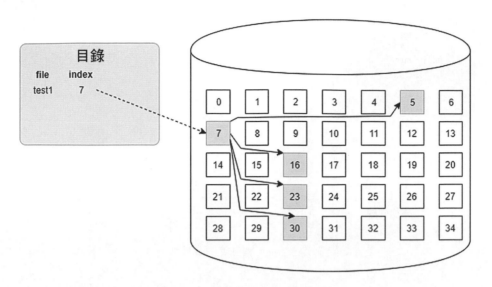

▲ 圖 3-26 基於索引的檔案資料管理

1. 基於間接區塊的檔案資料管理

在索引方式中,最為直觀、簡單的就是對檔案的每個邏輯區塊都有一個對應的索引項目,並將索引項目用一個陣列進行管理,如圖 3-27 所示。透過這種方式,檔案的邏輯位址與上述陣列的索引就會有一一對應的關係。因此,當想要存取檔案某個位置的資料時,就可以根據該檔案邏輯偏移計算出陣列的索引值,然後根據陣列的索引值找到索引項目,進而找到磁碟上的資料。

但是這種方式有個問題,就是對於大檔案來說無法將索引資料一次性載入到記憶體中,形成索引用的陣列。假設以 32 位數來表示位置資訊,檔案區塊大小是 1KB,那麼一個 10GB 的檔案需要 4MB 的陣列資料。因此,雖然這種實現方式非常直觀、簡單,但是並不實用。

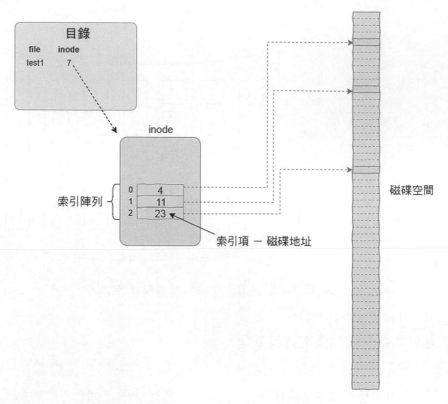

▲ 圖 3-27 直接索引示意圖

在實際專案中通常會做一些變通。以 Ext2 檔案系統為例,在實現索引時透過多級索引的方式實現對資料的管理,最終形成一個索引樹。在索引樹中,只有葉子節點儲存的是使用者資料,而中間節點儲存的是索引資料。

Ext2 檔案系統在實現這個索引樹時做了很多變通,這種變通可以對很多場景有最佳化的作用。對於 Ext2 檔案系統,在 inode 中儲存一個索引陣列,該索引陣列前 12 項儲存著檔案資料的物理位址,稱為直接索引。這樣對於小檔案來說,可以實現一次檢索就能找到資料。

當檔案太大，超出直接索引的範圍時會透過間接索引來管理。間接索引透過三棵獨立的樹來實現，分別是 1 級間接索引樹、2 級間接索引樹和 3 級間接索引樹。這裡級數的含義是該樹中中間節點的層數。

為了能夠更清楚地理解 Ext2 檔案系統是如何管理檔案資料的，這裡舉出如圖 3-28 所示的示意圖。在圖 3-28 中，block0 ～ block11 是直接索引，儲存的是使用者資料的物理位址。而 block12 ～ block14 則是間接索引，儲存的是索引區塊（或間接區塊，簡寫為 IB）的物理位址，索引區塊中的資料並非使用者資料，而是索引資料，是用於管理使用者資料的。

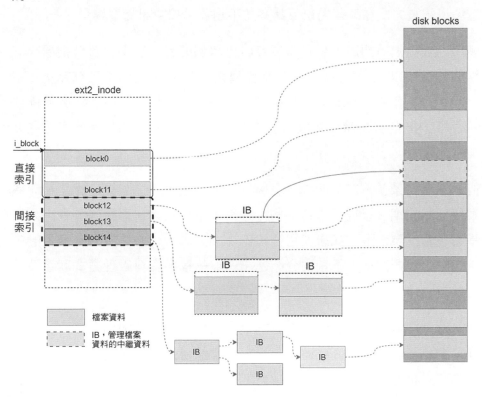

▲ 圖 3-28 Ext2 檔案系統間接區塊陣列組織形式

以 block13 形成的索引樹為例，這裡會形成一個 2 級間接索引樹，可以將 block13 理解為該索引樹的樹根。如果檔案資料的邏輯位址在該樹管理範圍內，則需要經過 2 級檢索才能找到使用者資料。

當然，我們也可以將整個索引陣列理解為一個樹根，不同的邏輯位址由不同的子樹進行管理。

2. 基於 Extent 的檔案資料管理

使用間接區塊可以極佳地管理檔案的資料，但是其最大的缺點在於中繼資料與資料有一個固定的對應關係，也就是資料越多，需要的中繼資料越多。這種方式在某些場景下其實並不划算，如視訊檔案場景。

簡單地表述上述問題，就是每個資料區塊都要有一個中繼資料指標來記錄其位置。以 32 位元指標，邏輯區塊大小為 1KB 的檔案系統為例，在 1 級間接區塊中每 1KB 的資料都需要 4 位元組的指標。而 2 級間接區塊除了每 1KB 的資料需要 4 位元組的指標，每個 2 級間接區塊本身還需要指標來記錄。

但是某些場景並不需要記錄每個邏輯區塊的位置，最常見的就是視訊檔案或音訊檔案。以視訊檔案為例，通常檔案比較大，而且是一次存入，基本不會出現修改。如果使用間接區塊的方式，則必須要有一定量的中繼資料。我們回憶一下前面介紹連續區域的檔案資料管理方式就會發現這種方式非常適合此場景。

但是連續區域的檔案資料管理方式最大的缺點是對追加寫入操作處理不好，容易形成儲存空間的碎片化。於是，結合連續區域的檔案資料管理方式和間接區塊的檔案資料管理方式的優點就有了現在這種方式，也就是 Extent 檔案資料管理的方式。在 Extent 檔案資料管理方式中，每一個索引項目記錄的值不是一個資料區塊的位址,而是資料區塊的起始位址和長度,如圖 3-29 所示。

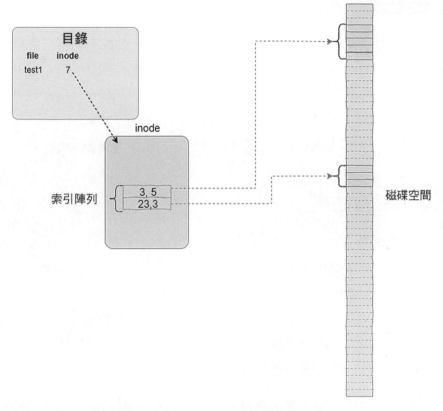

▲ 圖 3-29 基於 Extent 的檔案資料管理

在圖 3-29 中,實例檔案有兩塊資料,前一塊資料儲存在磁碟偏移為 3 的位置,大小是五個邏輯區塊;後一塊資料儲存在磁碟偏移為 23 的位置,大小是三個邏輯區塊。對比間接區塊的檔案資料管理方式可以看出,使用 Extent 的檔案資料管理方式可以有效減少中繼資料的相對數量。

對於 Extent 的檔案資料管理方式，如果出現追加寫資料的場景，則檔案系統只需要分配一個新的 Extent。因此該種方式並沒有前文介紹的連續區域的檔案資料管理方式的缺點。

雖然本書實例描述資料位置的資訊在記憶體中，但實際情況是並不會全部在記憶體中。通常 Extent 是透過 B+ 樹的方式組織的，B+ 樹的樹根在 inode 初始化時被載入到記憶體中。而該樹的中間節點則在磁碟上，會隨選載入到記憶體中。由於 B+ 樹是一個有序的多叉樹，因此基於 B+ 樹實現從檔案邏輯位址到磁碟物理位址的映射還是比較快的。

3.2.3 快取技術

檔案系統的快取（Cache）的作用主要用來解決磁碟存取速度慢的問題。快取技術是指在記憶體中儲存檔案系統的部分資料和中繼資料而提升檔案系統性能的技術。由於記憶體的存取延遲時間是機械硬碟存取延遲時間的十萬分之一（見圖 3-30，以暫存器為基準單位 1s），因此採用快取技術可以大幅提升檔案系統的性能。檔案系統快取從讀和寫兩個角度來解決問題，並且應用在多個領域。

檔案系統快取的原理主要還是基於資料存取的時間局部性和空間局部性特性。時間局部性和空間局部性是應用存取資料非常常見的特性。所謂時間局部性就是如果一塊資料之前被存取過，那麼最近很有可能會被再次存取。具體的實例就是文字編輯器，在寫程式或寫文件的過程中，通常會對一個某一個區域進行不斷的修改。空間局部性則是指在存取某一個區域之後，通常會存取臨近的區域。比如，視訊檔案通常是連續播放的，當前存取某一個區域後，緊接著就是存取後面區域的內容。

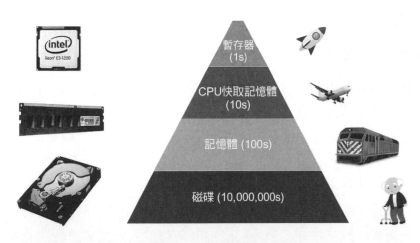

▲ 圖 3-30　儲存性能金字塔

以 Linux 檔案系統為例,在檔案系統初始化時會建立一個非常大的用於管理 inode 的雜湊表。雜湊表的大小與系統記憶體的大小相關,對於 2GB 左右的記憶體,雜湊表的大小有百萬個,對於伺服器等大記憶體的電腦,該雜湊表的大小可達千萬個甚至上億個。因此,當打開檔案之後,檔案對應的 inode 就會快取在該雜湊表中。這樣,當再次存取該檔案時就不需要從磁碟讀取 inode 的資料,而是直接從記憶體讀取 inode 的資料,其存取性能得到大幅提升。

還有一個應用是對使用者資料的快取,這裡包含讀快取和寫快取。劃分為讀 / 寫快取主要是在讀 / 寫的不同路徑實現的功能特性不同。讀快取更多是實現對磁碟資料的預先讀取,而寫快取則主要是對寫入資料的延遲。雖然讀 / 寫快取的特性有所差異,但本質是減少對磁碟的存取。

3.2.3.1 快取的替換演算法

由於記憶體的容量要比磁碟的容量小得多,因此檔案系統的快取自然也不會太大,這樣快取只能儲存檔案系統資料的一個子集。當使用者持續寫入資料時就會面臨快取不足的情況,此時就涉及如何將快取資料更新到磁碟,然後儲存新資料的問題。

這裡將快取資料更新到磁碟,並且儲存新資料的過程稱為快取替換。快取替換有很多種演算法,每種演算法用於解決不同的問題。接下來介紹幾種常見的快取替換演算法。

1. LRU 演算法

LRU(Least Recently Used)演算法依據的是時間局部性原理,也就是如果一個資料最近被使用過,那麼接下來有很大的概率還會被使用。因此該演算法會將最近沒有使用過的快取釋放。

LRU 演算法通常使用一個鏈結串列來實現,剛被使用過的快取會被插到標頭的位置,而經常沒有被使用過的資料則慢慢被擠到鏈結串列的尾部。為了更加清晰地理解 LRU 演算法的原理,結合圖 3-31 進行說明。

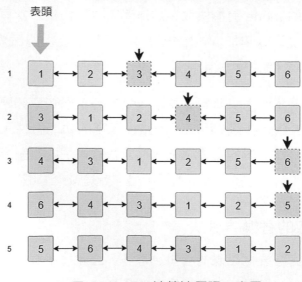

▲ 圖 3-31 LRU 演算法原理示意圖

本實例以全命中進行介紹。假設快取中有六個資料區塊,在第一行,方塊中的數字表示該資料區塊的編號。假設第一次存取(可以是讀或寫)的是 3 號資料區塊,由於 3 號資料區塊被存取過,因此將其移動到鏈結串列頭。

第二次存取的是 4 號資料區塊,按照相同的原則,該資料區塊也被移動到鏈結串列頭。

依此類推,當經過四輪存取後,被存取過的資料區塊都被前移了,而沒有被存取過的資料區塊(如 1 號資料區塊和 2 號資料區塊)則被慢慢擠到了鏈結串列的後面。這在一定程度上預示著這兩個資料區塊在後面被存取的可能性也比較小。

如果是全命中也就不存在快取被替換的情況。實際情況是會經常出現快取空間不足,而需要將其中的資料釋放(視情況確定是否需要刷新到磁碟)來儲存新的資料。此時,LRU 演算法就派上用場了,該演算法將尾部的資料區塊拿來儲存新資料,然後放到鏈結串列頭,如圖 3-32 所示。如果這個資料區塊裡面是無效資料則需要更新到磁碟,否則直接釋放即可。

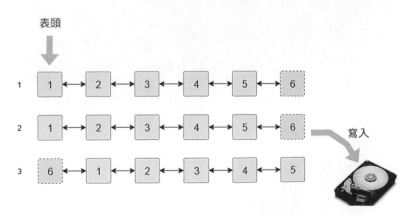

▲ 圖 3-32 LRU 演算法快取替換流程示意圖

LRU 演算法原理和實現都比較簡單，用途卻非常廣泛。但是 LRU 演算法有一個缺點，就是當突然有大量連續資料寫入時會替換所有的快取區塊，從而導致之前統計的快取使用情況全部失效，這種現象被稱為快取污染。

為了解決快取污染問題，有很多改進的 LRU 演算法，比較常見的有 LRU-K[4]、2Q[5] 和 LIRS[6] 等演算法。

以 LRU-K 演算法為例，為了避免快取污染問題，該演算法將原來的 LRU 鏈結串列由一個拆分為兩個。其中，一個鏈結串列用於儲存臨時的資料，可以視為輔助快取；另一個鏈結串列採用 LRU 演算法進行維護。

2. LFU 演算法

LFU（Least Frequently Used）演算法是根據資料被存取的頻度來決定釋放哪一個快取區塊的。存取頻度最低的快取區塊會被最先釋放。

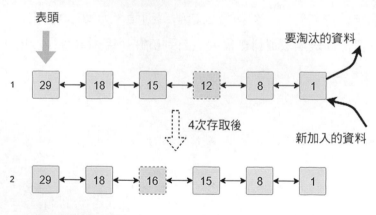

▲ 圖 3-33 LFU 演算法快取替換流程示意圖

圖 3-33 所示為 LFU 演算法快取替換流程示意圖。其中，第一行是原始狀態，方塊中的數字表示該快取區塊被存取的次數。新資料的加入和快

取區塊的淘汰都是從尾部進行的。假設某一個資料（虛線框）被存取了四次，則其存取次數從 12 變成 16，因此需要移動到新的位置，也就是第二行。

本節以鏈結串列為例說明 LFU 演算法的原理以便於大家理解，但是在專案實現時是絕對不會用鏈結串列來實現的。因為當資料區塊的存取次數變化時需要找到新的位置，鏈結串列尋找操作是非常耗時的。為了能夠實現快速尋找，一般採用搜尋樹來實現。

LFU 演算法也有其缺點，如果某個資料區塊在很久之前的某個時間段被高頻存取，而以後不再被存取，那麼該資料會一直停留在快取中。但是由於該資料區塊不會被存取了，所以減少了快取的有效容量。也就是說，LFU 演算法沒有考慮最近的情況。

本節主要介紹了 LRU 和 LFU 兩種非常基礎的替換演算法。除了上述替換演算法，還有很多替換演算法，大多以 LRU 演算法和 LFU 演算法的理論為基礎，如 2Q、MQ、LRFU[7]、TinyLFU 和 ARC[8] 等演算法。限於篇幅，本節不再贅述，大家可以自行閱讀相關的書籍。

3.2.3.2　預先讀取演算法

預先讀取演算法是針對讀取資料的一種快取演算法。預先讀取演算法透過辨識 I/O 模式方式來提前將資料從磁碟讀到快取中。這樣，應用讀取資料時就可以直接從快取讀取資料，從而極大地提高讀取資料的性能。

預先讀取演算法最為重要的是觸發條件，也就是在什麼情況下觸發預讀取操作。通常有兩種情況會觸發預讀取操作：一種是當有多個位址連續地讀請求時會觸發預讀取操作；另一種是當應用存取到有預先讀取標記的快取時會觸發預讀取操作。這裡，預先讀取標記的快取是在預讀取操作完成時在快取頁做的標記，當應用讀到有該標記的快取時會觸發下一次的預先讀取，從而省略對 I/O 模式的辨識。

為了更加清晰地解釋預先讀取演算法，我們透過圖 3-34 來介紹一下快取預讀取操作流程。當檔案系統辨識 I/O 模式需要預先讀取時，會多讀出一部分內容（稱為同步預先讀取），如時間點 1（第一行）所示。同時，對於同步預先讀取的資料，檔案系統會在其中某個快取區塊上打上標記。這個標記是為了在快取結束前能夠儘早觸發下一次的預先讀取。

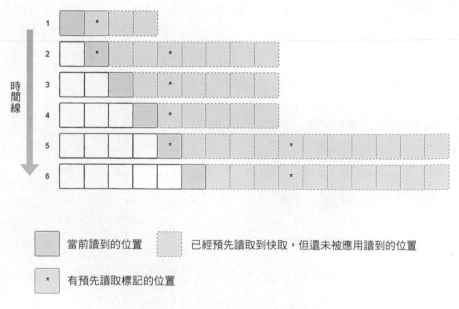

▲ 圖 3-34 快取預讀取操作流程

在時間點 2 中，當應用繼續讀取資料時，由於讀到了有標記的快取區塊，因此會同時觸發下一次的預先讀取。此時資料會被從磁碟上讀取，快取空間增加。

在時間點 3 和時間點 4 中,應用可以直接從快取讀取資料。由於沒有讀到有標記的快取區塊,因此也不會觸發下一次的預先讀取。在時間點 5 中,由於有預先讀取標記,因此又會觸發預先讀取的流程。

透過上述分析可以看出,由於預先讀取特性將資料提前讀到快取中。應用可以直接從快取讀取資料,而不用再存取磁碟,因此整個存取性能將得到大幅提升。

3.2.4 快照與複製技術

快照(Snapshot)和複製(Clone)技術可以應用於整個檔案系統或單一檔案,本節以檔案為例進行介紹。快照技術可以實現檔案的可讀備份,而複製技術則可以實現檔案的可寫備份。針對檔案,用的更多的是複製技術。

檔案的複製技術用途非常廣泛,最常見的是對一個虛擬機器打快照。在給一個虛擬機器打快照時,其實就是對所有的虛擬磁碟做複製。而對桌面版的虛擬機器而言,虛擬磁碟其實就是宿主機中的一個檔案。因此虛擬磁碟的快照其實就是檔案的複製。

很多檔案系統具有快照或複製的功能,如 Linux 中的 Btrfs 可以實現檔案系統級的快照,OCFS2 可以實現單一檔案的複製(又被稱為連結複製)。Solaris 中的 ZFS(目前已經移植到 Linux)可以實現對快照和複製的完整支援。並非所有的檔案系統都支援複製功能,如 ExtX 和 XFS 等檔案系統是沒有複製功能的。

3.2.4.1 快照技術原理簡析

接下來介紹一下快照技術的基本原理。目前快照技術有兩種實現方式：
一種是寫時拷貝（Copy-On-Write，簡稱 COW），這種技術是對做過快
照的原始檔案寫資料時會將原始資料拷貝到新的地方。當然，並不是每
次寫資料都會拷貝，只是第一次寫資料時才會拷貝。通常會有一個位元
映射記錄已經拷貝過的資料，如果已經拷貝過資料，則下次寫資料時將
不會再拷貝。

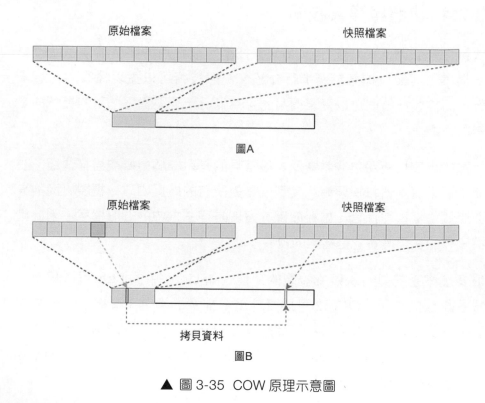

▲ 圖 3-35 COW 原理示意圖

圖 3-35 所示為 COW 原理示意圖。當剛開始建立快照時原始檔案和快照
檔案指向相同的儲存區域（圖 A）。當原始檔案被修改時，如某個地方寫

入新的資料，此時需要將該位置的原始資料拷貝到新的位置，並且更新快照檔案中的位址資訊（圖 B）。這樣，雖然原始檔案發生了變化，而快照檔案的內容卻沒有發生變化。

另一種實現方式為寫時重定向（Redirect-On-Write，簡稱 ROW），這種實現方式的基本原理是當原始檔案寫資料時並不在原始位置寫入資料，而是分配一個新的位置。在這種情況下更新檔案邏輯位址與實際資料位置的對應關係即可。圖 3-36 所示為 ROW 原理示意圖。

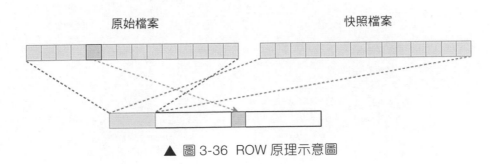

▲ 圖 3-36 ROW 原理示意圖

3.2.4.2 複製技術原理簡析

複製技術的原理與快照技術的原理類似，其相同點在於其實現方式依然是 ROW 或 COW，而差異點則主要表現在兩個方面：一個方面，複製生成的複製檔案是可以寫的；另一個方面，複製的資料最終會與原始檔案的資料完全隔離。

對檔案系統而言，用得最多的是 ROW 方式。我們知道，每個 inode 本身包含一個指標資訊用於記錄檔案中每個邏輯區塊對應的物理區塊。當打快照時，我們只需要拷貝該部分資料就可以表示一個快照檔案。而當原始檔案的資料發生變化時，只需要將資料寫入新的位置，並將原始檔案中的位址資訊進行變更即可。

3.2.4.3 應用實例

檔案的快照技術與複製技術在雲端運算和虛擬化方面有著非常普遍的應用，使用最多的是基於範本鏡像的虛擬機器快速發放和虛擬機器的整體快照等相關特性。

以複製技術在虛擬機器快速發放中的應用為例，某公司有雲範本鏡像（如 CentOS 或 Ubuntu 鏡像），其實就是檔案系統中的一個檔案。而基於該範本鏡像建立虛擬機器其實就是基於該鏡像建立系統磁片的過程，如圖 3-37 所示。

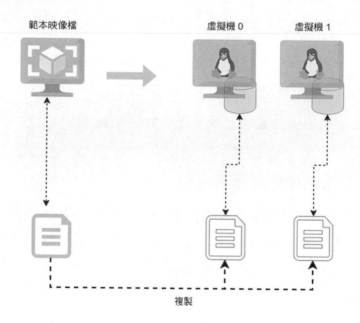

▲ 圖 3-37 複製技術在虛擬機器發放中的應用

這裡系統磁片使用的其實就是範本鏡像檔案所生成的複製檔案。由於複製可以瞬間完成，為虛擬機器提供與範本鏡像一致的資料，因此虛擬機器可以基於該鏡像完成虛擬機器啟動的過程。在後續，檔案系統透過其內部的複製模組完成原始檔案到複製檔案資料的拷貝，最終完成資料的隔離。

3.2.5 日誌技術

檔案的一個寫入操作會涉及很多地方的修改。以 Ext4 檔案系統為例，當建立一個檔案時涉及向目錄中添加一項，分配 inode，更新 inode 位元映射等。如果在建立檔案的中間環節出現系統當機或停電，則會導致資料的不一致，甚至導致檔案系統的不可用。

在檔案系統中，透過日誌（Journal）技術可以解決上述問題，該技術最早應用在資料庫中，後來被 IBM 引入 JFS 檔案系統中。目前，許多檔案系統都具備日誌技術，如 Ext4、JFS 和 XFS 等。凡事沒有絕對，並非所有的檔案系統都採用日誌技術，如 Btrfs。

日誌技術的原理並不複雜，複雜的地方是專案實現。下面介紹一下檔案系統的日誌是如何工作的。檔案系統中的日誌需要一塊獨立的空間，整個空間類似一個環狀緩衝區。當進行檔案修改操作時，相關資料區塊會被打包成一組操作寫入日誌空間，再更新實際資料。這裡的一組操作被稱為一個事務。一個完整的事務包括一個日誌起始標記、若干個 inode 的區塊、若干個位元映射的區塊、若干個資料區塊和一個日誌完成標記，如圖 3-38 所示。

由於實際資料的更新在日誌之後，如果在資料更新過程中出現了系統崩潰，那麼透過日誌可以重新進行更新。這樣就能保證資料是我們所期望的資料。還有一種異常場景是日誌資料更新過程中。由於此時日誌完成標記還沒有置位，而且實際資料還沒有更新，那麼只需要放棄該筆日誌即可。

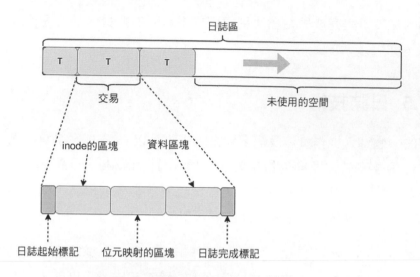

日誌區

T   T   T

交易

未使用的空間

inode的區塊   資料區塊

日誌起始標記   位元映射的區塊   日誌完成標記

▲ 圖 3-38 檔案系統中的日誌原理示意圖

3.2.6 許可權管理

無論是 Linux 還是 Windows，都是多使用者作業系統。由於多個使用者的存在，就必須實現使用者之間資源存取的隔離。也就是說，使用者 A 的資源（主要是檔案）不應該讓使用者 B 存取，或者需要授權後才可以存取。這種管理使用者可存取資源的特性就是許可權管理。

3.2.6.1 RWX 許可權控制的原理

Linux 最常見的存取控制方法被稱為 RWX 存取控制。當透過 ls 命令獲取檔案的詳細資訊時，其前面的 rwx 字串就是對檔案許可權的標示，而後面的兩個 root 則是其所屬使用者和群組的資訊。圖 3-39 所示為 RWX 許可權實例。

```
total 32K
drwxr-xr-x    2 root       root      4.0K Feb  4 08:55 .
drwx------   23 root       root      4.0K Feb  4 08:54 ..
-rw-r--r--    1 root       root         7 Feb  4 08:54 test1
-rw-r--r--    1 sunnyzhang root         7 Feb  4 08:54 test2
-rw-r--r--    2 root       root         7 Feb  4 08:54 test3
-rw-r--r--    2 root       root         7 Feb  4 08:54 test3_pl
lrwxrwxrwx    1 root       root         5 Feb  4 08:55 test3_sl -> test3
-rw-r--r--    1 root       root         7 Feb  4 08:54 test4
-rw-r--r--    1 itworld123 itworld123   7 Feb  4 08:54 test5
```

許可權資訊　　所屬使用者　所屬群組

▲ 圖 3-39 RWX 許可權實例

那麼 RWX 是什麼意思呢？ RWX 是 Read、Write 和 eXecute 的縮寫，它描述了使用者和群組對該檔案的不同的存取權限。RWX 許可權屬性含義如圖 3-40 所示。整個許可權描述分為四段，第一段用於描述該檔案的類型，可以是常規檔案（-）、目錄（d）、區塊裝置（b）、連結（l）和字元裝置（c）等。

▲ 圖 3-40 RWX 許可權屬性含義

後面三段是檔案具體的許可權描述資訊，分別是檔案主許可權、群組使用者許可權和其他使用者許可權。透過上述三段的組合就可以實現比較複雜的許可權控制。比如，允許某個使用者的檔案可以被其他使用者讀取，但是不可以改寫和執行等。

上述許可權控制資訊包含 r、w、x、- 共四種字元,具體含義如下。

(1)r 表示對於該使用者可讀。對於檔案來説,r 表示允許使用者讀取內容;對於目錄來説,r 表示允許使用者讀取其中的檔案。

(2)w 表示對於該使用者可寫。對於檔案來説,w 表示允許使用者修改其內容;對於目錄來説,w 表示允許使用者將資訊寫到目錄中,即可以建立檔案、刪除檔案、移動檔案等。

(3)x 表示對於該使用者可執行。對於檔案來説,x 表示允許使用者執行該檔案;對於目錄來説,x 表示允許使用者進入目錄搜索目錄內容(能用該目錄名稱作為路徑名去存取它所包含的檔案和子目錄)。

(4)- 表示對於該使用者沒有對應位元的許可權。具體禁用的功能請參考 r、w 和 x 的含義理解。以讀許可權為例,如果使用者沒有該許可權,則對應位置不是 "r",而是 "-"。

檔案的存取權限是透過檔案的 RWX 屬性和所屬屬性共同來控制的。RWX 屬性描述了不同的使用者和群組的存取權限,而所屬屬性則描述了該檔案所屬使用者和群組的資訊。

以 test5 檔案為例,其主使用者是 itworld123,群組是 itworld123。而檔案的 RWX 屬性如圖 3-41 所示。這樣,主使用者 itworld123 是可以讀 / 寫的,而其他使用者則只能讀,不可以寫。當然,我們可以修改屬性,讓 itworld123 群組內的所有使用者都可以寫。

RWX 許可權控制的入口是打開檔案,在打開檔案流程中會呼叫 inode_permission() 函數,該函數判斷處理程序對檔案的存取權限。其判斷的依據就是 RWX 屬性(inode->i_mode 中的內容)和處理程序的使用者資訊。

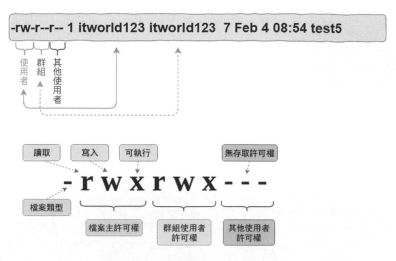

▲ 圖 3-41　檔案的 RWX 屬性

需要注意的是，目錄中的檔案對目錄屬性的繼承性。也就是説，如果目錄屬於使用者 itworld123，則其中的檔案屬於 itworld123t1。如果使用者 itworld123 對該檔案沒有寫許可權，則在強制寫資料的情況下該檔案的所屬使用者會變為 itworld123。

3.2.6.2 ACL 許可權控制的原理

ACL 也是一種對資源進行存取控制的方式，第二章已經介紹過 ACL 的場景和用法。我們可以手動設置檔案或目錄的 ACL 以實現對檔案或目錄的存取控制。同時 ACL 還有一個特性是實現對父目錄 ACL 屬性的繼承。根據是否繼承，ACL 分為以下兩類。

（1）access ACL：每一個物件（檔案 / 目錄）都可以連結一個 ACL 來控制其存取權限，這樣的 ACL 被稱為 access ACL。

（2）default ACL：目錄連結的一種 ACL。當目錄具備該屬性時，在該目錄中建立的物件（檔案或子目錄）預設具有相同的 ACL。

透過 ACL 可以實現比較複雜的存取權限組合，許可權的設置透過一個
ACL 項目實現。一個 ACL 項目指定一個使用者或一組使用者對所連結物
件的讀、寫、執行許可權。圖 3-42 展示了 ACL 項目的類型。

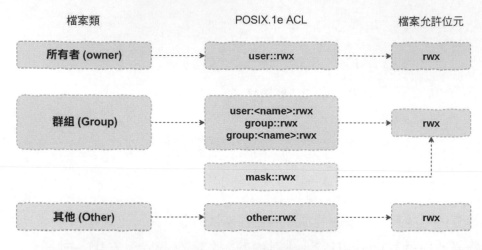

▲ 圖 3-42　ACL 項目的類型

例如，user::rwx 指 定 了 檔 案 的 所 有 者 對 該 檔 案 的 存 取 權 限，
user:＜name＞:rwx 指定了某個特定的使用者對該檔案的存取權限，
mask::rwx 表示該檔案最大的允許許可權，other::rwx 表示沒有在規則清
單中的使用者所具備的許可權。

ACL 在作業系統內部是透過檔案的擴展屬性實現的。當使用者為檔案添
加一個 ACL 規則時，其實就是為該檔案添加一個擴展屬性。這樣，當
後續有某個使用者存取該檔案時，檔案系統根據規則就可以確定存取權
限。一個檔案可以添加很多擴展屬性，因此 ACL 的規則自然也可以有很
多，這就保證了 ACL 的靈活性。

需要注意的是，ACL 的資料與檔案的普通擴展屬性資料儲存在相同的位置，只不過透過特殊的標記進行了區分。這樣，當普通使用者查詢擴展屬性時 ACL 的資料是可以被檔案系統遮罩的。

本節不再贅述關於 Linux 中 ACL 的實現細節，我們將在第四章介紹 Ext2 具體實現時再來分析 ACL 在程式實現層面的內容。

3.2.6.3 SELinux 許可權管理

SELinux（Security-Enhanced Linux，安全增強式）是一個在核心中實現的強制存取控制（MAC）安全性機制。SELinux 與 RWX、ACL 最大的區別是基於存取者（應用程式）與資源的規則，而非使用者與資源的規則，因此其安全性更高。這裡基於應用程式與資源的規則是指規定了哪些應用程式可以存取哪些資源，而與執行該應用程式的使用者無關。

為什麼説 SELinux 這種方式更安全呢？前面基於使用者的安全性原則，如果某個應用程式被駭客攻破，那麼駭客可以基於執行該應用程式的使用者啟動其他應用程式實現對該使用者所屬其他資源的存取。而 SELinux 限定了應用程式可以存取的資源，即使駭客攻破了該應用程式，也只能存取被限定的資源，而不會擴散到其他地方。

SELinux 的原理架構如圖 3-43 所示，最左側是存取者，也就是服務、處理程序或使用者等。最右側是被存取者，也就是具體的資源，如檔案、目錄或通訊端等。

當存取者存取被存取者（資源）時，需要呼叫核心的介面。以讀取某個目錄的檔案為例，需要讀取介面 read。此時會經過 SELinux 核心的判斷邏輯，該判斷邏輯根據策略資料庫的內容確定存取者是否有權存取被存取者，如果允許存取則放行，否則拒絕該請求並記錄稽核日誌。

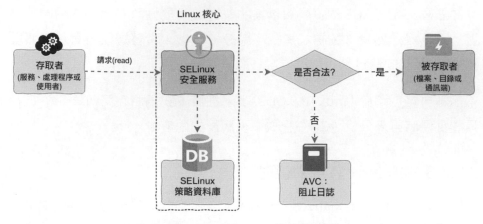

▲ 圖 3-43　SELinux 的原理架構

透過圖 3-43 可以看出，SELinux 的基本原理是比較簡單的，關鍵是
SELinux 策略資料庫的建立。由於應用繁多，資源也很多，因此規則資
料庫就比較繁雜。在實際使用過程中經常會出現缺少規則而出現存取異
常的情況，這時就需要手動添加規則。

3.2.7　配額管理

在多使用者環境中，不僅要防止使用者對其他使用者資料的非法存取，
還要確保某些使用者所使用的儲存空間不能太多。在這種情況下，就需
要一種配額（Quota）管理技術。

配額管理是一種對使用空間進行限制的技術，其主要包括針對使用者
（或群組）的限制和針對目錄的限制兩種方式。針對使用者（或群組）
的限制是指某一個使用者（或群組）對該檔案系統的空間使用不能超過
設置的上限，如果超過上限則無法寫入新的資料。針對目錄的限制是指
該目錄中的內容總量不能超過設置的上限。

在配額管理中，通常涉及三個基本概念，分別是軟上限（Soft Limit）、硬上限（Hard Limit）和寬限期（Grace Period）。這裡簡單介紹一下上述概念。

（1）軟上限：指資料總量可以超過該上限。如果超過該上限則會有一個告警資訊。

（2）硬上限：指資料總量不可以超過該上限，如果超過該上限則無法寫入新的資料。

（3）寬限期：寬限期通常是針對軟上限而言的。如果設置了該值（如三天），則在三天內允許資料量超過軟上限，當超過三天后，無法寫入新的資料。

配額管理是檔案系統的一個特性，並非一種特殊的技術，在實現層面上也不需要什麼特殊的技術。以使用者配額為例，當有新的寫請求時，配額子系統會對該請求進行分析。如果需要計入配額管理中，則進行配額上限的檢查，在小於上限的情況下會更新配額管理資料，否則將阻止新的資料寫入，並發出告警資訊。

Windows 中的 NTFS 檔案系統實現了配額管理。在「Data（D:）的配額設置」對話方塊中可以進行配額的基本設置。按一下「配額項」按鈕，可以進行更加詳細的設置，如圖 3-44 所示。

Linux 也實現了對配額的支援。以 XFS 為例，當掛載檔案系統時使用配額選項就可以實現對配額的支援。以啟用使用者配額為例，可以執行如下掛載命令：

```
mount -o quota xfs_bak /tmp/xfs/
```

▲ 圖 3-44「Data（D:）的配額設置」對話方塊

然後透過如下命令實現對 sunnyzhang 使用者的配額的設置，這裡將軟上限和硬上限分別設置為 5MB 和 6MB。當然，這裡只是一個實例，大家應該根據自己的需要設置。

```
xfs_quota -x -c 'limit -u bsoft=5m bhard=6m sunnyzhang' /tmp/xfs/
```

上面以資料量為例，實際專案實現包含的特性可能會更多。比如，針對檔案數量、子目錄數量等都可以實現配額管理。

3.2.8 檔案鎖的原理

第二章已經介紹過 Linux 中檔案鎖的基本用法，並且舉出了具體的實例。檔案鎖的基本作用就是保證多個處理程序對某個檔案併發存取時資料的一致性。如果沒有檔案鎖，就有可能出現多個處理程序同時存取檔案相同位置資料的問題，從而導致檔案資料的不一致性。

檔案鎖的原理並不複雜，主要是要有一個地方記錄目前檔案的加鎖情況，然後當有新的加鎖請求時可以基於記錄的資訊進行對比判斷，如圖3-45 所示。新的鎖請求會與已有的鎖資訊進行逐一對比，確定是否存在鎖衝突的情況。然後根據鎖衝突的情況來進一步確定後續的動作。

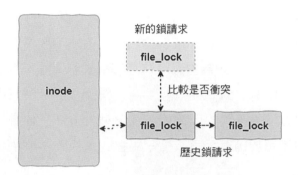

▲ 圖 3-45 檔案鎖的基本原理

如果沒有任何衝突，則說明該處理程序是第一個加鎖的，因此可以將鎖資訊加入鏈結串列後返回；如果有衝突，則說明前面已經有處理程序對該段資料加鎖。檔案鎖的後續動作與呼叫函數的參數相關，如果在呼叫函數時參數指定需要休眠，則該處理程序進行休眠狀態，否則返回一個錯誤碼指示存在鎖衝突，具體由應用程式決策後續如何存取該檔案。

3.2.9 擴展屬性與 ADS

前文已經對 Linux 檔案系統的擴展屬性進行了介紹。Linux 檔案系統的擴展屬性以「鍵 - 值」對的形式在檔案外儲存。

Linux 中的擴展屬性被劃分為不同的空間，具體包含如下幾種。

（1）system：用於實現利用擴展屬性的核心功能，如存取控制表 ACL。

（2）security：用於實現核心安全模組，如 SELinux。

（3）trusted：把受限制的資訊存入使用者空間。

（4）user：用於為檔案或目錄添加一些附加資訊，如檔案的 MIME、檔案編碼和字元集等資訊。

Windows 中的 NTFS 檔案系統並沒有類似擴展屬性的特性，但是有一個 ADS（Alternate Data Streams）的特性。在 NTFS 檔案系統中，將資料流程（Data Stream）分為主資料流程和備資料流程。其中，主資料流程就是使用者可以看到的檔案內容；備資料流程則是檔案內容之外的資料，通常使用者是看不到的。比如，在某個 Word 文件中，我們建立了兩個 ADS，分別用於儲存字串和指令稿程式，如圖 3-46 所示。

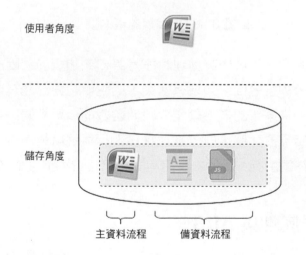

▲ 圖 3-46 NTFS 檔案系統中的 ADS 示意圖

在圖 3-46 中，我們看到的 Word 文件本身是主資料流程（又被稱為匿名資料流程），而與之連結的字串資料和程式則是備資料流程（又被稱為命名資料流程）。如果透過資源管理器瀏覽檔案，那麼只能看到 Word 文件，卻看不到備資料流程。

備資料流程被稱為命名資料流程的原因是在建立該資料流程時需要給定一個名稱，名稱命名規則與 Windows 中檔案名稱的命名規則一致。而檔案主資料流程則不需要特意去命名，實際上它根本就沒有名字，因此稱為匿名資料流程。

為了能夠對 ADS 有一個更加形象直觀的認識，下面列舉一個實例介紹 ADS。以 Windows 10 為例，在 cmd 命令列中可以進行 ADS 的操作。這裡有一個大小為 0 位元組的 Word 文件，透過 echo 命令可以向該文件寫入一個名稱為 test_stream 的備資料流程。備資料流程的內容為 streamdata，大小為 10 位元組。

執行 ADS 操作的整個流程如圖 3-47 所示，可以看到向該文件寫入命名資料流程後，該文件的大小並沒有發生變化。

```
D:\test>dir
 磁碟區 D 中的磁碟是 Data
 磁碟區序號:  4E8F-4DBD

 D:\test 的目錄

2022/04/17  下午 01:51    <DIR>              .
2022/04/17  下午 01:51                    3 test.docx
               1 個檔案                   3 位元組
               1 個目錄   3,197,125,353,472 位元組可用

D:\test>echo streamdata > test.docx:test_stream

D:\test>dir
 磁碟區 D 中的磁碟是 Data
 磁碟區序號:  4E8F-4DBD

 D:\test 的目錄

2022/04/17  下午 01:51    <DIR>              .
2022/04/17  下午 01:52                    3 test.docx
               1 個檔案                   3 位元組
               1 個目錄   3,197,125,353,472 位元組可用

D:\test>
```

▲ 圖 3-47 ADS 設置操作演示

ADS 不僅可以儲存字串，它還可以儲存任何類型、任意大小的資料。比
如，可以透過 type 命令將本目錄下一個名為 ceph.jpg 圖片檔案儲存到
ADS 中，程式如下：

```
type ceph.jpg >test.docx:image_stream
```

如果使用 PowerShell，則有另一套工具可以實現對 ADS 的管理。上面
建立的兩個 ADS，可以在 PowerShell 中透過 Get-Item 命令獲取相關的
描述資訊，如圖 3-47 所示。

```
PS D:\test\filesystem\test1> Get-Item -path test.docx -stream *

PSPath          : Microsoft.PowerShell.Core\FileSystem::D:\test\filesystem\test1\test.docx::$DATA
PSParentPath    : Microsoft.PowerShell.Core\FileSystem::D:\test\filesystem\test1
PSChildName     : test.docx::$DATA
PSDrive         : D
PSProvider      : Microsoft.PowerShell.Core\FileSystem
PSIsContainer   : False
FileName        : D:\test\filesystem\test1\test.docx
Stream          : :$DATA
Length          : 0

PSPath          : Microsoft.PowerShell.Core\FileSystem::D:\test\filesystem\test1\test.docx:image_stream
PSParentPath    : Microsoft.PowerShell.Core\FileSystem::D:\test\filesystem\test1
PSChildName     : test.docx:image_stream
PSDrive         : D
PSProvider      : Microsoft.PowerShell.Core\FileSystem
PSIsContainer   : False
FileName        : D:\test\filesystem\test1\test.docx
Stream          : image_stream
Length          : 16991

PSPath          : Microsoft.PowerShell.Core\FileSystem::D:\test\filesystem\test1\test.docx:test_stream
PSParentPath    : Microsoft.PowerShell.Core\FileSystem::D:\test\filesystem\test1
PSChildName     : test.docx:test_stream
PSDrive         : D
PSProvider      : Microsoft.PowerShell.Core\FileSystem
PSIsContainer   : False
FileName        : D:\test\filesystem\test1\test.docx
Stream          : test_stream
Length          : 13
```

▲ 圖 3-48 Get-Item 命令的使用

如何存取檔案中的備資料流程呢？通常來説，某些特殊的應用程式可
以呼叫作業系統的 API 來存取。另外，可以透過 Windows 一些程式存
取，如前文我們建立的圖片格式的備資料流程，可以透過如下命令來打

開這個圖片：

```
mspaint D:\test\filesystem\test1\test.docx:image_stream
```

3.2.10 其他技術簡介

除了上面介紹的一些通用的技術，很多檔案系統還有一些自己特色的技術。本節再介紹一些比較常用的技術。

3.2.10.1 資料加密

我們在使用電腦時應該有這樣的經歷，如忘記了作業系統密碼，但是又想將裡面的資料匯出。這時我們可以將硬碟拆卸下來，然後安裝到另一臺電腦上，透過該電腦來存取這個硬碟的資料。

顯然，對於資料安全來說，這是一個安全隱憂。因為，任何人都可以將你的硬碟拆卸下來，然後讀取其中的資料。為了解決上述問題，檔案系統的加密技術應運而生。

檔案系統的資料加密又被稱為透明資料加密，因為檔案系統的資料加密對使用者來說是感知不到的、透明的。當使用者向檔案系統寫入資料時，檔案系統的加密模組會透過加密演算法將加密後的資料寫入磁碟。而當使用者讀取某個檔案的資料時，檔案系統的加密模組會首先對該資料進行解密，然後將資料返回給應用。

可以看出，這裡面的關鍵是磁碟上的資料是經過加密的。因此，經過加密的磁碟，即使將該磁碟拆卸下來安裝到其他電腦上，也是沒有辦法將資料讀取出來的。

3.2.10.2 資料壓縮

檔案系統的資料壓縮技術是透過對檔案系統內的資料區塊進行壓縮來提升空間使用率的。檔案系統中的資料壓縮對使用者也是透明的。當使用者向該檔案系統寫入資料時，檔案系統的壓縮模組會將資料壓縮後儲存在磁碟上，在讀取資料時，該模組會先進行解壓，然後返回給應用。

資料壓縮技術主要是為了節省使用者儲存空間的使用。因為有些檔案其實有很多重複的資料，透過資料壓縮，其容錯的資料將會大大減少。

目前，很多檔案系統都支援資料壓縮技術，比較常見的有 Windows 中的 NTFS、Solaris 中的 ZFS 和 Linux 中的 Btrfs 等。

▶ 3.3 常見本地檔案系統簡介

3.3.1 ExtX 檔案系統

前文已經對 ExtX 檔案系統做過不少介紹，本節簡單介紹一下 ExtX 檔案系統的歷史和特性。如果能了解一下 ExtX 檔案系統的發展歷史，也能對該檔案系統的發展有一個更加全面的認識。

Linux 最早是參考 Minix 實現的，其檔案系統也是參考 Minix 實現的。Linux 的第一個版本並沒有自己的檔案系統。

Minix 畢竟只是一個用來教學的檔案系統，其最大支援的磁碟的容量只有 64MB。而且對檔案名稱也有長度限制，最大為 14 個字元。這些限制導致該檔案系統很難在實際生產環境中使用。

針對上述問題，1992 年 Rémy Card 設計並實現了 Ext 檔案系統，即擴展檔案系統。其寓意也是實現了對 Minix 的擴展。為了同時支援 Minix 和 Ext，同時實現了 VFS，並在 Linux 核心的 0.96c 版本中整合發布。

1993 年 Rémy Card 開發出了 Ext2 檔案系統，該版本對 Ext 檔案系統又做了很多擴展。這個版本是第一個商業級的檔案系統，應用時間也非常長。但是 Ext2 檔案系統沒有日誌特性，因此無法解決系統崩潰導致資料不一致的問題。

針對沒有日誌的問題，2001 年 Stephen Tweedie 主導開發了 Ext3 檔案系統。該檔案系統主要是在 Ext2 檔案系統的基礎上增加了日誌（Journal）特性。透過日誌特性，在系統出現崩潰的情況下可以透過掃描日誌快速實現對檔案系統的修復。

2008 年，Ext4 檔案系統出現，該版本引入了很多新特性，如 Extent、預分配、延遲分配和加密等。作者認為 Extent 是所有特性中最突出的特性，它提供了一種新的管理檔案資料的方法，使得某些場景下檔案的中繼資料大幅減少。

可以看出來，ExtX 檔案系統也是經過幾十年的發展才慢慢壯大的，才有了特性豐富的 Ext4 檔案系統。

3.3.2 XFS 檔案系統

XFS 檔案系統於 1994 年由 SGI 開發，執行在 IRIX 作業系統中 [9]。1999 年 SGI 將 XFS 檔案系統開放原始碼，並移植到 Linux 中。此後，XFS 作為一個可選檔案系統一直儲存在 Linux 核心中。

XFS 是一個 64 位元的檔案系統,因此其可以管理非常大的空間,並且支援非常大的檔案。XFS 檔案系統最大可以支援 18EB 的儲存空間,並且可以建立最大為 9EB 的檔案,這是 Linux 原生檔案系統 ExtX 所無法企及的。由於 XFS 沒有 ExtX 檔案系統中的 inode 表,它可以隨意建立 inode,因此 XFS 檔案系統沒有檔案數量的限制。

3.3.3 ZFS 檔案系統

ZFS 是由 Sun(已被 Oracle 收購)開發的高級檔案系統。2001 年由 Matthew Ahrens 和 Jeff Bonwick 領導開發,並於 2005 年隨 OpenSolaris 一起發布。ZFS 是一個 128 位元的檔案系統,因此可以支援非常大的儲存空間,被稱為下一代檔案系統。在 ZFS 檔案系統上可以建立 16EB 的檔案,並且該檔案系統最大可以支援 256 千萬億 ZB(1ZB = 1000EB)。

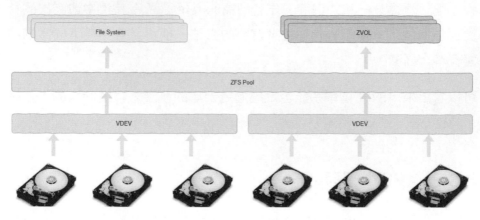

▲ 圖 3-49 ZFS 檔案系統儲存池原理

ZFS 不僅實現了檔案系統,還實現了卷冊管理的功能。也就是說,ZFS 檔案系統實現了對多個磁碟的管理,並基於多個磁碟建構軟 RAID。如

圖 3-49 所示，ZFS 檔案系統可以基於多個裝置建構儲存池，然後在儲存池中建立檔案系統或卷冊。

雖然 ZFS 檔案系統是基於 Solaris 開發的，但目前已經可以移植到 Linux。遺憾的是 ZFS 檔案系統無法直接整合到 Linux 核心中，因此我們在 Linux 核心中看不到 ZFS 檔案系統的身影。無法整合到 Linux 核心的主要原因是 ZFS 檔案系統遵循的是 CDDL 協定，與 GPL 協定有衝突。無論如何，我們還是可以在 Linux 中試用一下 ZFS 檔案系統的。

3.3.4 Btrfs 檔案系統

Btrfs 的開發其實是為了有一個 Linux 版本的 ZFS 檔案系統，因此其大部分特性與 ZFS 檔案系統相同。前文在介紹 ZFS 時，由於 ZFS 檔案系統的協定的問題無法直接整合到 Linux 核心中。在 Oracle 收購 Sun 之後，看到了 ZFS 檔案系統的諸多優點，於 2007 年著手在 Oracle Linux 中開發一個類似 ZFS 的檔案系統，由於其採用 B+ 樹來管理資料，因此命名為 Btrfs（B-Tree-FS）檔案系統。

Btrfs 檔案系統實現了 ZFS 檔案系統的很多特性，如對多磁碟的管理、檔案系統快照和寫時拷貝等。其中，寫時拷貝是 Btrfs 檔案系統最大的特性。由於該特性的存在，Btrfs 檔案系統透過 COW 日誌保證系統崩潰時檔案系統的資料一致性。Btrfs 檔案系統寫時拷貝的原理很簡單，當資料被修改時，新資料並不會覆蓋舊資料，而是寫到新的地方。同時，與該資料相關的中繼資料也不會原地修改，而是在新位置重新寫一份。

如圖 3-50 所示，左側樹是一個管理檔案資料的 B+ 樹。如果使用者修改其中的某資料區塊，那麼該樹上相關的中間節點的資料並非在原地修改，而是分配新的空間來儲存修改後的資料。由於分配新的空間，所以中間節點儲存的位址資訊需要同時進行修改，採用相同規則，該中間節點也需要重新分配空間。依此類推，從根節點到待修改資料區塊的所有節點都需要分配新的空間，因此修改該資料區塊所影響的所有節點如右側樹虛線框所示。

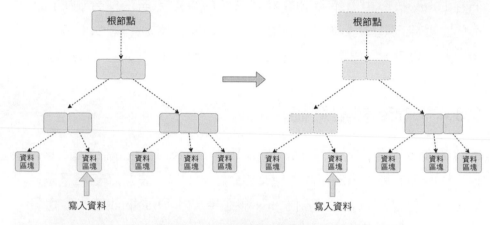

▲ 圖 3-50 Btrfs 檔案系統寫時拷貝原理

Btrfs 檔案系統有很多優點，但是其性能和穩定性相比 Ext4 檔案系統和 XFS 檔案系統還是要差一些，因此在實際生產環境的應用比較少一些。

3.3.5 FAT 檔案系統

FAT（File Allocation Table，檔案配置表）是 1977 年微軟為 DOS 開發的管理軟碟的檔案系統。FAT 檔案系統的最早版本是 FAT12，由於其管理的容量非常有限，後來又陸續開發了 FAT16 檔案系統和 FAT32 檔案系統。這裡的阿拉伯數字表示資料位址的位數，位數越大，可以表示的空間也就越大。

FAT32 檔案系統最大可以建立 4GB 的檔案，所管理的空間最大為 8TB。雖然 FAT32 檔案系統已經做得比較大了，但是跟 Linux 下的幾個動輒 EB 級的檔案系統相比還是差很多。

後來微軟又開發了一套新的檔案系統，即 exFAT 檔案系統。該檔案系統主要是為了適應快閃記憶體媒體而開發的，並且突破了 FAT32 檔案系統對容量管理的限制，可以實現 EB 級容量管理。

3.3.6 NTFS 檔案系統

NTFS（New Technology File System）是微軟用於代替 FAT 檔案系統的第二代檔案系統，於 1993 年首次被引入作業系統中。

NTFS 在容量方面有了很大的突破，整個檔案系統可以管理 16EB 的空間，而單一檔案大小可以達到 256TB。除了容量的突破，NTFS 還有很多現代檔案系統的高級特性，如日誌、壓縮和加密等。

從理論到實戰 --
Ext2 檔案系統程式詳解

前文主要介紹檔案系統的理論，大家應該對檔案系統的原理有了基本的認識。接下來以一個具體的檔案系統為例來介紹一下檔案系統原理的更多細節和具體實現，這樣大家能夠更加具體地理解檔案系統的原理。

對於檔案系統程式，本章主要以 Linux 下的 Ext2 檔案系統為例進行介紹。選擇 Ext2 的原因是它是 Linux 原生的檔案系統，並且具備檔案系統的主要特性，另外該檔案系統又不過於複雜（約一萬行程式）。正所謂「麻雀雖小，五臟俱全」，非常適合入門者學習。

Ext2 是一個非常有歷史的檔案系統。1997 年就應用在了 RedHat 的發行版本中。Ext2 檔案系統的前身是 Ext 檔案系統，Ext 是為了克服 Minix 的諸多缺點，由 Rémy Card 開發的基於虛擬檔案系統的第一代擴展檔案系統。

▶ 4.1 本地檔案系統的分析方法與工具

雖然 Ext2 檔案系統的程式量並不多,但是直接閱讀程式,理解整個流程還是有一定難度的。Linux 核心程式的最大問題就是不太好偵錯。雖然不好偵錯,但是 Linux 提供了其他工具來窺探其內部。同時,Linux 也提供了很多其他工具來幫助我們學習檔案系統。

正所謂「欲善其事,必先利其器」,在真正進入 Ext2 檔案系統的學習之前,先了解一些可以幫助我們學習 Ext2 檔案系統的工具。

4.1.1 基於檔案建構檔案系統

建構檔案系統並不一定需要磁碟或其他類型的區塊裝置,我們可以直接在一個檔案上建構一個檔案系統。在 Linux 中基於檔案建構檔案系統非常方便,而且也便於我們對檔案系統的內容進行分析。接下來看一下如何基於檔案建構一個檔案系統,整體來說分為以下幾個步驟。

(1)生成一個全 0 的二進位檔案。

可以透過 dd 命令來生成一個全 0 的二進位檔案。下面生成一個 100MB 的檔案,採用 100MB 的檔案足夠建構一個 Ext2 檔案系統,而且便於後面分析,命令如下:

```
dd if=/dev/zero of=./ext2.bin bs=1M count=100
```

(2)格式化 Ext2 檔案系統。

有了 100MB 檔案之後就可以在該檔案上格式化檔案系統。方法很簡單,採用平時格式化磁碟的命令即可,命令如下:

```
mkfs.ext2 ext2.bin
```

（3）使用 loop 裝置，模擬區塊裝置。

雖然可以格式化檔案系統，但是無法像區塊裝置一樣掛載到目錄樹中。
透過 Linux 的 loop 裝置，可以將一個檔案模擬成一個裝置，這樣就可以
掛載存取了，命令如下：

```
losetup /dev/loop10 ./ext2.bin
```

（4）掛載檔案系統。

完成上述過程後就已經有一個區塊裝置了（名稱為 /dev/loop10），然後
就可以掛載該檔案系統，命令如下：

```
mount /dev/loop10 /tmp/ext2/
```

完成掛載後就可以存取檔案系統，如在裡面建立檔案和目錄等。當然，
我們也可以向檔案系統的根目錄拷貝檔案。所有操作的資料都會更新到
建立的 ext2.bin 檔案中。然後我們可以透過查看 ext2.bin 檔案的內容學
習 Ext2 檔案系統磁碟空間布局的相關內容。

4.1.2 了解函式呼叫流程的利器

在 Linux 中有一個可以非常方便地追蹤核心 API 呼叫的工具——ftrace。
我們可以透過該工具追蹤某些模組的函式呼叫，這樣有助於理解程式呼
叫流程。

ftrace 的使用並不複雜，我們只需要執行以下幾個步驟（基於 Ubuntu
20.04，其他發行版本可能略有不同）即可。

（1）切換到 debug 目錄。

為了方便操作，先切換到 ftrace 的工作目錄，具體路徑為：

```
/sys/kernel/debug/tracing
```

（2）啟用圖形化函數追蹤。

ftrace 的功能非常強大，這裡選擇其圖形化追蹤函式呼叫的功能。具體設置方式是執行如下命令：

```
echo function_graph > current_tracer
```

（3）設置過濾參數。

在預設情況下會追蹤所有函式呼叫，瞬間可能就有幾萬筆記錄，不方便我們分析。ftrace 支援過濾設置，可以只追蹤某些函數或不追蹤某些函數。例如，下面設置只追蹤 xfs_ 開頭的函數，命令如下：

```
echo "xfs_*" > set_ftrace_filter
```

（4）查看追蹤到的內容。

以上就完成了設置。然後製造一些函式呼叫。比如，在一個 XFS 檔案系統的目錄中執行 ls 命令，然後打開 ftrace 目錄下的 trace 檔案，可以看到如圖 4-1 所示的內容。這個函式呼叫堆疊就是 XFS 檔案系統遍歷目錄時涉及的函數。

這裡只是一個簡要的介紹。ftrace 的功能非常強大，可追蹤的內容也非常多。更多的介紹不在本書的範圍內，請參考相關書籍，這裡就不再贅述。

```
5650  0)               |  xfs_file_readdir [xfs]() {
5651  0)               |    xfs_readdir [xfs]() {
5652  0)               |      xfs_dir2_isblock [xfs]() {
5653  0)               |        xfs_bmap_last_offset [xfs]() {
5654  0)               |          xfs_bmap_last_extent [xfs]() {
5655  0)   0.239 us    |            xfs_iext_last [xfs]();
5656  0)   0.163 us    |            xfs_iext_get_extent [xfs]();
5657  0)   0.908 us    |          }
5658  0)   1.210 us    |        }
5659  0)   1.585 us    |      }
5660  0)               |      xfs_dir2_leaf_getdents [xfs]() {
5661  0)               |        xfs_ilock_data_map_shared [xfs]() {
5662  0)   0.178 us    |          xfs_ilock [xfs]();
5663  0)   0.471 us    |        }
5664  0)               |        xfs_dir2_leaf_readbuf [xfs]() {
5665  0)   0.177 us    |          xfs_iext_lookup_extent [xfs]();
5666  0)   0.480 us    |        }
5667  0)   0.155 us    |        xfs_iunlock [xfs]();
5668  0)   1.762 us    |      }
5669  0)   3.929 us    |    }
5670  0)   4.253 us    |  }
```

▲ 圖 4-1 ftrace 捕捉結果

▶ 4.2 從 Ext2 檔案系統磁碟布局說起

前文已經介紹過關於 Ext2 檔案系統磁碟空間布局的相關內容，但是介紹的內容相對比較概要。本節將更加深入地介紹 Ext2 檔案系統磁碟布局的相關內容。理解檔案系統的磁碟布局是閱讀程式的基礎，因此有必要詳細介紹一下這部分的內容。

4.2.1 Ext2 檔案系統整體布局概述

Ext2 檔案系統將磁碟劃分為大小相等的邏輯區塊（Block）進行管理。在格式化時，mkfs.ext2 命令會根據區塊裝置大小自行選擇邏輯區塊大小。Ext2 檔案系統邏輯區塊的大小也可以在格式化時手動設置，可以是

1KB、2KB 和 4KB 等。Ext2 檔案系統將磁碟劃分為邏輯區塊,就好像將一棟大廈劃分為若干個房間,或者將超市劃分為若干個貨架區一樣,主要是為了人們方便管理。

同時為了便於管理和避免存取衝突,將若干個邏輯區塊群組成一個大的邏輯區塊,稱為區塊群組(Block Group)。區塊群組是 Ext2 檔案系統對磁碟管理的一個子空間。通常來說,Ext2 檔案系統是以區塊群組作為一個相對獨立的空間來進行管理的。區塊群組的資料被劃分為兩部分,一部分是中繼資料區;另一部分是資料區。

中繼資料區儲存的是檔案系統的中繼資料,中繼資料是檔案系統的管理資料,用於對資料區的資料進行管理。資料區中的內容則是使用者檔案中的實際資料。為了更加直觀地理解上述概念的關係,圖 4-2 展示了磁碟的區塊群組與資料管理。

透過圖 4-2 可以看出,一個磁碟的線性空間被劃分為相等大小的區塊群組(最後一個區塊群組的容量可能要小一些)。每個區塊群組都包含中繼資料區和資料區兩個區域。

如果還是不太清楚,我們可以將磁碟理解為一個大廈。大廈整個空間好比磁碟的整個儲存空間;而房間是對大廈規劃後的結果,好比對磁碟的格式化;大廈每層的布局圖好比中繼資料。我們可以透過樓層和每層的布局圖很容易地找到房間。檔案系統與此類似,它透過中繼資料尋找和管理邏輯區塊,也就是資料。

每個區塊群組內部都有相關的中繼資料對該區塊群組的空間進行管理。實際上 Ext2 檔案系統區塊群組的內部結構還要複雜得多。以第一個區塊群組(區塊群組 0)為例,中繼資料包括超級區塊、區塊群組描述符號、資料區塊位元映射、inode 位元映射、inode 表和其他資料區塊。

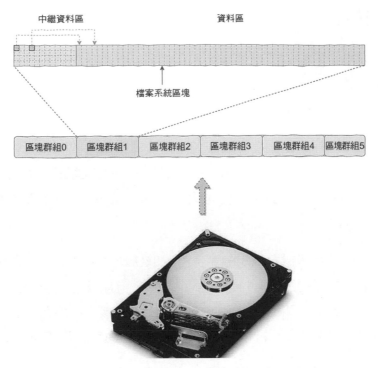

▲ 圖 4-2 磁碟的區塊群組與資料管理

當然,並非每個區塊群組都這麼複雜。如果磁碟的儲存空間充足,除第一個區塊群組和另外幾個對超級區塊進行備份的區塊群組外,大部分區塊群組只有資料區塊位元映射、inode 位元映射和 inode 表等中繼資料資訊。也就是說,區塊群組其實分為兩種類型:一種是有超級區塊的,比較複雜的區塊群組;另一種是沒有超級區塊的,比較簡單的區塊群組。

還有一個需要說明的地方是啟動區。啟動區並非檔案系統中的一部分,而是預留給啟動作業系統用的。在作業系統接上電源啟動時,其內容由 BIOS 自動加載到記憶體並執行。它包含一個啟動加載程式,用於從電腦安裝的作業系統中選擇一個啟動,還負責後續啟動過程。因此,Ext2 檔案系統把這個區域預留出來,不作為檔案系統管理的磁碟區域。

4.2.2 超級區塊（SuperBlock）

超級區塊是檔案系統的起始位置，它是整個檔案系統的入口。檔案系統的掛載（初始化）就是從讀取這裡的資料開始的。由於它是一個資料區塊，但是又是一個非常特別的區塊，因此被稱為超級區塊。

在超級區塊中記錄了整個檔案系統的描述資訊，如格式化時指定的檔案系統邏輯區塊大小資訊、邏輯區塊的數量、inode 的數量、根節點的 ID 和檔案系統的特性等資訊。我們可以透過 dumpe2fs 命令查看檔案系統的超級區塊資訊。

另外，為了保證整個檔案系統的可靠性，Ext2 檔案系統對超級區塊進行了備份。備份的目的主要是應對突然斷電或系統崩潰等異常場景。可以保證在上述場景下，即使第一個超級區塊出現損壞，仍然可以透過其他區塊群組中的超級區塊進行恢復，不至於整個檔案系統都不可存取。

對於 4KB 大小的邏輯區塊，超級區塊位於第一個邏輯區塊內。由於第一個區塊群組預留了 1KB 的空間作為系統啟動區，因此該區塊群組的超級區塊的位置在 1KB 偏移處，而其他備份區塊群組中的超級區塊都在該區塊群組偏移為 0 的地方。超級區塊會占用一個邏輯區塊的空間（實際占用空間要小於該值），也就是説，區塊群組描述符號（ext2_group_desc）位於超級區塊下一個邏輯區塊開始的地方。以 4KB 為例，則區塊群組描述符號位於 4KB 偏移的地方；以 1KB 為例，則區塊群組描述符號位於 2KB 偏移的地方。

程式 4-1 是 Ext2 檔案系統超級區塊在磁碟存放的結構，磁碟資料被讀取後按照該結構的格式進行解析。其中，__lexx 變數表示小端對齊，使用時需要轉換為 CPU 的對齊方式。在檔案系統中還有另一個名為 super_block 的結構，這個結構用於程式邏輯中使用。

▼ 程式 4-1　Ext2 檔案系統超級區塊在磁碟存放的結構

```
fs/ext2/ext2.h
417   struct ext2_super_block {
418       __le32    s_inodes_count;          // inode總數量
419       __le32    s_blocks_count;          // 邏輯區塊總數量
420       __le32    s_r_blocks_count;        // 保留的邏輯區塊數量
421       __le32    s_free_blocks_count;     // 可用的邏輯區塊數量
422       __le32    s_free_inodes_count;     // 可用的inode數量
423       __le32    s_first_data_block;      // 第一個資料區塊的位置
424       __le32    s_log_block_size;        // 邏輯區塊大小
425       __le32    s_log_frag_size;         // 碎片大小
426       __le32    s_blocks_per_group;      // 每個區塊群組中邏輯區塊的數量
427       __le32    s_frags_per_group;       // 每個區塊群組中碎片的數量
428       __le32    s_inodes_per_group;      // 每個區塊群組中inode的數量
429       __le32    s_mtime;                 // 掛載時間
430       __le32    s_wtime;                 // 寫資料時間
431       __le16    s_mnt_count;             // 掛載數量
432       __le16    s_max_mnt_count;         // 最大掛載數量
433       __le16    s_magic;                 // 魔數標記
434       __le16    s_state;                 // 檔案系統的狀態
435       __le16    s_errors;                // 檢測到錯誤時的行為
436       __le16    s_minor_rev_level;       // 次級修訂版本
437       __le32    s_lastcheck;             // 上次檢查的時間
438       __le32    s_checkinterval;         // 兩次檢查的間隔
439       __le32    s_creator_os;            // 作業系統
440       __le32    s_rev_level;             // 修訂版本
441       __le16    s_def_resuid;            // 保留區塊的預設使用者ID
442       __le16    s_def_resgid;            // 保留區塊的預設組ID
443
444
445       /*  這些域僅僅被EXT2_DYNAMIC_REV使用。
446
447        *  注意：相容特性集與非相容特性集的差異在於，
448        *  非相容特性集中包含一個核心感知不到的位元集合，
449        *  核心應該拒絕掛載該檔案系統。
```

```
450
451        * e2fsck的需求更加嚴格。如果一個特性既不屬於相容特性集,
452        * 又不屬於非相容特性集,則必須放棄它,不會試圖干預
453        * 它不理解的內容
454        */
455
456        __le32      s_first_ino;              // 第一個非保留inode
457        __le16      s_inode_size;             // inode結構的大小
458        __le16      s_block_group_nr;         // 超級區塊的區塊群組號
459        __le32      s_feature_compat;         // 相容特性集
460        __le32      s_feature_incompat;       // 非相容特性集
461        __le32      s_feature_ro_compat;      // 唯讀相容特性集
462        __u8        s_uuid[16];               // 卷冊的128位元UUID
463        char        s_volume_name[16];        // 卷冊名稱
464        char        s_last_mounted[64];       // 上次掛載的目錄
465        __le32      s_algorithm_usage_bitmap; // 用於壓縮
466
467
468
469        // 性能提示,如果打開EXT2_COMPAT_PREALLOC旗標,則會有目錄預分配
470        __u8        s_prealloc_blocks;        // 試圖預分配區塊編號
471        __u8        s_prealloc_dir_blocks;    // 針對目錄預分配區塊編號
472        __u16       s_padding1;
473
474
475        // 如果設置了EXT3_FEATURE_COMPAT_HAS_JOURNAL,則開啟日誌特性
476        __u8        s_journal_uuid[16];       // 日誌超級區塊的UUID
477        __u32       s_journal_inum;           // 記錄檔的inode編號
478        __u32       s_journal_dev;            // 記錄檔的裝置編號
479        __u32       s_last_orphan;            // 預刪除inode鏈結串列的起始位置
480        __u32       s_hash_seed[4];           // 雜湊種子
481        __u8        s_def_hash_version;       // 要使用的預設雜湊版本
482        __u8        s_reserved_char_pad;
483        __u16       s_reserved_word_pad;
484        __le32      s_default_mount_opts;
485        __le32      s_first_meta_bg;          // 區塊群組的第一個元區塊
```

```
486        __u32           s_reserved[190];         // 填充本區塊的尾部
487    };
```

雖然超級區塊中的內容非常多，但並不難理解，其中的資訊大多是描述性內容。目前，不理解超級區塊中的內容也沒有關係，隨著深入學習後續內容，相信讀者會慢慢理解。

4.2.3 區塊群組描述符號（Block Group Descriptor）

區塊群組描述符號是對區塊群組進行描述的一個資料結構。區塊群組描述符號緊接在超級區塊之後，需要注意的是，區塊群組描述符號資訊是以列表的形式跟在超級區塊之後的，它包含所有區塊群組的描述資訊。

區塊群組描述符號的描述資訊包括對應區塊群組中資料區塊位元映射的位置、inode 位元映射的位置和 inode 表的位置等資訊。另外，還包括資料區塊和 inode 的剩餘情況等資訊。程式 4-2 是區塊群組描述符號的結構，該結構是磁碟上的資料內容，可以看出該結構占用 32 位元組的空間。

▼ 程式 4-2 區塊群組描述符號的結構

```
fs/ext2/ext2.h
199    struct ext2_group_desc
200    {
201        __le32          bg_block_bitmap;         // 資料區塊位元映射的位置
202        __le32          bg_inode_bitmap;         // inode位元映射的位置
203        __le32          bg_inode_table;          // inode表的位置
204        __le16          bg_free_blocks_count;    // 剩餘可用區塊的數量
205        __le16          bg_free_inodes_count;    // 剩餘可用inode的數量
206        __le16          bg_used_dirs_count;      // 目錄數量
207        __le16          bg_pad;
208        __le32          bg_reserved[3];
209    };
```

為了更加直觀地了解區塊群組描述符號，我們透過一個實例進行分析。
首先建立一個 100MB 的空白檔案，然後使用 1KB 區塊進行格式化。由
於 1KB 區塊大小時區塊群組大小為 8MB，因此該檔案系統會建立 13 個
區塊群組，最後一個區塊群組大小為 4MB（100-12×8）。

可以透過 dumpe2fs 命令獲取關於該檔案系統的區塊群組資訊，如圖 4-3
所示。可以看到，區塊群組的資訊是一字排開的，每個區塊群組中包含
各個關鍵的位置資訊和剩餘的資源資訊。

```
Group 0: (Blocks 1-8192)
  Primary superblock at 1, Group descriptors at 2-2
  Reserved GDT blocks at 3-258
  Block bitmap at 259 (+258)
  Inode bitmap at 260 (+259)
  Inode table at 261-507 (+260)
  7671 free blocks, 1965 free inodes, 2 directories
  Free blocks: 522-8192
  Free inodes: 12-1976
Group 1: (Blocks 8193-16384)
  Backup superblock at 8193, Group descriptors at 8194-8194
  Reserved GDT blocks at 8195-8450
  Block bitmap at 8451 (+258)
  Inode bitmap at 8452 (+259)
  Inode table at 8453-8699 (+260)
  7685 free blocks, 1976 free inodes, 0 directories
  Free blocks: 8700-16384
  Free inodes: 1977-3952
Group 2: (Blocks 16385-24576)
  Block bitmap at 16385 (+0)
  Inode bitmap at 16386 (+1)
  Inode table at 16387-16633 (+2)
  7943 free blocks, 1976 free inodes, 0 directories
  Free blocks: 16634-24576
  Free inodes: 3953-5928
```

▲ 圖 4-3 區塊群組的描述資訊

雖然透過 dumpe2fs 命令可以很容易獲取區塊群組的資訊，但還想要更
進一步看一看這些資料在磁碟上是如何儲存的。可以透過 vim 命令和
hexdump 命令查看前面建立檔案系統時的檔案內容。在 Linux 中，可以
透過 vim 命令或 hexdump 命令查看其中的內容。

由於格式化的檔案系統邏輯區塊大小是 1KB，透過前文我們知道啟動區和超級區塊各占用了一個邏輯區塊，因此區塊群組描述符號的起始位置應該在 2KB 偏移的地方。根據這個資訊，我們可以透過 hexdump 命令來讀取該區域的資料，命令如下：

```
hexdump -n 1024 -s 2048 ext2_1kb.bin
```

從前文我們知道區塊群組描述符號占用 32 位元組的空間，而且 13 個區塊群組描述符號一字排開，就像結構陣列一樣。如圖 4-4 所示，區塊群組 0 和區塊群組 1 的資料分別由虛線框和實現框框住。以區塊群組描述符號中邏輯區塊位元映射的位置資訊為例，兩個區塊群組的值分別是 259 和 8451，對比透過 hexdump 命令讀取的資料和透過 dumpe2fs 命令讀取的資料，可以看出兩者是匹配的。

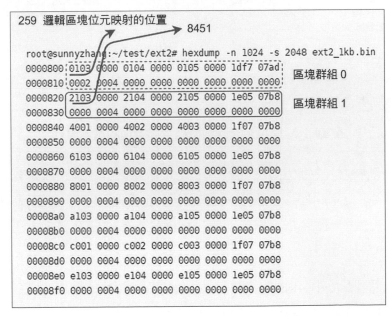

▲ 圖 4-4　區塊群組詳細資訊對比

本節只舉出了邏輯區塊位元映射的位置資料，大家可以自行分析其他資訊。比如，根據資料結構對比分析 inode 位元映射的位置，剩餘邏輯區塊數量和 inode 數量等區塊群組內的其他資訊。這樣，大家就對區塊群組的磁碟資料就有了比較具體的理解。

4.2.4 區塊位元映射（Block Bitmap）

區塊位元映射標識了區塊群組中哪個資料區塊被使用了，哪個資料區塊沒有被使用。在區塊位元映射區中將 1 位元組（Byte）劃分為 8 份，也就是用 1 位元（bit）對一個邏輯區塊進行標記。如果該位元是 0，則表示該位元對應的邏輯區塊未被使用；如果該位元是 1，則表示該位元對應的邏輯區塊已經被使用。如圖 4-5 所示，區塊位元映射區中的深灰色表示 1，淺灰色表示 0；邏輯區塊區中的實線表示已經分配的空間。

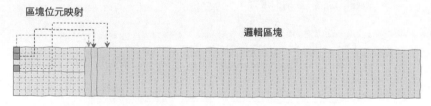

▲ 圖 4-5　區塊位元映射磁碟空間管理的基本原理

區塊位元映射位於每個區塊群組中，其大小為一個檔案系統邏輯區塊。由於檔案系統邏輯區塊的大小是可變的（格式化時指定），而區塊位元映射永遠占用一個邏輯區塊的空間，這就是為什麼區塊群組大小是變化的原因。

以預設區塊大小 4KB 為例，可以管理 4096×8 個邏輯區塊，即 4096×8×4096＝128MB 的空間。而在前面我們格式化的 1KB 的檔案系統，則區塊群組的大小是 1024×8×1024＝8MB。

為了更加直觀地了解區塊位元映射，我們可以使用 hexdump 命令將本實例中第一個區塊群組（區塊群組 0）的區塊位元映射匯出，如圖 4-6 所示。透過圖 4-6 可以清晰地了解到區塊群組中哪些區塊被分配了，哪些沒有被分配。

```
root@sunnyzhang:~/test/ext2# hexdump -v -n 1024 -s 265216 ext2_1kb.bin
0040c00 ffff ffff ffff ffff ffff ffff ffff ffff
0040c10 ffff ffff ffff ffff ffff ffff ffff ffff
0040c20 ffff ffff ffff ffff ffff ffff ffff ffff
0040c30 ffff ffff ffff ffff ffff ffff ffff ffff
0040c40 01ff 0000 0000 0000 0000 0000 0000 0000
0040c50 0000 0000 0000 0000 0000 0000 0000 0000
0040c60 0000 0000 0000 0000 0000 0000 0000 0000
0040c70 0000 0000 0000 0000 0000 0000 0000 0000
```

▲ 圖 4-6　區塊群組中的區塊位元映射

計算該區塊群組已經使用的邏輯區塊的數量，可以得到其數值為 521（16×4×8＋9）。再結合圖 4-3 可以看出兩者是匹配的。

4.2.5　inode 位元映射（inode Bitmap）

inode 位元映射與邏輯區塊位元映射類似，標識 inode 的使用情況，並對其進行管理。其中，inode 位元映射中的每一位元與 inode 表中的一個 inode 對應。如果這一位元為 1，則說明 inode 表中的 inode 已經被分配出去，否則就表示該 inode 可以被使用。inode 位元映射占用一個檔案系統邏輯區塊的空間。

4.2.6　inode 與 inode 表

在 Linux 中，inode 是一個非常基礎的概念，它用於標識和管理一個檔案 / 目錄。這裡面涉及兩個含義，一個是標識一個檔案；另一個是管理檔案的中繼資料和資料。

標識一個檔案是指這個 inode 包含一個 inode ID，而該 inode ID 在檔案系統中是唯一的。從檔案的尋找和存取本質上來說是透過該 inode ID 來尋找的，最終定位到 inode。

管理中繼資料和資料是指透過該 inode 可以獲取檔案的中繼資料和資料資訊。中繼資料資訊很容易被得到，基本全在 inode 結構中；而資料資訊則是透過該結構中的一個陣列描述的，在該陣列中儲存著資料的位置資訊（可以先這麼簡單理解，後面進行詳細介紹）。程式 4-3 是 inode 結構在磁碟上的資料結構，可以看出 inode 包含的內容還是比較多的，大部分內容比較直觀，本節不再贅述。

▼ 程式 4-3 inode 結構在磁碟上的資料結構

```
fs/ext2/ext2.h
302  struct ext2_inode {
303      __le16    i_mode;          // 檔案存取模式，描述不同使用者的存取權限
304      __le16    i_uid;           // 使用者ID資訊
305      __le32    i_size;          // 檔案大小
306      __le32    i_atime;         // 存取時間
307      __le32    i_ctime;         // 建立時間
308      __le32    i_mtime;         // 修改時間
309      __le32    i_dtime;         // 刪除時間
310      __le16    i_gid;           // 群組ID的低16位元
311      __le16    i_links_count;   // 連結數量
312      __le32    i_blocks;        // 區塊數量
313      __le32    i_flags;         // 檔案旗標
314      union {
315          struct {
316              __le32   l_i_reserved1;
317          } linux1;
318          struct {
319              __le32   h_i_translator;
320          } hurd1;
```

```
321        struct {
322            __le32  m_i_reserved1;
323        } masix1;
324    } osd1;                        // 與作業系統相關的內容1
325    __le32    i_block[EXT2_N_BLOCKS];
326    // 資料區塊位置指標，用於記錄資料的位置
327    __le32    i_generation;
328    __le32    i_file_acl;          // ACL資料的位置
329    __le32    i_dir_acl;           // 目錄ACL資料的位置
330    __le32    i_faddr;             // 碎片位址
331    union {
332        struct {
333            __u8    l_i_frag;      // 碎片編號
334            __u8    l_i_fsize;     // 碎片大小
335            __u16   i_pad1;
336            __le16  l_i_uid_high;
337            __le16  l_i_gid_high;
338            __u32   l_i_reserved2;
339        } linux2;
340        struct {
341            __u8    h_i_frag;      // 碎片編號
342            __u8    h_i_fsize;     // 碎片大小
343            __le16  h_i_mode_high;
344            __le16  h_i_uid_high;
345            __le16  h_i_gid_high;
346            __le32  h_i_author;
347        } hurd2;
348        struct {
349            __u8    m_i_frag;      // 碎片編號
350            __u8    m_i_fsize;     // 碎片大小
351            __u16   m_pad1;
352            __u32   m_i_reserved2[2];
353        } masix2;
354    } osd2;                        // 與作業系統相關的內容2
355 };
```

inode 表以列表的形式緊接在 inode 位元映射之後,每一項就是一個 inode 節點。在 Ext2 檔案系統中,inode 的預設大小是 128 位元組。另外,可以在格式化檔案系統時透過選項指定 inode 的大小,因此 inode 表所占的空間並非固定的。

為了更加直觀地理解 inode 位元映射與 inode 表及兩者之間的關係,我們透過分析磁碟空間的資料進行實際解析。在根目錄下建立五個檔案,如圖 4-7 所示。

```
root@sunnyzhang:/tmp/ext2# tree /tmp/ext2/
/tmp/ext2/
├── f1.txt
├── f2.txt
├── f3.txt
├── f4.txt
├── f5.txt
└── lost+found

1 directory, 5 files
```

▲ 圖 4-7 在根目錄下建立五個檔案

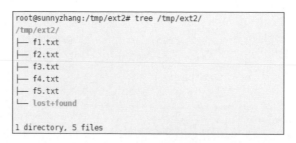

被使用的 inode 位元映射

```
root@sunnyzhang-VirtualBox:~/test# hexdump -n 1024 -s 266240 ext2_1kb.bin  -v
0041000 ffff 0000 0000 0000 0000 0000 0000 0000
0041010 0000 0000 0000 0000 0000 0000 0000 0000
0041020 0000 0000 0000 0000 0000 0000 0000 0000
0041030 0000 0000 0000 0000 0000 0000 0000 0000
0041040 0000 0000 0000 0000 0000 0000 0000 0000
0041050 0000 0000 0000 0000 0000 0000 0000 0000
0041060 0000 0000 0000 0000 0000 0000 0000 0000
0041070 0000 0000 0000 0000 0000 0000 0000 0000
0041080 0000 0000 0000 0000 0000 0000 0000 0000
0041090 0000 0000 0000 0000 0000 0000 0000 0000
00410a0 0000 0000 0000 0000 0000 0000 0000 0000
00410b0 0000 0000 0000 0000 0000 0000 0000 0000
00410c0 0000 0000 0000 0000 0000 0000 0000 0000
00410d0 0000 0000 0000 0000 0000 0000 0000 0000
00410e0 0000 0000 0000 0000 0000 0000 0000 0000
00410f0 0000 0000 0000 ff00 ffff ffff ffff ffff
0041100 ffff ffff ffff ffff ffff ffff ffff ffff
0041110 ffff ffff ffff ffff ffff ffff ffff ffff
```

本實例每個區塊群組中 inode 的,數量為 1976,共需消耗 247 位元組,因此該邏輯區塊的剩餘部分也被置位,表示不可用

▲ 圖 4-8 inode 位元映射的資訊

由於建立的檔案數量很少，因此資料都在第一個區塊群組中，也就是區塊群組 0。關於 inode 位元映射和 inode 表的位置可以透過區塊群組 0 的描述符號獲得。首先看一下 inode 位元映射的資訊，如圖 4-8 所示。

透過圖 4-8 可以看出，Ext2 檔案系統共有 16 個 inode 被分配。這時可能會感覺有些奇怪，明明建立了五個檔案，為什麼是 16 個 inode 被分配呢？

這是因為 Ext2 檔案系統保留了前 11 個 inode 作為內部使用。特別是 inode ID 為 2 的 inode 是用來作為根目錄的。因此，如果查看建立的檔案，則 inode ID 是從 12 開始的，如圖 4-9 所示。

```
root@sunnyzhang-VirtualBox:~/test# ls -alhi /mnt/ext2/
total 22K
     2 drwxr-xr-x 3 root root 1.0K 9月   5 20:58 .
262145 drwxr-xr-x 3 root root 4.0K 9月   5 20:56 ..
    12 -rw-r--r-- 1 root root    7 9月   5 20:57 f1.txt
    13 -rw-r--r-- 1 root root    7 9月   5 20:57 f2.txt
    14 -rw-r--r-- 1 root root    7 9月   5 20:57 f3.txt
    15 -rw-r--r-- 1 root root    7 9月   5 20:57 f4.txt
    16 -rw-r--r-- 1 root root    7 9月   5 20:58 f5.txt
    11 drwx------ 2 root root  12K 9月   4 21:31 lost+found
```

▲ 圖 4-9 檔案與 inode ID 的對應關係

然後返回 inode 表，inode 表的位置資訊在區塊群組描述符號中有記錄。由於每個 inode 的大小固定，我們可以根據 inode ID 很容易找到 inode 的資料。以 f1.txt 檔案為例，inode ID 為 12，於是我們可以找到該區域的資料。

透過 inode 結構的定義和圖 4-10 中的資料，我們可以確定獲取的資料正是該 inode 的資料。以檔案 f1.txt（inode ID 為 12）為例，其存取模式是 rw-r--r--，轉換成數字為 0644。而對應 inode 中 i_mode 成員的值為 0100644（0x81a4），可以看出後半部分與存取模式是匹配的。前半部分不一致是因為 i_mode 成員不僅用於存取模式，還用於標識檔案類型。這裡 f1.txt 是普通檔案，因此對應的值是 0100000（請參考巨集定義 S_IFREG），兩者進行或運算得到 0100644（0x81a4）。

```
0041900 41c0 0000 3000 0000 8b2c 5f53 41cf 5f52
0041910 41cf 5f52 0000 0000 0000 0002 0018 0000
0041920 0000 0000 0000 0000 01fd 0000 01fe 0000
0041930 01ff 0000 0200 0000 0201 0000 0202 0000
0041940 0203 0000 0204 0000 0205 0000 0206 0000
0041950 0207 0000 0208 0000 0000 0000 0000 0000
0041960 0000 0000 0000 0000 0000 0000 0000 0000
0041970 0000 0000 0000 0000 0000 0000 0000 0000
0041980 81a4 0000 0007 0000 8b3e 5f53 8b3e 5f53     ┐
0041990 8b3e 5f53 0000 0000 0001 0002 0000          │
00419a0 0000 0000 0001 0000 0401 0000 0000 0000     │
00419b0 0000 0000 0000 0000 0000 0000 0000 0000     ├ 12
00419c0 0000 0000 0000 0000 0000 0000 0000 0000     │
00419d0 0000 0000 0000 0000 0000 0000 0000 0000     │
00419e0 0000 0000 882c bf8d 0000 0000 0000 0000     │
00419f0 0000 0000 0000 0000 0000 0000 0000 0000     ┘
0041a00 81a4 0000 0007 0000 8b45 5f53 8b45 5f53     ┐
0041a10 8b45 5f53 0000 0000 0001 0002 0000          │
0041a20 0000 0000 0001 0000 0402 0000 0000 0000     │
0041a30 0000 0000 0000 0000 0000 0000 0000 0000     ├ 13
0041a40 0000 0000 0000 0000 0000 0000 0000 0000     │
0041a50 0000 0000 0000 0000 0000 0000 0000 0000     │
0041a60 0000 0000 8689 41c0 0000 0000 0000 0000     │
0041a70 0000 0000 0000 0000 0000 0000 0000 0000     ┘
0041a80 81a4 0000 0007 0000 8b4c 5f53 8b4c 5f53
0041a90 8b4c 5f53 0000 0000 0001 0002 0000
0041aa0 0000 0000 0001 0000 0403 0000 0000 0000
0041ab0 0000 0000 0000 0000 0000 0000 0000 0000
0041ac0 0000 0000 0000 0000 0000 0000 0000 0000
0041ad0 0000 0000 0000 0000 0000 0000 0000 0000
0041ae0 0000 0000 20cf e575 0000 0000 0000 0000
0041af0 0000 0000 0000 0000 0000 0000 0000 0000
0041b00 81a4 0000 0007 0000 8b53 5f53 8b53 5f53
0041b10 8b53 5f53 0000 0000 0000 0001 0002 0000
```

▲ 圖 4-10 inode 表的磁碟資料

▶ 4.3 Ext2 檔案系統的根目錄與目錄資料布局

Linux 中的檔案系統採用的是層級目錄樹結構,因此任何檔案必須要位於某個目錄中。Linux 中的每個檔案系統都要有一個根目錄,這樣才能基於該根目錄來建立檔案和子目錄。當檔案系統的根目錄掛載到 Linux 檔案系統目錄樹時,該根目錄就變成了目錄樹中的一個子目錄。

目錄本質上也是一個檔案,只不過其儲存的資料是一個特定的、格式化的資料。而不像檔案那樣是一些檔案系統不感知的位元組流。那麼這種格式化資料是什麼樣的呢?我們看一看 Ext2 檔案系統目錄項的資料結構,如程式 4-4 所示。

▼ 程式 4-4 Ext2 檔案系統目錄項的資料結構

```
fs/ext2/ext2.h

598    struct ext2_dir_entry_2 {
599        __le32      inode;           // inode ID
600        __le16      rec_len;         // 目錄項的長度
601        __u8        name_len;        // 名稱長度
602        __u8        file_type;
603        char        name[];          // 檔案名稱
604    };
```

上述資料結構有多個成員,最主要的成員是 inode 和 name,name 就是普通使用者看到的檔案名稱,而 inode 則是該檔案的 inode ID。另外,rec_len 和 name_len 是輔助我們實現目錄項遍歷和管理的。在本實例中,目錄項在目錄中的組織如圖 4-11 所示(這裡省略了部分內容)。

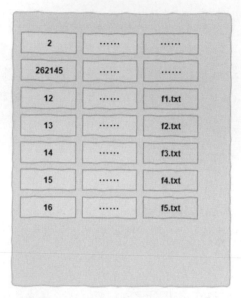

▲ 圖 4-11 目錄項在目錄中的組織

可以看出,目錄中的目錄項主要建立了檔案名稱與 inode ID 的一一對
應關係。這樣,當使用者透過檔案名稱存取某個檔案時,檔案系統就可
以根據檔案名稱找到對應的 inode ID。由於 inode 在 inode 表中依次排
列,因此也就可以根據 inode ID 找到對應的 inode,從而進行檔案存
取。

為了更加深刻地理解目錄內容與資料結構的關係,我們可以對磁碟上的
資料進行分析。由於建立的檔案位於根目錄中,因此我們需要分析根目
錄的內容。具體方法是先找到根目錄的 inode,然後根據 inode 中記錄
的資料位置資訊找到該目錄的資料。

透過前文我們已經知道根目錄的 inode ID 是 2,因此可以很容易地根據
該 inode ID 從 inode 表中找到對應 inode 的內容。由於 inode 表的起
始位置是第 260 個邏輯區塊,也就是在 267,264(260×1024)位元組

偏移的位置，使用 hexdump 命令可以獲取 inode 表前幾個 inode 的資料，如圖 4-12 所示。

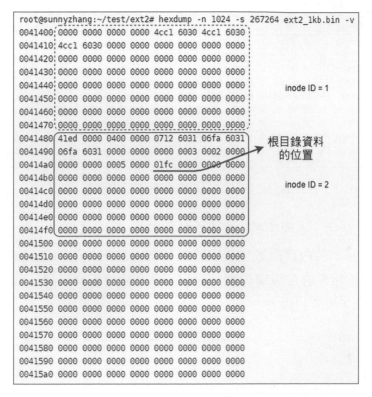

▲ 圖 4-12　Ext2 根目錄的 inode 內容

對照磁碟上的資料與 ext2_inode（見程式 4-3），我們可以找到該目錄資料的儲存位置。圖 4-12 中的 01fc 就是儲存目錄資料的位置，它是以檔案系統邏輯區塊為單位的。我們根據該偏移可以輸出目錄資料，如圖 4-13 所示。

再次結合磁碟資料和目錄項（見程式 4-4）的定義，我們可以知道每一項的相關內容。其中，f1.txt 與 f2.txt 對應的目錄項的資料如圖 4-13 所示。

```
root@sunnyzhang:~/test/ext2# hexdump -n 1024 -s 520192 ext2_1kb.bin -v -C
0007f000  02 00 00 00 0c 00 01 02  2e 00 00 00 02 00 00 00  |................|
0007f010  0c 00 02 02 2e 2e 00 00  0b 00 00 00 14 00 0a 02  |................|
0007f020  6c 6f 73 74 2b 66 6f 75  6e 64 00 00 0c 00 00 00  |lost+found......|
0007f030  10 00 06 01 66 31 2e 74  78 74 00 00 0d 00 00 00  |....f1.txt......|
0007f040  10 00 06 01 66 32 2e 74  78 74 00 00 0e 00 00 00  |....f2.txt......|
0007f050  10 00 06 01 66 33 2e 74  78 74 00 00 0f 00 00 00  |....f3.txt......|
0007f060  10 00 06 01 66 34 2e 74  78 74 00 00 10 00 00 00  |....f4.txt......|
0007f070  94 03 06 01 66 35 2e 74  78 74 00 00 00 00 00 00  |....f5.txt......|
0007f080  00 00 00 00 00 00 00 00  00 00 00 00 00 00 00 00  |................|
0007f090  00 00 00 00 00 00 00 00  00 00 00 00 00 00 00 00  |................|
0007f0a0  00 00 00 00 00 00 00 00  00 00 00 00 00 00 00 00  |................|
0007f0b0  00 00 00 00 00 00 00 00  00 00 00 00 00 00 00 00  |................|
0007f0c0  00 00 00 00 00 00 00 00  00 00 00 00 00 00 00 00  |................|
0007f0d0  00 00 00 00 00 00 00 00  00 00 00 00 00 00 00 00  |................|
```

▲ 圖 4-13 Ext2 檔案系統目錄資料

如圖 4-13 所示，不同粗細和類型的線段表示一個目錄項。透過分析上面
資料可以看出其內容與實例中目錄內容是一致的。以 f1.txt 檔案為例，
該檔案對應相應的目錄項內容，對照上面介紹的資料結構，我們可以得
到如圖 4-14 所示的內容。

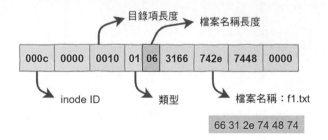

▲ 圖 4-14 目錄項在磁碟中的資料

這裡需要注意的是位元組的對齊方式。以檔案名稱為例，可以看出上述
磁碟資料的順序與檔案名稱並不一致，這與磁碟資料及記憶體資料的大
小端對齊相關。

綜上所述,目錄項的本質是建立檔案名稱與 inode ID 的連結關係。當透過檔案名稱存取檔案時,其實本質上是找到檔案對應的 inode ID。然後根據 inode ID 找到 inode,之後就可以存取該檔案的資料了。

▶ 4.4 Ext2 檔案系統的掛載

對於 Linux 來説,在使用檔案系統之前先要掛載檔案系統。3.1.2.3 節已經比較詳細地介紹了檔案系統的掛載流程。對於 Ext2 檔案系統來説,在掛載的流程中主要呼叫了 ext2_mount() 函數,該函數主要從磁碟讀取超級區塊的資訊,完成超級區塊和根目錄的初始化,最終返回一個 dentry 指標,如程式 4-5 所示。

▼ 程式 4-5 Ext2 檔案系統 ext2_mount() 函數

fs/ext2/super.c

```
1472   static struct dentry *ext2_mount(struct file_system_type *fs_type,
1473       int flags, const char *dev_name, void *data)
1474   {
1475       return mount_bdev(fs_type, flags, dev_name, data, ext2_fill_
       super);
1476   }
```

從程式 4-5 可以看出,ext2_mount() 函數主要呼叫 mount_bdev 來完成工作,這裡主要傳入了區塊裝置名稱和函數指標 ext2_fill_super。超級區塊結構的填充主要在 ext2_file_super 函數指標完成,該函數指標會從區塊裝置讀取超級區塊的資料,並且填充到 ext2_sb_info 結構中,最終完成 ext2_sb_info 和 super_block 結構的初始化。

除了完成超級區塊相關結構的初始化，ext2_fill_super 函數指標還有一個重要的工作是從磁碟讀取根目錄的 inode 資訊，然後完成 inode 和 dentry 的初始化及連結。而這裡的 dentry 則是在 VFS 掛載流程中必不可少的內容。

我們知道 inode 初始化時會完成操作函數指標的初始化。在掛載時 Ext2 檔案系統完成了自己的根目錄 inode 的初始化，這樣在後續透過該 inode 存取資料時也就是使用了 Ext2 檔案系統的函數來存取。

▶ 4.5 如何建立一個檔案

透過前文我們知道在 Linux 中檔案是由 inode 標識的，每個檔案在磁碟上都有一個 inode 節點。對於 Ext2 檔案系統來說，通常這些 inode 節點會被相對集中地放在一個區域，這個區域叫作 inode 表，如圖 4-15 所示。

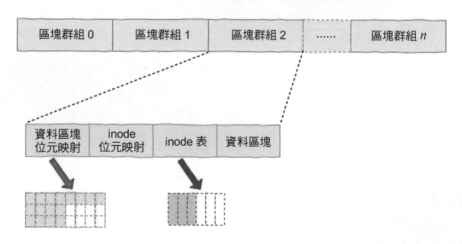

▲ 圖 4-15　inode 位元映射與 inode 表的關係

同時，透過前文我們了解了 Ext2 檔案系統的目錄是如何組織資料的，並且了解了目錄與檔案及檔案資料的組織關係。如果簡單地概括一下，則建立檔案應該包含以下幾個步驟。

（1）從 inode 表中申請一個 inode。
（2）在目錄中建立一個目錄項。
（3）申請磁碟空間儲存資料（如果存在寫資料）。

本節將介紹 Ext2 檔案系統建立一個檔案的流程及關鍵程式。在整個流程中將涉及如何更改目錄資料和申請 inode 等內容。

4.5.1 建立普通檔案

建立檔案的操作通常由使用者態發起，透過虛擬檔案系統中的 vfs_create() 函式呼叫檔案系統的 create() 函數完成具體工作。對於 Ext2 檔案系統，呼叫的介面是 ext2_create() 函數，該函數的原始程式碼如程式 4-6 所示。

▼ 程式 4-6　Ext2 檔案系統建立檔案的介面

```
fs/ext2/namei.c
95   static int ext2_create (struct inode * dir, struct dentry *
     dentry, umode_t mode, bool excl)
96   {
97       struct inode *inode;
98       int err;
99
100      err = dquot_initialize(dir);
101      if (err)
102          return err;
103
```

```
104        inode = ext2_new_inode(dir, mode, &dentry->d_name);// 分配一個
新的inode
105        if (IS_ERR(inode))
106            return PTR_ERR(inode);
107
108        ext2_set_file_ops(inode);        // 為inode設置操作檔案的函數指標
109        mark_inode_dirty(inode);
110        return ext2_add_nondir(dentry, inode);  // 在目錄中添加一項內容
111    }
```

我們將上述函數簡化為如圖 4-16 所示的流程圖。透過該流程圖可以比
較清晰地看到建立檔案的主要流程，分別是建立 inode、設置函數指標
和向目錄中添加目錄項。接下來詳細介紹每個函數的實現。

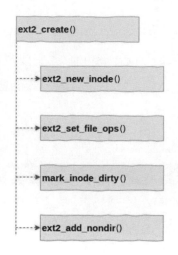

▲ 圖 4-16　建立檔案的流程圖

ext2_new_inode() 函數用於建立記憶體中的 inode 節點。根據 Ext2 檔
案系統的 inode 位元映射尋找可以使用的 inode 記錄，然後填充 ext2_
inode_info 結構。最後完成 inode 節點基本的初始化工作。需要注意的

是，ext2_new_inode() 函數返回的 inode 的資料結構（第 104 行）為 struct inode，並非前文磁碟資料結構 ext2_inode。struct inode 是記憶體中表示檔案 inode 的資料結構，是 VFS 中一個通用的資料結構。

與 inode 相關的資料結構涉及三個，如圖 4-17 所示（只展示部分成員）。其中，inode 是 VFS 記憶體中的資料結構，提供一個抽象的檔案節點。ext2_inode_info 是 Ext2 檔案系統檔案 inode 在記憶體中的資料結構。ext2_inode 是 Ext2 檔案系統在磁碟上的資料結構。

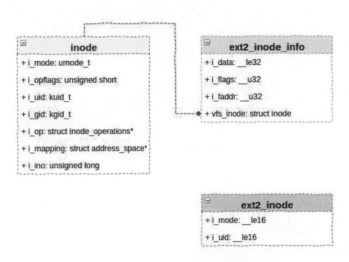

▲ 圖 4-17 與 inode 相關的資料結構

磁碟資料結構 ext2_inode 只用於磁碟讀/寫的場景。當從磁碟讀取資料時，會先將磁碟資料讀到該資料結構，然後將其中的資料給予值給 ext2_inode_info 的成員。對於 Ext2 檔案系統來説，這個給予值操作在 ext2_iget() 函數中完成。當向磁碟寫資料時，涉及反向給予值的操作，也就是將 ext2_inode_info 中的資料給予值給 ext2_inode 的成員，這需要在 __ext2_write_inode() 函數中實現。

這回 ext2_new_inode() 函數的流程。首先分配記憶體資料結構；其次根據位元映射尋找可以使用的 inode 記錄，並且標記為已使用狀態；最後根據分配的 inode 記錄來初始化記憶體資料結構。

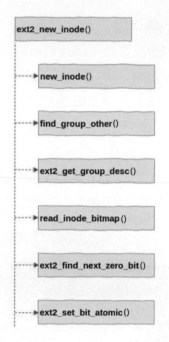

▲ 圖 4-18　ext2_new_inode() 函數的流程圖

ext2_new_inode() 函數的流程圖如圖 4-18 所示。在該流程圖中，new_inode() 函數是 VFS 中的函數，其返回一個 inode 指標。對於 Ext2 檔案系統來説，該函數實質上是呼叫 ext2_alloc_inode() 函數分配記憶體的，大家可以閱讀一下該函數的實現程式。上述返回的 inode 指標本質上是 ext2_inode_info 結構的記憶體。返回 inode 位址實際上是一種實現抽象的方法，類似 C＋＋ 中父類別的概念。可以很容易地根據 inode 指標反向獲取 ext2_inode_info 的指標，其他檔案系統類似。Ext2 檔案系統中的具體實現如程式 4-7 所示。

▼ 程式 4-7 EXT2_I() 函數

```
fs/ext2/ext2.h
714  static inline struct ext2_inode_info *EXT2_I(struct inode *inode)
715  {
716      return container_of(inode, struct ext2_inode_info, vfs_inode);
717  }
```

接下來的幾個函數主要從磁碟讀取 inode 的位元映射資訊，確定可用 inode 的過程。最終，會從 inode 表中選擇一個可用 inode，並將位元映射置位。然後是對 inode 和 ext2_inode_info 成員初始化的過程。

ext2_set_file_ops() 函數用於設置 Ext2 檔案系統檔案操作相關的函數指標，不同類型的檔案，函數指標略有不同。比如，目錄檔案與常規檔案的函數指標是不同的。這部分邏輯比較簡單，大家可以自行閱讀程式。

ext2_add_nondir() 函 數 用 於 在 目 錄 資 料 中 添 加 目 錄 項，ext2_add_nondir() 函數的流程圖如圖 4-19 所示。前文已經介紹過目錄資料的儲存格式，大家可以參考一下。目錄項的具體尋找和添加工作是透過呼叫 ext2_add_link() 函數完成的。d_instantiate_new() 函數用於建立 dentry 與 inode 的連結，並更新 inode 的狀態。

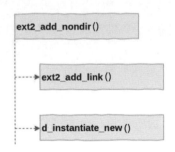

▲ 圖 4-19 ext2_add_nondir() 函數的流程圖

至此,就在 Ext2 檔案系統中成功建立了檔案。由於 Ext2 檔案系統不支援日誌和事務,建立檔案的整體流程還是比較簡單的,更多細節大家可以自行閱讀程式。

4.5.2 建立軟硬連結

前文已經介紹了關於連結的概念,本節以 Ext2 檔案系統為例看一下軟(符號)連結和硬連結具體是怎麼實現的。

如圖 4-20 所示,我們在測試目錄中建立了 f3.txt 檔案的兩個連結,分別是硬連結 f3_pl.txt 和軟連結 f3_sl.txt。圖中第一列是檔案的 inode,從 inode ID 我們可以看出硬連結 f3_pl.txt 和原始檔案 f3.txt 的 inode ID 是一樣的,而軟連結 f3_sl.txt 的 inode ID 是一個新的 ID。

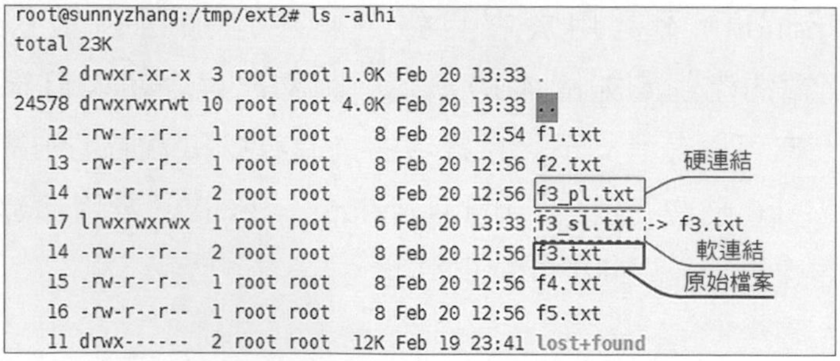

```
root@sunnyzhang:/tmp/ext2# ls -alhi
total 23K
    2 drwxr-xr-x  3 root root 1.0K Feb 20 13:33 .
24578 drwxrwxrwt 10 root root 4.0K Feb 20 13:33 ..
   12 -rw-r--r--  1 root root    8 Feb 20 12:54 f1.txt
   13 -rw-r--r--  1 root root    8 Feb 20 12:56 f2.txt          硬連結
   14 -rw-r--r--  2 root root    8 Feb 20 12:56 f3_pl.txt
   17 lrwxrwxrwx  1 root root    6 Feb 20 13:33 f3_sl.txt -> f3.txt
   14 -rw-r--r--  2 root root    8 Feb 20 12:56 f3.txt          軟連結
   15 -rw-r--r--  1 root root    8 Feb 20 12:56 f4.txt          原始檔案
   16 -rw-r--r--  1 root root    8 Feb 20 12:56 f5.txt
   11 drwx------  2 root root  12K Feb 19 23:41 lost+found
```

▲ 圖 4-20 檔案的軟連結與硬連結

由此可知,硬連結其實就是在目錄中添加了一個目錄項,但並沒有建立新的 inode。而軟連結則是新建了一個 inode,也就是新檔案。也就是說,軟連結是透過新檔案指向目的檔案的,那麼它們具體是怎麼實現的呢?

首先來看一下硬連結在磁碟上的資料。從圖 4-21 中獲取的目錄中的資料,細實線的內容為硬連結的內容,對比可以發現其 inode ID 與 f3.txt

檔案的 inode ID 相同，也就是指向同一個 inode。相同的 inode，其中的內容是完全一致的。

```
root@sunnyzhang:~/test/ext2# hexdump -n 1024 -s 520192 ext2_1kb.bin -v -C
0007f000  02 00 00 00 0c 00 01 02  2e 00 00 00 02 00 00 00  |................|
0007f010  0c 00 02 02 2e 2e 00 00  0b 00 00 00 14 00 0a 02  |................|
0007f020  6c 6f 73 74 2b 66 6f 75  6e 64 00 00 0c 00 00 00  |lost+found......|
0007f030  10 00 06 01 66 31 2e 74  78 74 00 00 0d 00 00 00  |....f1.txt......|
0007f040  10 00 06 01 66 32 2e 74  78 74 00 00 0e 00 00 00  |....f2.txt......|
0007f050  10 00 06 01 66 33 2e 74  78 74 00 00 0f 00 00 00  |....f3.txt......|
0007f060  10 00 06 01 66 34 2e 74  78 74 00 00 10 00 00 00  |....f4.txt......|
0007f070  10 00 06 01 66 35 2e 74  78 74 00 00 11 00 00 00  |....f5.txt......|
0007f080  14 00 09 07 66 33 5f 73  6c 2e 74 78 74 00 00 00  |....f3_sl.txt...|
0007f090  0e 00 00 00 70 03 09 01  66 33 5f 70 6c 2e 74 78  |....p...f3_pl.tx|
0007f0a0  74 00 00 00 00 00 00 00  00 00 00 00 00 00 00 00  |t...............|
0007f0b0  00 00 00 00 00 00 00 00  00 00 00 00 00 00 00 00  |................|
0007f0c0  00 00 00 00 00 00 00 00  00 00 00 00 00 00 00 00  |................|
0007f0d0  00 00 00 00 00 00 00 00  00 00 00 00 00 00 00 00  |................|
```

▲ 圖 4-21 目錄資料內容實例

然後看一下軟連結在磁碟上的資料。圖 4-21 中虛線部分的內容是軟連結 inode 的內容。對比可以發現軟連結的 inode ID 為 0x11，也就是 17，與使用 ls 命令獲得的內容一致。也就是說，軟連結是另一個 inode。那麼兩者是如何連結的呢？

我們可以透過軟連結 inode 的內容一探究竟。是否可以透過 vim 命令或 cat 命令來查看內容呢？顯然不行，透過命令查看的內容自然是 f3.txt 檔案的內容。我們可以透過直接查看磁碟內容的方式來看一看軟連結 inode 中儲存的資料。

根據軟連結的 inode ID 可以從 inode 表中獲取該 inode 的內容。本實例的 inode ID 是 17，因此可以計算出其偏移為 269312 位元組。如圖 4-22 所示，可以看出在該 inode 中保存目的檔案的名稱。由於在建立軟連結時使用的是相對路徑（ln -s f3.txt f3_sl.txt），因此這裡保存的是檔案名稱。

```
root@sunnyzhang:~/test/ext2# hexdump -n 1024 -s 269312 ext2_1kb.bin -v -C
00041c00  ff a1 00 00 06 00 00 00  cb a1 35 60 aa 0f 31 60  |..........5`..1`|
00041c10  aa 0f 31 60 00 00 00 00  00 00 01 00 00 00 00 00  |..1`............|
00041c20  00 00 00 00 01 00 00 00  66 33 2e 74 78 74 00 00  |........f3.txt..|
00041c30  00 00 00 00 00 00 00 00  00 00 00 00 00 00 00 00  |................|
00041c40  00 00 00 00 00 00 00 00  00 00 00 00 00 00 00 00  |................|
00041c50  00 00 00 00 00 00 00 00  00 00 00 00 00 00 00 00  |................|
00041c60  00 00 00 00 fb 4b d2 19  00 00 00 00 00 00 00 00  |.....K..........|
00041c70  00 00 00 00 00 00 00 00  00 00 00 00 00 00 00 00  |................|
00041c80  00 00 00 00 00 00 00 00  00 00 00 00 00 00 00 00  |................|
```

▲ 圖 4-22 基於相對路徑軟連結的內容

如果使用絕對路徑建立軟連結（ln -s /tmp/ext2/f3.txt f3_sl.txt），則會得到如圖 4-23 所示的內容。

```
root@sunnyzhang:~/test/ext2# hexdump -n 128 -s 269312 ext2_1kb.bin -v -C
00041c00  ff a1 00 00 10 00 00 00  3c a4 35 60 35 a4 35 60  |........<.5`5.5`|
00041c10  35 a4 35 60 00 00 00 00  00 00 01 00 00 00 00 00  |5.5`............|
00041c20  00 00 00 00 01 00 00 00  2f 74 6d 70 2f 65 78 74  |......../tmp/ext|
00041c30  32 2f 66 33 2e 74 78 74  00 00 00 00 00 00 00 00  |2/f3.txt........|
00041c40  00 00 00 00 00 00 00 00  00 00 00 00 00 00 00 00  |................|
00041c50  00 00 00 00 00 00 00 00  00 00 00 00 00 00 00 00  |................|
00041c60  00 00 00 00 bf 1d 89 61  00 00 00 00 00 00 00 00  |.......a........|
00041c70  00 00 00 00 00 00 00 00  00 00 00 00 00 00 00 00  |................|
```

▲ 圖 4-23 基於絕對路徑軟連結的內容

我們知道 inode 預設大小是 128 位元組。試想一下，如果路徑的長度很長，則此時這裡的內容會是什麼？請大家思考一下。如果不確定，則可以自行進行實驗，本節不再贅述。

1. 硬連結的建立流程

了解了軟連結和硬連結的資料組織，接下來看一下實現程式。硬連結的建立在經過虛擬檔案系統後會呼叫 ext2_link() 函數（見程式 4-8）來完成。硬連結與原始檔案共用 inode，因此硬連結其實就是在目錄資料中添加了一個與原始檔案一致的目錄項，只是檔案名稱不同而已。

▼ 程式 4-8 Ext2 檔案系統建立連結主函數

```
fs/ext2/namei.c
196   static int ext2_link (struct dentry * old_dentry, struct inode * dir,
197       struct dentry *dentry)
198   {
199       struct inode *inode = d_inode(old_dentry);   // 找到原始檔案的
      inode
200       int err;
201
202       err = dquot_initialize(dir);
203       if (err)
204           return err;
205
206       inode->i_ctime = current_time(inode);
207       inode_inc_link_count(inode);
208       ihold(inode);
209
210       err = ext2_add_link(dentry, inode); // 向目錄中添加一個目錄項，
      名稱為連結名稱
211       if (!err){
212           d_instantiate(dentry, inode);   // 建立dentry與inode的連結
213           return 0;
214       }
215       inode_dec_link_count(inode);
216       iput(inode);
217       return err;
218   }
```

在 ext2_link() 函數中主要呼叫了 ext2_add_link() 函數，該函數完成目錄
項的添加工作，前文建立檔案時也是呼叫該函數完成的相關功能。由此
可以看出建立硬連結與建立檔案的相同之處。

2. 軟連結的建立流程

由前文可知，軟連結要建立新的 inode，並且在 inode 中填充原始檔案路徑相關資料（注意：這裡説的是相關資料，並非一定是檔案路徑內容）。根據這個思路，看一下其核心的程式，如程式 4-9 所示。

▼ 程式 4-9 Ext2 檔案系統建立軟連結主函數

```
fs/ext2/namei.c
146    static int ext2_symlink (struct inode * dir, struct dentry * dentry,
147        const char * symname)
148    {
149        struct super_block * sb = dir->i_sb;
150        int err = -ENAMETOOLONG;
151        unsigned l = strlen(symname)+1;   // 原始檔案路徑長度
152        struct inode * inode;
153
154        if (l > sb->s_blocksize)
155            goto out;
156
157        err = dquot_initialize(dir);
158        if (err)
159            goto out;
160        // 建立一個新的inode
161        inode = ext2_new_inode (dir, S_IFLNK | S_IRWXUGO, &dentry->
       d_name);
162        err = PTR_ERR(inode);
163        if (IS_ERR(inode))
164            goto out;
165        // 下面進行inode的初始化工作
166        if (l > sizeof (EXT2_I(inode)->i_data)) {   // 原始檔案路徑長度
       比較大的場景
167
168            inode->i_op = &ext2_symlink_inode_operations;   // 軟連結特
       殊的操作函數
169            inode_nohighmem(inode);
```

```
170        if (test_opt(inode->i_sb, NOBH))
171            inode->i_mapping->a_ops = &ext2_nobh_aops;
172        else
173            inode->i_mapping->a_ops = &ext2_aops;
174        err = page_symlink(inode, symname, l);//分配磁碟空間，寫資料
175        if (err)
176            goto out_fail;
177    } else {          // inode內可以容納的場景
178
179        inode->i_op = &ext2_fast_symlink_inode_operations;
180        inode->i_link = (char*)EXT2_I(inode)->i_data;
181        memcpy(inode->i_link, symname, l);   // 直接儲存在inode中
182        inode->i_size = l-1;
183    }
184    mark_inode_dirty(inode);
185
186    err = ext2_add_nondir(dentry, inode);   // 在目錄中添加目錄項
187 out:
188    return err;
189
190 out_fail:
191    inode_dec_link_count(inode);
192    discard_new_inode(inode);
193    goto out;
194 }
```

整體流程與建立檔案差異不大，關鍵差異在於需要根據原始檔案路徑長度判斷資料的儲存位置。如果 i_data 陣列（60 位元組）可以儲存原始路徑，則透過該陣列儲存；否則需要從資料區分配新的儲存空間進行儲存。

4.5.3 建立目錄

建立目錄由 ext2_mkdir() 函數完成。整體流程與建立檔案差異不大，因此本節就不再重複介紹了。

▶ 4.6 Ext2 檔案系統刪除檔案的流程

前文已經介紹過建立檔案的流程，刪除檔案是建立檔案的逆過程。根據前文建立檔案的流程，我們應該能夠推測出刪除檔案的流程，主要包括以下幾個步驟。

（1）刪除目錄中的對應目錄項。

（2）釋放檔案使用的儲存空間。

（3）釋放該檔案對應的 inode。

在刪除檔案時先會呼叫 VFS 中的 vfs_unlink() 函數，該函式呼叫具體檔案系統的函數實現，如本實例中的 ext2_unlink() 函數。ext2_unlink() 函數的具體實現如程式 4-10 所示，首先對目錄內容進行查詢（第 279 行），確認是否存在想要刪除的檔案；如果查詢成功則返回一個目錄項資料結構，然後刪除該目錄項（第 286 行）。

▼ 程式 4-10 Ext2 檔案系統刪除檔案主函數

```
fs/ext2/namei.c
266    static int ext2_unlink(struct inode * dir, struct dentry *dentry)
267    {
268        struct inode * inode = d_inode(dentry);
269        struct ext2_dir_entry_2 * de;
270        struct page * page;
271        int err;
272
273        err = dquot_initialize(dir);
274        if (err)
275            goto out;
276
277        /* 根據想要刪除的檔案名稱，查詢目錄中是否有該檔案
278         * 如果存在則返回對應的目錄項 */
```

```
279        de = ext2_find_entry (dir, &dentry->d_name, &page);
280        if (!de){
281            err = -ENOENT;
282            goto out;
283        }
284
285        // 刪除查詢到的目錄項
286        err = ext2_delete_entry (de, page);
287        if (err)
288            goto out;
289
290        inode->i_ctime = dir->i_ctime;
291        inode_dec_link_count(inode);
292        err = 0;
293 out:
294        return err;
295 }
```

刪除目錄項是最關鍵的步驟，程式 4-11 是刪除目錄項的具體實現。透過 ext2_delete_entry() 函數程式可以看出，該函數首先尋找前一個目錄項，然後更新這個目錄項中的長度資訊。簡而言之，在 Ext2 檔案系統中刪除檔案，並不是直接將目錄項刪除，而是將該目錄項的空間合併到前一個目錄項中。

▼ 程式 4-11　從目錄中刪除目錄項

fs/ext2/dir.c

```
560 int ext2_delete_entry (struct ext2_dir_entry_2 * dir, struct page
    * page )
561 {
562     struct inode *inode = page->mapping->host;
563     char *kaddr = page_address(page);
564     unsigned from = ((char*)dir - kaddr) & ~(ext2_chunk_size
    (inode)-1);
```

```
565        unsigned to = ((char *)dir - kaddr) +
566                    ext2_rec_len_from_disk(dir->rec_len);
567        loff_t pos;
568        ext2_dirent * pde = NULL;
569        ext2_dirent * de = (ext2_dirent *)(kaddr + from);
570        int err;
571
572        // 查詢想要刪除目錄項的前一個目錄項
573        while ((char*)de < (char*)dir) {
574            if (de->rec_len == 0) {
575                ext2_error(inode->i_sb, __func__,
576                    "zero-length directory entry");
577                err = -EIO;
578                goto out;
579            }
580            pde = de;
581            de = ext2_next_entry(de);
582        }
583        if (pde)
584            from = (char*)pde - (char*)page_address(page);
585        pos = page_offset(page) + from;
586        lock_page(page);
587        err = ext2_prepare_chunk(page, pos, to - from);
588        BUG_ON(err);
589        // 更新前一個目錄項的長度
590        if (pde)
591            pde->rec_len = ext2_rec_len_to_disk(to - from);
592        dir->inode = 0;
593        err = ext2_commit_chunk(page, pos, to - from);
594        inode->i_ctime = inode->i_mtime = current_time(inode);
595        EXT2_I(inode)->i_flags &= ~EXT2_BTREE_FL;
596        mark_inode_dirty(inode);
597 out:
598        ext2_put_page(page);
599        return err;
600 }
```

目錄項的合併其實非常簡單，具體實現如程式 4-11 中第 591 行所示。這裡只需要更新一下前一個目錄項的 rec_len 即可，這樣想要刪除的目錄項就失效了（見圖 4-24，後續進行目錄項遍歷會跳過刪除的目錄項）。為了標識該目錄項失效，這裡同時將該目錄項中的 inode 的值更新為 0。這樣，我們透過該值就可以知道目錄項已經被刪除。

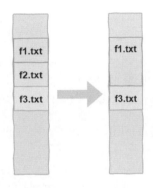

▲ 圖 4-24 目錄項刪除後目錄內容變化

細心的讀者可能會問，為什麼沒有看到釋放資料和釋放 inode 的程式邏輯？釋放資料和 inode 的邏輯確實不在這裡，而是在記憶體 inode 釋放時，程式 4-12 是 ext2_evict_inode() 函數的具體實現。

▼ 程式 4-12 ext2_evict_inode() 函數

```
fs/ext2/inode.c
73   void ext2_evict_inode(struct inode * inode)
74   {
75       struct ext2_block_alloc_info *rsv;
76       int want_delete = 0;
77       // 判斷是否要刪除該inode，如果i_nlink的值大於0（在有目錄引用的情況下）則不刪除
78       if (!inode->i_nlink && !is_bad_inode(inode)){
79           want_delete = 1;
```

```
80          dquot_initialize(inode);
81      } else {
82          dquot_drop(inode);
83      }
84
85      truncate_inode_pages_final(&inode->i_data);
86
87      if (want_delete) {
88          sb_start_intwrite(inode->i_sb);
89          // 更新刪除時間戳記
90          EXT2_I(inode)->i_dtime    = ktime_get_real_seconds();
91          mark_inode_dirty(inode);
92          __ext2_write_inode(inode, inode_needs_sync(inode));
93
94          inode->i_size = 0;
95          if (inode->i_blocks)
96              ext2_truncate_blocks(inode, 0);   // 釋放檔案占用的空間
97          ext2_xattr_delete_inode(inode);
98      }
99
100     invalidate_inode_buffers(inode);
101     clear_inode(inode);
102
103     ext2_discard_reservation(inode);
104     rsv = EXT2_I(inode)->i_block_alloc_info;
105     EXT2_I(inode)->i_block_alloc_info = NULL;
106     if (unlikely(rsv))
107         kfree(rsv);
108
109     if (want_delete) {   // 如果確實要刪除inode，則釋放該inode，位元
映射清零
110         ext2_free_inode(inode);
111         sb_end_intwrite(inode->i_sb);
112     }
113 }
```

在 ext2_evict_inode() 函數中，首先會判斷是否真的要刪除（釋放）inode，如果是則更新 inode 中繼資料，釋放檔案資料和擴展屬性等內容，然後呼叫 ext2_free_ inode() 函數釋放 inode。ext2_free_inode() 函數的作用就是根據 inode ID 找到對應的位元映射來清理對應位元的，此時表示 inode 表中的該 inode 已經被釋放。

至此，也就完成了刪除檔案的所有流程。刪除連結和刪除子目錄的方法與刪除檔案的方法類似，本節不再贅述。

▶ 4.7 Ext2 檔案系統中檔案的資料管理與寫資料流程

第三章已經介紹了常見的檔案資料的管理方法。Ext2 檔案系統使用了基於索引的檔案資料管理方式，被稱為間接區塊的方式。本節先對 Ext2 檔案系統間接區塊的管理方式進行簡介，再詳細介紹一些檔案寫資料的流程。

4.7.1 Ext2 檔案系統中的檔案資料是如何管理的

在 Linux 檔案系統中，檔案是透過 inode 來唯一標識的，而檔案資料的位置是透過 inode 中的成員記錄的。在 Ext2 檔案系統中，檔案資料的位置資訊儲存在 ext2_inode 的 i_block 成員變數中。該變數是一個 32 位元整數陣列，共有 15 個成員，前 12 個成員中的內容為檔案資料的物理位址，後三個成員儲存的內容指向磁碟資料區塊。資料區塊中儲存的資料並不是檔案的資料，而是位址資料。由於在這種情況下資料區塊儲存的並非是檔案資料,而是 inode 與檔案資料中間的資料,因此被稱為間接區塊(Indirect Block,簡稱 IB)。

透過上面的描述大家可能理解的還不夠清楚,我們結合圖 4-25 來看一下一個檔案的 inode 與間接區塊和磁碟資料的對應關係。透過圖 4-25 可以看出,陣列 i_block 中的 block0 ~ block11 中的位址對應的磁碟資料就是檔案的使用者資料。而 block12 中的位址對應的磁碟資料(1 級間接區塊)則是中繼資料,該磁碟資料中的位址指向的資料才是使用者資料。2 級和 3 級間接區塊與 1 級間接區塊類似,差異在於 2 級間接區塊需要經過兩級間接區塊才能找到使用者資料,而 3 級間接區塊則需要經過 3 級間接區塊才能找到使用者資料。

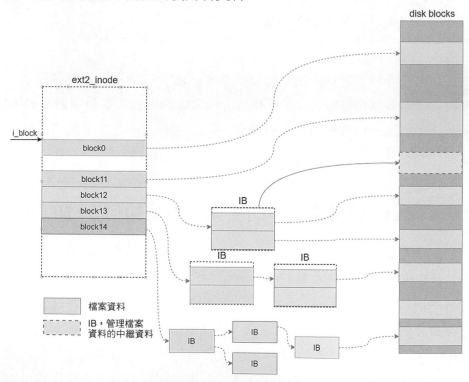

▲ 圖 4-25 檔案資料索引示意圖

對於小檔案來說，透過直接引用就可以完成資料的儲存和尋找。比如，在格式化時檔案邏輯區塊大小是 4KB，48KB（4K×12）以內的檔案都可以透過直接引用完成。但是，如果檔案大於 48KB，直接引用則無法容納所有的資料，48KB 以外的資料先要透過一級間接引用進行儲存。依此類推，當超過本級儲存空間的最大值時，要啟用下一級進行檔案資料的管理。

理解了 Ext2 檔案系統對檔案資料的管理方式之後，再閱讀讀 / 寫資料的相關程式就相對簡單了。由於 Ext2 檔案系統基於 VFS 的框架，因此在介紹 Ext2 檔案系統的寫流程之前，先介紹一下涉及 VFS 的相關內容。

4.7.2 從 VFS 到 Ext2 檔案系統的寫流程

前文已經介紹過快取的相關知識，在使用者介面與持久化儲存之間是有一個快取層的。由於該快取層的存在，因此寫資料操作就會存在多種場景。

（1）DAX 模式：資料不經過檔案系統快取，也不經過通用區塊 I/O 堆疊，直接透過驅動程式將資料寫入物理裝置。

（2）Direct I/O 模式：資料繞過檔案系統快取，但需要經過通用區塊 I/O 堆疊。

（3）Normal I/O（常規）模式：資料會先寫入快取。同時有兩種不同的處理方式：一種是直接寫入快取層後返回；另一種是寫入快取層並等待資料寫入持久化裝置後返回。

上述不同的場景可以透過圖 4-26 進行描述，該圖同時展示了上述三種場景。本節將針對上述場景詳細地分析一下 Linux 的 VFS 和 Ext2 檔案系統的具體處理流程。

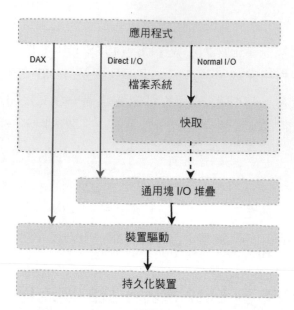

▲ 圖 4-26 Linux 檔案系統寫入資料的模式

首先,我們看一下 VFS 是如何呼叫 Ext2 檔案系統介面的。我們知道 VFS 透過具體檔案系統註冊的函數指標集來與具體檔案系統互動。Ext2 檔案系統的檔案操作函數指標集如程式 4-13 所示,這裡包含了 Ext2 檔案系統實現的可以對檔案進行的操作,包括對檔案內容的讀 / 寫、尋找和快取同步等。對 Ext2 檔案系統而言,VFS 對檔案的操作都會呼叫 Ext2 檔案系統的函數指標來完成。

▼ 程式 4-13 Ext2 檔案系統的檔案操作函數指標集

```
fs/ext2/file.c
181   const struct file_operations ext2_file_operations = {
182       .llseek          = generic_file_llseek,
183       .read_iter       = ext2_file_read_iter,
184       .write_iter      = ext2_file_write_iter,
185       .unlocked_ioctl  = ext2_ioctl,
```

```
186  #ifdef CONFIG_COMPAT
187      .compat_ioctl      = ext2_compat_ioctl,
188  #endif
189      .mmap              = ext2_file_mmap,
190      .open              = dquot_file_open,
191      .release           = ext2_release_file,
192      .fsync             = ext2_fsync,
193      .get_unmapped_area = thp_get_unmapped_area,
194      .splice_read       = generic_file_splice_read,
195      .splice_write      = iter_file_splice_write,
196  };
```

對於寫入操作，系統 API 會首先呼叫 VFS 的函數，然後經過 VFS 的一些處理後會呼叫具體檔案系統註冊的 API 函數。對 Ext2 檔案系統而言，VFS 會呼叫 Ext2 檔案系統的函數，也就是 ext2_file_write_iter() 函數。

然後，看一下 VFS 檔案系統寫入操作的程式實現，如程式 4-14 所示。從該程式中可以看出 vfs_write() 函數將呼叫具體檔案系統的寫資料的介面（第 575 行～第 578 行），這裡會根據具體檔案系統對函數指標的初始化情況而執行不同的流程，Ext2 檔案系統實現了 write_iter，而沒有實現 write，因此 Ext2 檔案系統會走第二個分支（第 578 行）。

▼ 程式 4-14 VFS 檔案系統寫資料介面

```
fs/read_write.c
558  ssize_t vfs_write(struct file *file, const char __user *buf,
     size_t count, loff_t *pos)
559  {
560      ssize_t ret;
561
562      if (!(file->f_mode & FMODE_WRITE))
563          return -EBADF;
564      if (!(file->f_mode & FMODE_CAN_WRITE))
```

```
565         return -EINVAL;
566     if (unlikely(!access_ok(buf, count)))
567         return -EFAULT;
568
569     ret = rw_verify_area(WRITE, file, pos, count);
570     if (ret)
571         return ret;
572     if (count > MAX_RW_COUNT)
573         count =  MAX_RW_COUNT;
574     file_start_write(file);
575     if (file->f_op->write)
576         ret = file->f_op->write(file, buf, count, pos); // 具體函
數指標
577     else if (file->f_op->write_iter)
578         ret = new_sync_write(file, buf, count, pos);
579     else
580         ret = -EINVAL;
581     if (ret > 0) {
582         fsnotify_modify(file);
583         add_wchar(current, ret);
584     }
585     inc_syscw(current);
586     file_end_write(file);
587     return ret;
588 }
```

透過上文描述，我們基本知道使用者態的介面呼叫是如何觸發 Ext2 檔案系統的函數的，也就是如何呼叫 Ext2 檔案系統中的 ext2_file_write_iter() 函數，該函數的具體實現如程式 4-15 所示。可以看出，ext2_file_write_iter() 函數可能會走不同的流程，包括 DAX 模式流程（第 176 行）和常規模式流程（第 178 行）。

▼ 程式 4-15　ext2_file_write_iter() 函數的具體實現

```
fs/ext2/file.c
172   static ssize_t ext2_file_write_iter(struct kiocb *iocb, struct
      iov_iter *from)
173   {
174   #ifdef CONFIG_FS_DAX
175       if (IS_DAX(iocb->ki_filp->f_mapping->host))
176           return ext2_dax_write_iter(iocb, from);
177   #endif
178       return generic_file_write_iter(iocb, from);
179   }
```

如果選擇 DAX 模式流程，則會呼叫 Ext2 檔案系統中的 ext2_dax_write_
iter() 函數完成；如果選擇常規模式流程，則會呼叫 VFS 中的 generic_
file_write_iter() 函數。對於 Ext2 檔案系統來説，並不是簡單的 VFS 呼叫
Ext2 檔案系統的流程，它還有一個反向呼叫流程，這是因為 VFS 提供了
很多公共的功能（API）。

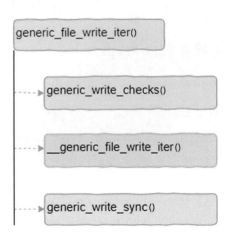

▲ 圖 4-27　VFS 通用寫資料的流程

接著看一下 generic_file_write_iter() 函數，該函數涉及呼叫的主要函數，如圖 4-27 所示。其中，__generic_file_write_iter() 為寫流程的主要函數，該函數實現磁碟空間分配和實際的寫資料操作。generic_write_sync() 函數在檔案具備同步更新屬性的情況下，實現快取寫資料的同步更新。

__generic_file_write_iter() 也是 VFS 中的一個函數（mm/filemap.c 中實現）。在該函數中，針對使用者打開檔案時設置的屬性有兩種不同的執行分支，如果設置了 O_DIRECT 屬性，則呼叫 generic_file_direct_write() 函數進行直寫的流程；如果沒有設置 O_DIRECT 屬性，則呼叫 generic_perform_write() 函數執行快取寫的流程。

4.7.3 不同寫模式的流程分析

透過前文分析我們知道了 Linux 檔案系統的不同寫模式，並且釐清了每種模式的入口函數。接下來將深入介紹每種模式的處理流程。

4.7.3.1 DAX 模式寫資料的流程

對於 Ext2 檔案系統的 DAX 模式寫資料的流程來説，其入口是 ext2_dax_write_iter() 函數。該函數並沒有太多自己的邏輯，核心功能還是呼叫 VFS 關於 DAX 的功能，如圖 4-28 所示。最終，VFS 會根據傳入的 DAX 裝置，呼叫裝置驅動介面來完成資料的寫入。

以持久記憶體驅動（Persistent Memory Driver）為例，使用 pmem_copy_from_iter() 函數實現上述裝置的函數指標，該函數最終呼叫 __memcpy_flushcache() 函數將資料寫到物理裝置上，如圖 4-29 所示。

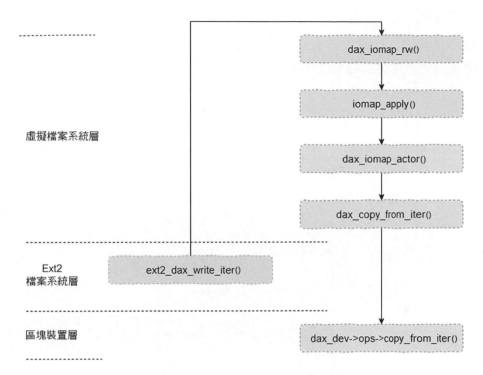

▲ 圖 4-28 DAX 模式寫資料的流程

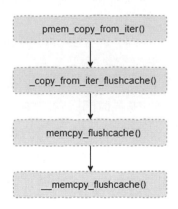

▲ 圖 4-29 pmem_copy_from_iter() 函數寫資料的流程

透過如圖 4-28 和圖 4-29 所示的流程可以看出，在 DAX 模式下，資料並不會經過頁快取，也不會經過區塊裝置的 I/O 堆疊，而是直接將資料拷貝到持久記憶體驅動上儲存。

4.7.3.2 Direct I/O 模式寫資料的流程

Ext2 檔案系統的 Direct I/O 模式寫資料的流程入口是 VFS 的 generic_file_ direct_write() 函數，該函數流程相對比較簡單，主要呼叫了以下四個函數，如圖 4-30 所示。

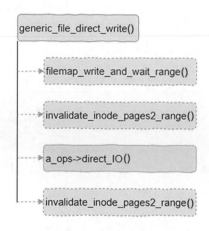

▲ 圖 4-30 generic_file_direct_write() 函數寫資料的流程

在上述四個函數中，前面兩個函數是對目的區域的快取進行更新，並使快取頁失效。進行這一步的主要原因是快取中可能有無效資料，如果不進行處理就可能會出現快取的資料覆蓋直寫的資料，從而導致資料不一致。第三個函數 direct_IO() 是檔案系統的實現，執行真正的寫資料操作。最後一個函數在上面已經執行過，主要是避免預先讀取等操作導致快取資料與磁碟資料的不一致。

對於 Ext2 檔案系統來說，其實現為 ext2_direct_IO() 函數，該函數主要透過呼叫 VFS 的函數來完成資料寫入，如圖 4-31 所示。關於該流程的更多細節我們不做介紹，大家可以根據該流程圖自行閱讀程式，理解起來並不困難。這裡需要說明的是，該流程並不會經過快取，而是最後呼叫區塊裝置的 submit_bio() 函數將資料提交到區塊裝置進行處理。

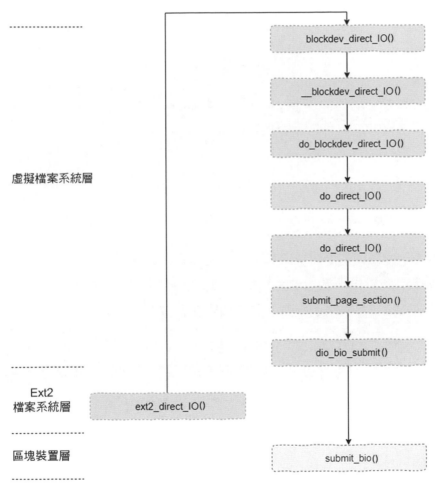

▲ 圖 4-31 ext2_direct_IO() 函數寫資料的流程

4.7.3.3 快取寫資料的流程

在非 DAX 模式和 Direct I/O 模式的情況下，資料會首先寫入快取中，此時會呼叫一個名為 generic_perform_write() 的函數。快取寫資料的流程也有四個主要步驟，分配磁碟空間和快取頁、將資料從使用者態拷貝到核心態記憶體、收尾、頁快取均衡，如圖 4-32 所示。

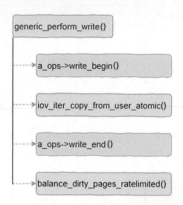

▲ 圖 4-32 generic_perform_write() 函數寫資料的流程

其中，分配磁碟空間和快取頁、收尾工作是透過呼叫 Ext2 檔案系統註冊的位址空間操作函數指標完成的，相關函數指標如程式 4-16 所示。這裡的函數指標是檔案系統對下層（如區塊裝置）的介面。

▼ 程式 4-16 Ext2 檔案系統中的相關函數指標

```
fs/ext2/inode.c
967   const struct address_space_operations ext2_aops = {
968       .readpage               = ext2_readpage,
969       .readahead              = ext2_readahead,
970       .writepage              = ext2_writepage,
971       .write_begin            = ext2_write_begin,
972       .write_end              = ext2_write_end,
973       .bmap                   = ext2_bmap,
```

```
974    .direct_IO            = ext2_direct_IO,
975    .writepages           = ext2_writepages,
976    .migratepage          = buffer_migrate_page,
977    .is_partially_uptodate = block_is_partially_uptodate,
978    .error_remove_page    = generic_error_remove_page,
979  };
```

分配磁碟空間和快取頁的功能由 ext2_write_begin() 函數來完成，如圖 4-33 所示。當 ext2_write_begin() 函式呼叫 block_write_begin() 函數時會傳入一個名為 ext2_get_block() 的函數，從名稱也可以看出，該函數是用來分配儲存空間的。

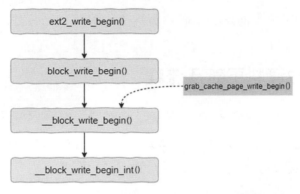

▲ 圖 4-33　ext2_write_begin() 函數寫資料的流程

在上述流程中，在呼叫 __block_write_begin() 函數之前，會透過 grab_cache_ page_write_begin() 函數獲取快取頁。然後在 __block_write_begin() 函數完成快取頁與 buffer 的映射關係的建立。

快取寫資料的流程可能存在兩種不同的場景：一種場景是快取中已經有對應位置的資料，此時只需要返回該快取頁即可；另一種場景是快取中沒有對應位置的資料，此時需要分配新的快取頁，並且確定具體的資料是否在磁碟上已經存在，如果磁碟上沒有資料則存在分配磁碟空間的流程。

完成快取頁分配後，接下來呼叫 iov_iter_copy_from_user_atomic() 函數將資料從傳入的參數拷貝到核心快取頁中。

最後，在該邏輯中會呼叫 balance_dirty_pages_ratelimited() 函數確定是否要進行快取資料的更新。在每次寫快取時，都會呼叫該函數來檢查一下頁快取的總容量，如果超過設定的水線則會強制將資料更新到持久化裝置上。

需要說明的是，在圖 4-27 的 VFS 通用寫資料流程中，最後會呼叫 generic_write_ sync() 函數。該函數只對打開檔案時設置 O_SYNC 選項有意義。在設置 O_SYNC 選項的場景下，當資料寫入快取後並不會馬上向使用者返回結果，而是必須等待資料更新到持久化裝置後才會返回。

4.7.4 快取資料更新及流程

在前面寫資料流程的介紹中，快取資料更新通常只是寫入快取後就返回。但快取的資料最後還是要更新到持久化裝置上的。在 Linux 檔案系統中有以下多種方式可以將快取更新到持久化裝置。

（1）基於快取水線的強制更新。
（2）基於系統計時器的定時更新。
（3）基於使用者命令的手動更新。
（4）基於掛載選項的同步更新。
（5）基於打開檔案選項的同步更新。

上述更新中基本上會走兩個不同的流程：一個是基於 I/O 路徑內容的同步更新；另一個是基於 BDI 的非同步更新。基於 BDI 的非同步更新需要借助後臺執行緒來進行更新。雖然對於快取更新的路徑略有不同，但最終呼叫的介面是一致的,其流程如圖 4-34 所示,最終會呼叫記憶體管理模組的 do_writepages() 函數。

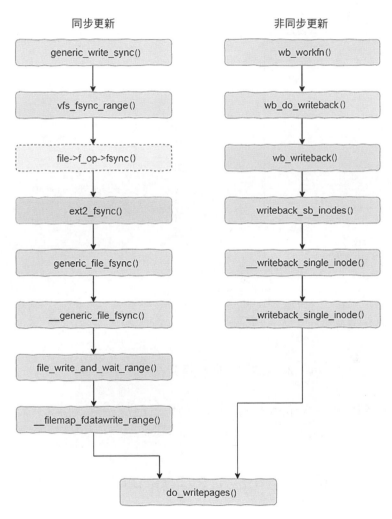

▲ 圖 4-34 同步更新與非同步更新的流程

do_writepages() 函數是記憶體模組的介面,它會呼叫 Ext2 檔案系統註冊的函數指標,也就是 ext2_writepages() 函數。而該函數又反過來呼叫

VFS 實現的函數，最終 VFS 層會呼叫區塊裝置層的 submit_bio() 函數將資料提交到持久化裝置（如磁碟），其流程如圖 4-35 所示。

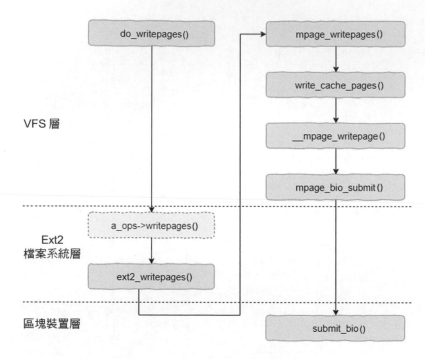

▲ 圖 4-35 向磁碟寫資料的流程

至此，使用者應用透過 API 寫入的資料也就最終被寫入持久化裝置。

▶ 4.8 讀取資料的流程分析

讀取資料的流程與寫資料的流程類似，本節不再贅述如何透過 VFS 呼叫 Ext2 檔案系統的流程細節，本節舉出如圖 4-36 所示從使用者態到 Ext2 檔案系統的主線流程。需要注意的是，讀取資料也涉及 DAX、Direct I/

O 和快取讀等模式。由於前兩種模式程式邏輯比較簡單，本節不再贅述，本節重點介紹一下快取讀模式的相關流程，如圖 4-36 所示。

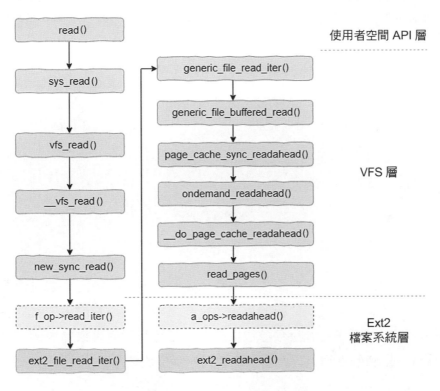

▲ 圖 4-36 讀取資料的流程

對 於 DAX 模 式 和 Direct I/O() 模 式，在 執 行 generic_file_buffered_read() 函數之前就會返回，只有快取讀的場景下才會執行 generic_file_buffered_read() 函數，本節主要介紹一下該函數的一些實現細節。

快取讀的流程概括分為兩個主要步驟：一個是從頁快取尋找資料；另一個是根據頁快取的狀態從磁碟讀取資料並填充頁快取（如果頁快取資料是最新的則不需要從磁碟讀取資料）。

4.8.1 快取命中場景

在讀取資料的流程中，快取命中並且資料可用的情況下，那麼整個讀取資料的流程將非常簡單。generic_file_buffered_read() 函數的處理邏輯可以簡化為圖 4-37。也就是主要流程包含兩個步驟，分別是從快取找到快取頁，然後是將核心資料拷貝到使用者緩衝區。

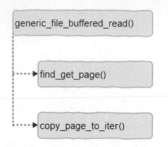

▲ 圖 4-37 讀取資料快取命中的流程

當然，這裡的前提是資料可用。實際還會有其他一些情況，如雖然頁快取存在該資料，但不是最新的資料，需要從磁碟讀取資料。或者頁快取存在該資料，但正在進行預讀取操作，需要等待預先讀取完成等。雖然需要做一些特殊處理，但整體來説函式呼叫是比較簡單的。

4.8.2 非快取命中場景

在非快取命中場景中，檔案系統需要向區塊裝置發起讀取資料的請求。在 VFS 的實現中，會先呼叫同步預先讀取的介面，也就是 page_cache_sync_readahead() 函數，但該函數只有在符合預先讀取條件的情況下才會預先讀取，否則直接返回。

這樣在非快取命中場景中有可能會執行兩個不同的分支：一個是同步預先讀取分支；另一個是普通分支。同步預先讀取分支主要是針對連續讀的場景,而普通分支則是針對隨機讀的場景。本節主要介紹隨機讀場景的程式實現(見程式 4-17),關於預先讀取分支請參考下一節的介紹。

非預先讀取場景核心在於同步預先讀取函數的執行結果。由於隨機讀不符合預先讀取條件,因此同步預先讀取函數不會預讀取資料,這樣透過第 2036 行程式就無法獲取快取頁,最終會執行第 2218 行程式(標籤 no_cached_page 的位置)。

在這裡首先會分配快取頁,然後跳到第 2166 行程式讀取資料。讀取資料呼叫的是具體檔案系統註冊的 readpage() 函數,對於 Ext2 檔案系統來說就是 ext2_readpage() 函數,該函數的功能就是從後端磁碟讀取一頁的內容。

▼ 程式 4-17 隨機讀場景的程式實現

```
mm/filemap.c
1992  ssize_t generic_file_buffered_read(struct kiocb *iocb,
1992          struct iov_iter *iter, ssize_t written)
1993  {
          // 刪除部分程式
2016      for (;;){
          // 刪除部分程式
2023  find_page:
2024      if (fatal_signal_pending(current)){
2025          error = -EINTR;
2026          goto out;
2027      }
2028
2029      page = find_get_page(mapping, index);
2030      if (!page){
2031          if (iocb->ki_flags & (IOCB_NOWAIT | IOCB_NOIO))
2032              goto would_block;
2033          page_cache_sync_readahead(mapping,
```

```
2034                            ra, filp,
2035                            index, last_index - index);
2036               page = find_get_page(mapping, index);
2037               if (unlikely(page == NULL))
2038                   goto no_cached_page;
2039           }
              // 刪除部分程式

2166   readpage:
              // 刪除部分程式
2179          error = mapping->a_ops->readpage(filp, page);
              // 刪除部分程式
              goto page_ok;



2218   no_cached_page:
2223          page = page_cache_alloc(mapping);
              // 刪除部分程式
2238          goto readpage;
2239      }


2251   }
```

完成資料讀取後的邏輯與快取命中沒有差別,也就是將資料從快取貞拷
貝到使用者空間等,最終返回使用者態。

4.8.3 資料預先讀取邏輯

第三章已經介紹過了關於預先讀取的原理,本節主要針對 VFS 的程式介
紹一下 Linux 中預先讀取的具體實現。在 VFS 中實現了兩種預先讀取,
一種是同步預先讀取;另一種是非同步預先讀取。兩者實現的功能略有
不同,但它們透過一個公共的函數 ondemand_readahead() 實現了具體

的功能,而且預先讀取演算法也是在該函數中實現的。同步預先讀取與非同步預先讀取的核心流程如圖 4-38 所示。

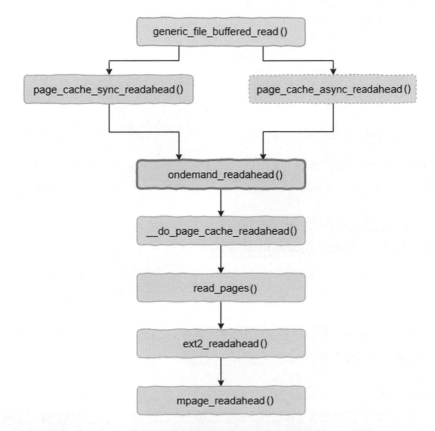

▲ 圖 4-38 同步預先讀取與非同步預先讀取的核心流程

預先讀取操作主要是透過一個名為 file_ra_state 結構來控制的,該結構的定義如程式 4-18 所示,具體成員的含義請參考其中的註釋。這個資料結構會在後面預先讀取演算法中使用,請結合後面的解釋來理解該結構。

▼ 程式 4-18 file_ra_state 結構的定義

```
include/linux/fs.h
924  struct file_ra_state {
925      pgoff_t start;              // 預先讀取開始的位置
926      unsigned int size;          // 預先讀取的頁數
927      unsigned int async_size;    // 非同步預先讀取的觸發條件，當剩餘頁
等於該數值時觸發
928
929
930      unsigned int ra_pages;      // 預先讀取視窗，用於設置快取頁非同步
預先讀取標記
931      unsigned int mmap_miss;     // 針對mmap存取快取非命中的次數
932      loff_t prev_pos;            // 上次讀快取的位置
933  };
```

在 Linux 中，同步預先讀取的觸發有兩種場景：一種是從檔案開頭讀取資料時；另一種是辨識連續 I/O 時。而非同步預先讀取則是讀到有預先讀取標記的頁面（PG_readahead page）時，才觸發非同步預先讀取。

程式 4-19 是預先讀取演算法的核心程式，包括同步預先讀取和非同步預先讀取。我們先從同步預先讀取進行介紹。

▼ 程式 4-19 預先讀取演算法的核心程式

```
mm/readahead.c
440  static void ondemand_readahead(struct address_space *mapping,
441          struct file_ra_state *ra, struct file *filp,
442          bool hit_readahead_marker, pgoff_t index,
443          unsigned long req_size)
444  {
         // 刪除部分程式
         // 判斷請求是否從檔案開始的位置，如果是從檔案開始的位置則進行同
步預先讀取
460      if (!index)
```

```
461              goto initial_readahead;

         // 根據上次預先讀取起始位置和頁數及當前請求的偏移，判斷是否為順序讀
467      if ((index == (ra->start + ra->size - ra->async_size) ||
468          index == (ra->start + ra->size))) {
469          ra->start += ra->size;
470          ra->size = get_next_ra_size(ra, max_pages);
471          ra->async_size = ra->size;
472          goto readit;
473      }

         // 根據參數判斷是否命中的有預先讀取標記的快取頁，這是非同步預先
讀取的標記
481      if (hit_readahead_marker) {
482          pgoff_t start;
483
484          rcu_read_lock();
485          start = page_cache_next_miss(mapping, index + 1, max_pages);
486          rcu_read_unlock();
487
488          if (!start || start - index > max_pages)
489              return;
490
491          ra->start = start;
492          ra->size = start - index;
493          ra->size += req_size;
494          ra->size = get_next_ra_size(ra, max_pages);
495          ra->async_size = ra->size;
496          goto readit;
497      }
498


502      if (req_size > max_pages)
503          goto initial_readahead;

         // 如果是連續讀，且之前沒有快取的情況，則再次觸發同步預先讀取
```

```
510    prev_index = (unsigned long long)ra->prev_pos >> PAGE_SHIFT;
511    if (index - prev_index <= 1UL)
512      goto initial_readahead;
     // 刪除部分程式
525    __do_page_cache_readahead(mapping, filp, index, req_size, 0);
526    return;
     // 更新預先讀取視窗的相關資訊
528 initial_readahead:
529    ra->start = index;
530    ra->size = get_init_ra_size(req_size, max_pages); // 預先讀取
視窗更新演算法
531    ra->async_size = ra->size > req_size ? ra->size - req_size :
ra->size;

532
533 readit:    // 判斷當前請求是否會命中預先讀取標記，如果命中則需要更新
預先讀取視窗
540    if (index == ra->start && ra->size == ra->async_size){
541      add_pages = get_next_ra_size(ra, max_pages);
542      if (ra->size + add_pages <= max_pages){
543        ra->async_size = add_pages;
544        ra->size += add_pages;
545      } else { //如果預讀取資料的頁數超過最大頁數則限定為最大頁數
546        ra->size = max_pages;
547        ra->async_size = max_pages >> 1;
548      }
549    }
550
551    ra_submit(ra, mapping, filp); //根據預先讀取視窗資訊提交讀取資
料的請求
552 }
```

首先，從檔案起始位置讀的場景，根據請求偏移就可以判斷出來，如第
460 行程式所示。此時程式會跳躍到 initial_readahead 的位置，這裡用
於更新預先讀取視窗資訊，包括預先讀取的起始位置、大小和設置預先

讀取標記的位置。然後,判斷讀請求結束的位置是否命中了將要設置預先讀取標記的位置,如果命中則需要重新調整預先讀取視窗(請思考一下為什麼要重新調整預先讀取視窗?)。最後,呼叫 ra_submit() 函數進行資料讀取,根據預先讀取視窗的資訊為某個頁設置預先讀取標記。需要注意的是,這裡的「頁」是指儲存資料的容器。

為了能夠理解上述邏輯,我們列舉一個具體的實例。假設當前請求從檔案開始的位置讀取資料,且讀取一個頁的資料。此時預先讀取視窗將被初始化為四個頁的大小,預先讀取標記的位置是倒數第三個(4-1)頁的位置,如圖 4-39 所示。

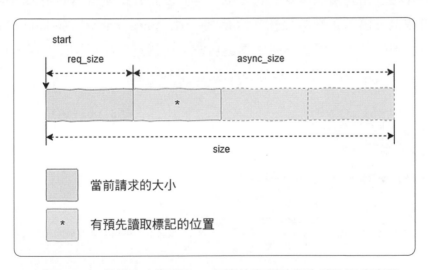

▲ 圖 4-39 從檔案表頭讀取一個頁的資料時預先讀取視窗資訊

如果當前請求的大小變大(如兩個頁或三個頁),則預先讀取視窗的大小和預先讀取標記的位置都會根據請求的大小來計算。

同步預先讀取的另一種場景是連續讀,該請求不是從檔案表頭開始的,而是與前一個請求銜接的。該部分的判斷在程式 4-19 的第 510 行~第

512 行。如果符合連續讀的條件,則會跳躍到 initial_readahead 位置進行預先讀取視窗的初始化及後續操作。

對於非同步預先讀取,情況要簡單一些。由於在預先讀取流程中會為某個頁設置預先讀取標記,因此當讀請求讀到該頁時就會發起一個非同步預先讀取,進而呼叫 ondemand_readahead() 函數。對於非同步預先讀取,在呼叫 ondemand_readahead() 函數時參數 hit_readahead_marker 的值為真,因此會執行第 481～第 497 行的程式。可以看出該部分程式主要實現對預先讀取視窗的調整,之後就跳躍到讀取資料的流程。

前文介紹了預先讀取演算法的實現,但並沒有介紹資料具體是如何從磁碟讀取的。讀取資料的操作最終是在 __do_page_cache_readahead() 函數中實現的。這裡面主要完成兩個功能:一個是分配頁快取;另一個是呼叫具體檔案系統讀取資料的介面。

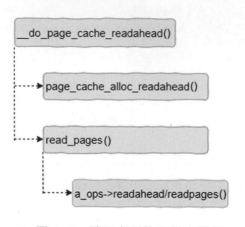

▲ 圖 4-40 讀取資料快取基本邏輯

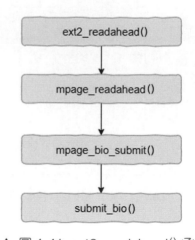

▲ 圖 4-41 ext2_readahead() 函數的呼叫流程

具體到 Ext2 檔案系統,圖 4-40 中的函數指標為 ext2_readahead() 函數,該函數的呼叫流程如圖 4-41 所示,該函數主要實現快取頁的映射和從磁碟讀取資料的操作，最後呼叫區塊裝置層的 submit_bio() 函數完成資料的讀取。

至此，就將磁碟上的資料讀取到了頁快取中，其後的流程與快取命中場景的流程一致，即拷貝頁快取的內容到使用者態緩衝區等。

▶ 4.9 如何分配磁碟空間

前章節已經介紹了寫資料的主要流程，但沒有介紹資料如何寫到磁碟，以及磁碟的空間是如何分配的等內容。本節介紹一下 Ext2 檔案系統分配磁碟空間的相關邏輯。

實際上，在向磁碟寫資料之前需要分配磁碟空間，也就是告訴檔案系統資料應該寫在磁碟的什麼位置。這裡的寫資料包括寫檔案資料、在目錄中建立檔案和添加擴展屬性等。但凡需要儲存新資料的場景都需要分配磁碟空間。分配磁碟空間的主要功能在 ext2_get_blocks() 函數中實現，該函數的原型如程式 4-20 所示。

▼ 程式 4-20 ext2_get_blocks() 函數的原型

```
fs/ext2/inode.c
624  static int ext2_get_blocks(struct inode *inode,
625            sector_t iblock, unsigned long maxblocks,
626            u32 *bno, bool *new, bool *boundary,
627            int create)
```

在 ext2_get_blocks() 函數原型中，需要重點說明的是 iblock 參數，該參數表示檔案的邏輯位置，位置以檔案系統的區塊大小為單位，以 0 為起始位置邏輯位址。列舉一個簡單的實例，假如檔案系統在格式化時區塊大小是 2KB，而此時寫入資料的偏移為 4KB，那麼此時 iblock 的值是 2。也就是說，ext2_get_blocks() 函數透過資料在檔案中的邏輯位置計算需要分配多少磁碟空間。

使用 ext2_get_blocks() 函數進行磁碟空間分配的主流程如圖 4-42 所示，該函數主要完成以下三個方面的工作。

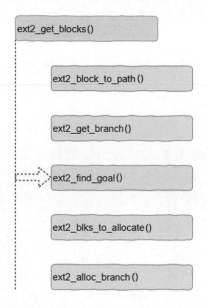

▲ 圖 4-42 使用 ext2_get_blocks() 函數進行磁碟空間分配的主流程

（1）計算並獲取儲存路徑。我們知道檔案資料是透過間接區塊的方式儲存的，因此這裡主要是根據資料邏輯位址計算出其儲存路徑情況，也就是會經過哪個間接區塊及在間接區塊中的偏移。

（2）計算需要分配的空間。由於某些間接區塊可能已經被分配，還有一些間接區塊沒有被分配，因此需要根據分配的實際情況計算出需要分配的間接區塊。

（3）分配磁碟空間。根據上一步計算出的磁碟空間，呼叫 ext2_alloc_
branch() 函數來分配需要的磁碟空間，具體就是將空間管理的位元
映射置位。

為了使大家更容易理解整個分配磁碟空間的流程，先回顧一下 Ext2 檔案
系統中檔案資料的管理方式，也就是間接區塊的管理方式（見圖 3-28）。

由於索引樹的結構是固定的，因此根據請求的邏輯位址和大小，就可以
計算出間接區塊和資料區塊的數量，也就知道了本次請求需要申請的磁
碟空間數量。最後根據這些資訊來分配具體的磁碟空間。下面分別詳細
介紹一下各個流程的實現細節。

4.9.1 計算儲存路徑

計算儲存路徑是指根據請求的檔案邏輯位址計算所涉及的間接區塊及所
在間接區塊中的偏移。該功能是由 ext2_block_to_path() 函數完成的，
在該函數中陣列 offsets 用於儲存每一級的具體偏移位置。

前文已經提到 Ext2 檔案系統根據檔案大小的不同，採用不同等級的間
接區塊來管理檔案資料。如果檔案很小，則採用直接區塊（0 級間接區
塊），然後是 1 級間接區塊、2 級間接區塊和 3 級間接區塊。因此 ext2_
block_to_path() 函數在具體實現時也是按照這四種場景實現了四個分
支，如程式 4-21 所示。

▼ 程式 4-21　ext2_block_to_path() 函數

```
fs/ext2/inode.c
164    static int ext2_block_to_path(struct inode *inode,
165              long i_block, int offsets[4], int *boundary)
166    {
```

```
        // 根據超級區塊資訊獲得每個邏輯區塊儲存位址的數量
167     int ptrs = EXT2_ADDR_PER_BLOCK(inode->i_sb);
168     int ptrs_bits = EXT2_ADDR_PER_BLOCK_BITS(inode->i_sb);
169     const long direct_blocks = EXT2_NDIR_BLOCKS,
170     indirect_blocks = ptrs,  // 對於1KB的邏輯區塊，1級間接區塊可以
    管理256個位址
171     double_blocks = (1 << (ptrs_bits * 2)); // 2級間接區塊可以管理
    65536個位址
172     int n = 0;
173     int final = 0;
174
175     if (i_block < 0){
176         ext2_msg(inode->i_sb, KERN_WARNING,
177             "warning: %s: block < 0", __func__);
178     } else if (i_block < direct_blocks){  // 直接區塊場景
179         offsets[n++] = i_block;
180         final = direct_blocks;
181     } else if ( (i_block -= direct_blocks)< indirect_blocks){
        // 1級間接區塊場景
182         offsets[n++] = EXT2_IND_BLOCK;
183         offsets[n++] = i_block;
184         final = ptrs;
185     } else if ((i_block -= indirect_blocks)< double_blocks){
        // 2級間接區塊場景
186         offsets[n++] = EXT2_DIND_BLOCK;
187         offsets[n++] = i_block >> ptrs_bits;
188         offsets[n++] = i_block & (ptrs - 1);
189         final = ptrs;
190     } else if (((i_block -= double_blocks)>> (ptrs_bits * 2))<
    ptrs){     // 3級間接區塊場景
191         offsets[n++] = EXT2_TIND_BLOCK;
192         offsets[n++] = i_block >> (ptrs_bits * 2);
193         offsets[n++] = (i_block >> ptrs_bits)& (ptrs - 1);
194         offsets[n++] = i_block & (ptrs - 1);
195         final = ptrs;
196     } else {
```

```
197              ext2_msg(inode->i_sb, KERN_WARNING,
198                   "warning: %s: block is too big", __func__);
199      }
200      if (boundary)
201          *boundary = final - 1 - (i_block & (ptrs - 1));
202
203      return n;
204  }
```

上述程式是按照邏輯位址來確定執行哪個分支的。為了便於理解上述程式，列舉一個具體的實例。以邏輯區塊大小 1KB 為例，在 Ext2 檔案系統中位址為 4 位元組，因此一個間接區塊可以儲存 256 個位址。假設寫資料的位置是 13KB，當不滿足第 178 行程式的條件時，會繼續執行第 181 行的程式進行條件判斷。因此，會執行該分支中的程式，最後 offset[0] 的值為 12，offset[1] 的值為 1。

我們再舉一個複雜點的實例，假設寫資料的位置是 65808KB。此時滿足第 190 行程式的條件，因此當滿足第 190 行程式的條件時，會執行該分支中的程式。也就是該位置在 3 級間接區塊子樹中。接下來看一下在該子樹中各級間接區塊的值是如何計算的。

1. 1 級間接區塊偏移值為 0

由於執行到這裡時，前面的判斷程式（第 181 行，第 185 行）都會執行一次，因此邏輯位址會分別減去直接區塊管理的數量、1 級間接區塊最大管理數量和 2 級間接區塊最大管理數量，在這裡 i_block 的值為 $65808-12-256-256 \times 256 = 4$。

由於 3 級間接區塊可以管理 256 個邏輯區塊，2 級間接區塊可以管理 256 個 3 級間接區塊，因此 1 級間接區塊的一個位址可以管理 65536

（256×256，也就是 1≪16）個邏輯區塊。由此可以知道第 192 行的程式可以轉換為如下內容，也就是用新邏輯區塊的位址（4）除以 65536 得到。

$$(4) \gg (8 \times 2) = 0$$

2. 2 級間接區塊偏移值為 0

2 級間接區塊偏移值的計算與 1 級間接區塊偏移值的計算類似。對於 2 級間接區塊中的偏移，除以 256 後對 256 取模即可得到。

$$(4 \gg 8) \ \& \ 0xFF = 0$$

3. 3 級間接區塊偏移值為 4

對於 3 級間接區塊，直接對 256 取模即可得到偏移值。

$$4 \ \& \ 0xFF = 4$$

這裡需要注意的是，除了返回深度和每一層的位置，還會返回在最後的間接區塊上可管理的位址數量。比如，計算出在最後 1 級間接區塊的位置是 250，那麼最多可以管理六個位址。在這種情況下，如果申請的空間比較多，則會出現跨 3 級間接區塊的場景。

4.9.2 獲取儲存路徑

上文計算出了深度和每一級間接區塊的偏移資訊，但具體涉及的間接區塊目前處於什麼狀態並不清楚。仍然以上面的實例進行說明，可能會出現以下幾種情況。

（1）使用者存取的資料位置所需要的間接區塊已經全部分配。

（2）1 級間接區塊和 2 級間接區塊已存在，3 級間接區塊不存在。

（3）1 級間接區塊已存在，2 級間接區塊和 3 級間接區塊不存在。

（4）所有間接區塊都不存在。

因此，這一步的工作就是根據當前資訊及上一步計算出的資訊進行綜合
判斷，確定已經具備的間接區塊，並返回關鍵資訊，為後續流程分配磁
碟空間做準備。可以在 ext2_get_branch() 函數中實現，如程式 4-22 所
示。

▼ 程式 4-22 ext2_get_branch() 函數

```
fs/ext2/inode.c
235    static Indirect *ext2_get_branch(struct inode *inode,
236                    int depth,
237                    int *offsets,
238                    Indirect chain[4],
239                    int *err)
240    {
241        struct super_block *sb = inode->i_sb;
242        Indirect *p = chain;
243        struct buffer_head *bh;
244
245        *err = 0;
246        // 根據inode索引樹根，初始化0級間接區塊
247        add_chain (chain, NULL, EXT2_I(inode)->i_data + *offsets);
248        if (!p->key) //
249            goto no_block;
250        while (--depth) {
251            bh = sb_bread(sb, le32_to_cpu(p->key));   // 根據上一級間接
區塊中的位址讀取資訊
252            if (!bh)
253                goto failure;
254            read_lock(&EXT2_I(inode)->i_meta_lock);
255            if (!verify_chain(chain, p))
256                goto changed;
```

```
257        add_chain(++p, bh, (__le32*)bh->b_data + *++offsets);
258        read_unlock(&EXT2_I(inode)->i_meta_lock);
259        if (!p->key)    // 如果位址的值為0，則表示下一級間接區塊沒有
被分配
260            goto no_block;
261        }
262    return NULL;         // 如果所有間接區塊都具備，則返回空指標
263
264 changed:
265    read_unlock(&EXT2_I(inode)->i_meta_lock);
266    brelse(bh);
267    *err = -EAGAIN;
268    goto no_block;
269 failure:
270    *err = -EIO;
271 no_block:
272    return p;              // 某些間接區塊不具備的情況
273 }
```

在 ext2_get_branch() 函數中會逐級對間接區塊進行初始化，然後根據已經初始化的間接區塊中的位址從快取或磁碟讀取下一級間接區塊的資訊。如果位址為空，則表示下一級間接區塊沒有被分配，此時將會跳出 while 迴圈。

4.9.3 分配磁碟空間

完成間接區塊情況分析之後，再經過簡單的計算，就可以計算出總共需要分配的磁碟空間的數量。然後就可以使用 ext2_alloc_branch() 函數分配磁碟空間了，該函數主要呼叫了其他兩個函數，如圖 4-43 所示。其中，ext2_alloc_blocks() 函數用於分配磁碟空間，本質是將管理磁碟空

間的位元映射的對應位元進行置位操作;另外,sb_getblk() 函數用於從磁碟讀取該區塊的資料,並進行初始化。

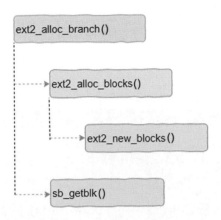

▲ 圖 4-43 使用 ext2_alloc_branch() 函數分配磁碟空間的流程

ext2_alloc_blocks() 函數用於分配磁碟空間,該函式呼叫 ext2_new_blocks() 函數進行分配磁碟空間的具體操作。後者的邏輯也是比較清晰的,主要是讀取群組描述符號和位元映射資訊,然後根據位元映射資訊確定可分配的磁碟空間,並進行分配和更新位元映射。

sb_getblk() 函數初始化的目的比較明確,因為間接區塊用來儲存位址資訊,如果是從磁碟讀取的新間接區塊資料可能是未知值,因此需要進行清零操作,並且完成本次請求位址的初始化操作。

至此,磁碟空間分配的主要流程執行完成,仍然有一些小的處理流程,如更新 inode 中的記錄、最後一次分配位置、更新時間和將 inode 變髒等,這些細節讀者可以自行閱讀程式理解。

▶ 4.10 Ext2 檔案系統的擴展屬性

前面章節已經介紹過關於檔案系統擴展屬性的概念及應用，本節不再贅述。本節主要結合 Ext2 檔案系統的實現程式介紹一下擴展屬性是如何實現的。

4.10.1 Ext2 檔案系統擴展屬性是怎麼在磁碟儲存的

本節主要介紹一下 Ext2 檔案系統中擴展屬性的相關內容，包括磁碟資料布局和建立流程等。在 Ext2 檔案系統中，擴展屬性儲存在一個單獨的磁碟邏輯區塊中，其位置由 inode 中的 i_file_acl 成員指定。

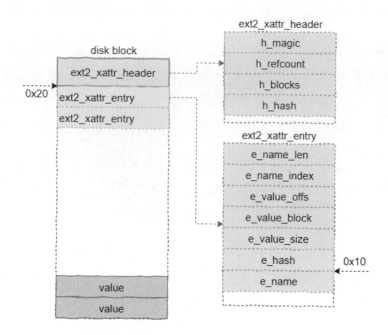

▲ 圖 4-44 擴展屬性「鍵 - 值」對在磁碟邏輯區塊中的布局示意圖

圖 4-44 所示為擴展屬性「鍵 - 值」對在磁碟邏輯區塊中的布局示意圖。
前 32 位元組是一個描述表頭（ext2_xattr_header），描述磁碟邏輯區塊
的基本資訊。而下面緊接著的是擴展屬性項（ext2_xattr_entry），描述
了擴展屬性的鍵名稱等資訊，同時包含值的偏移資訊等內容。從圖 4-44
中可以看出，擴展屬性項是一字排開的。而且需要注意的是，擴展屬性
項的值是從上往下生長的，而擴展屬性的值則是從下往上生長。

程式 4-23 是描述表頭（ext2_xattr_header）的結構定義，包括魔數、
引用計數和雜湊值等內容。魔數的作用是確認該邏輯區塊的內容是擴展
屬性邏輯區塊，避免程式 Bug 或者磁碟損壞等情況下給使用者返回錯誤
的結果。引用計數和雜湊值的作用是實現多個檔案的擴展屬性共用。擴
展屬性共用是指在多個檔案的擴展屬性完全一樣的情況下，這些檔案的
擴展屬性將採用相同的磁碟邏輯區塊儲存，這樣可以極大地節省儲存空
間。另外，Ext2 檔案系統使用雜湊快取儲存檔案屬性的雜湊值，用於快
速判斷檔案是否存在相同的擴展屬性邏輯區塊。

▼ 程式 4-23 描述表頭（ext2_xattr_header）的結構定義

```
fs/ext2/xattr.h
27   struct ext2_xattr_header {
28       __le32    h_magic;          // 用於辨識的魔數
29       __le32    h_refcount;       // 引用計數
30       __le32    h_blocks;         // 使用的磁碟區塊的數量
31       __le32    h_hash;           // 所有屬性的雜湊值
32       __u32     h_reserved[4];    // 當前值為0
33   };
```

擴展屬性項在磁碟上是從上往下生長的，需要注意的是由於每個擴展
屬性的鍵名稱的長度不一定相同，因此描述表頭（ext2_xattr_header）
結構的大小也是變化的。由於上述原因，我們無法直接找到某一個擴

展屬性項的位置，必須從頭到尾進行遍歷。由於描述表頭（ext2_xattr_header）的大小是確定的，這樣就可以很容易找到第一個擴展屬性項，而下一個擴展屬性項就可以根據已經找到的擴展屬性項的位置及其中的 e_name_len 成員計算得到。

▼ 程式 4-24 擴展屬性項結構定義

```
fs/ext2/file.c
35   struct ext2_xattr_entry {
36       __u8      e_name_len;        // 名稱長度
37       __u8      e_name_index;      // 屬性名稱索引
38       __le16    e_value_offs;      // 值在磁碟區塊中的偏移
39       __le32    e_value_block;     // 屬性所在的磁碟區塊
40       __le32    e_value_size;      // 屬性值的大小
41       __le32    e_hash;            // 名稱和值的雜湊值
42       char      e_name[];          // 屬性名稱
43   };
```

下面列舉一個實例看一下擴展屬性是如何儲存在磁碟上的。我們首先可以獲取 f1.txt 對應的 inode 資訊，如圖 4-45 所示。從該資訊中可以得到 i_file_acl 的值為 0x00000406。

```
root@sunnyzhang:~/test/ext2# hexdump -n 128 -s 268672 ext2_1kb.bin -v -C
00041980  a4 81 00 00 08 00 00 00  8c 06 31 60 a2 82 3f 60  |..........1`..?`|
00041990  8c 06 31 60 00 00 00 00  00 00 01 00 04 00 00 00  |..1`............|
000419a0  00 00 00 00 01 00 00 00  01 04 00 00 00 00 00 00  |................|
000419b0  00 00 00 00 00 00 00 00  00 00 00 00 00 00 00 00  |................|
000419c0  00 00 00 00 00 00 00 00  00 00 00 00 00 00 00 00  |................|
000419d0  00 00 00 00 00 00 00 00  00 00 00 00 00 00 00 00  |................|
000419e0  00 00 00 00 7b fe 67 51  06 04 00 00 00 00 00 00  |....{.gQ........|
000419f0  00 00 00 00 00 00 00 00  00 00 00 00 00 00 00 00  |................|
```

▲ 圖 4-45 擴展屬性的位址

透過該物理位址，我們可以讀取磁碟上的資料，如圖 4-46 所示。這裡擴展屬性邏輯區塊表頭會占用 32 位元組。之後是擴展屬性項的內容（紅線圈起來的內容）。在上述內容中，標注的內容（0x03f4）是擴展屬性值在本邏輯區塊中的偏移位置。透過該邏輯區塊的基底位址和偏移位址就可以指定該擴展屬性值的位置，本實例為 0x101bf4。

```
root@sunnyzhang:~/test/ext2# hexdump -n 1024 -s 1054720 ext2_1kb.bin -v -C
00101800  00 00 02 ea 01 00 00 00  01 00 00 00 a4 03 c9 9c  |................|
00101810  00 00 00 00 00 00 00 00  00 00 00 00 00 00 00 00  |................|
00101820  0a 01 f4 03 00 00 00 00  0a 00 00 00 a4 03 c9 9c  |................|
00101830  73 75 6e 6e 79 7a 68 61  6e 67 00 00 00 00 00 00  |sunnyzhang......|
00101840  00 00 00 00 00 00 00 00  00 00 00 00 00 00 00 00  |................|
00101850  00 00 00 00 00 00 00 00  00 00 00 00 00 00 00 00  |................|
00101860  00 00 00 00 00 00 00 00  00 00 00 00 00 00 00 00  |................|
00101870  00 00 00 00 00 00 00 00  00 00 00 00 00 00 00 00  |................|
00101880  00 00 00 00 00 00 00 00  00 00 00 00 00 00 00 00  |................|

00101b90  00 00 00 00 00 00 00 00  00 00 00 00 00 00 00 00  |................|
00101ba0  00 00 00 00 00 00 00 00  00 00 00 00 00 00 00 00  |................|
00101bb0  00 00 00 00 00 00 00 00  00 00 00 00 00 00 00 00  |................|
00101bc0  00 00 00 00 00 00 00 00  00 00 00 00 00 00 00 00  |................|
00101bd0  00 00 00 00 00 00 00 00  00 00 00 00 00 00 00 00  |................|
00101be0  00 00 00 00 00 00 00 00  00 00 00 00 00 00 00 00  |................|
00101bf0  00 00 00 00 69 74 77 6f  72 6c 64 31 32 33 00 00  |....itworld123..|
                      101bf4 = 101bf0 + 03f4
```

▲ 圖 4-46 擴展屬性的內容

透過關鍵的字串可以看出，這些內容正是我們設置的擴展屬性。

4.10.2 設置擴展屬性的 VFS 流程

作業系統提供了一些函數來設置檔案的擴展屬性，分別是 setxattr()、fsetxattr() 和 lsetxattr()。這幾個函數的應用場景略有差異，但功能基本一致。程式 4-25 所示為上述函數的原型，可以看出其核心參數是一樣的，參數意義很明確，本節不再贅述。

▼ 程式 4-25 設置檔案的擴展屬性的函數的原型

```
int setxattr(const char *path, const char *name,
             const void *value, size_t size, int flags);
```

```
int lsetxattr(const char *path, const char *name,
              const void *value, size_t size, int flags);
int fsetxattr(int fd, const char *name,
              const void *value, size_t size, int flags);
```

本節以 fsetxattr() 函數為例進行介紹。假設使用者呼叫該函數為某個檔案設置 user 首碼的擴展屬性，此時整個函式呼叫堆疊的流程如圖 4-47 所示。本呼叫堆疊包含三部分內容，分別是使用者態介面、VFS 呼叫堆疊和 Ext2 檔案系統呼叫堆疊。

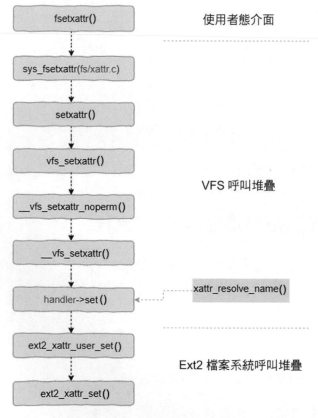

▲ 圖 4-47 fsetxattr() 函式呼叫堆疊的流程

透過圖 4-47 可以看出在 VFS 中做了很多事情，最後透過函數指標的方式呼叫 Ext2 檔案系統的擴展屬性設置介面。在這個流程中比較重要是 __vfs_setxattr() 函數，在該函數內部根據擴展屬性名稱首碼獲取控制碼指標（見程式 4-26 第 143 行），然後利用該控制碼指標進行具體的處理。相當於在 __vfs_setxattr() 函數中會根據不同的擴展屬性執行不同的處理分支。

▼ 程式 4-26 __vfs_setxattr() 函數

fs/xattr.c

```
137    int
138    __vfs_setxattr(struct dentry *dentry, struct inode *inode, const
       char *name,
139                const void *value, size_t size, int flags)
140    {
141        const struct xattr_handler *handler;
142
143        handler = xattr_resolve_name(inode, &name);  // 根據擴展屬性名
       稱首碼獲取控制碼指標
144        if (IS_ERR(handler))
145            return PTR_ERR(handler);
146        if (!handler->set)
147            return -EOPNOTSUPP;
148        if (size == 0)
149            value = "";
150        return handler->set(handler, dentry, inode, name, value, size,
       flags);
151    }
```

對於 Ext2 檔案系統來說，這個控制碼指標的定義如程式 4-27 所示，可以看出它就是各種不同類型（如 user、trusted 和 system 等）擴展屬性的陣列。這個陣列在 Ext2 檔案系統掛載時會初始化到超級區塊資料結構

中。因此，在 xattr_resolve_name() 函數中透過擴展屬性名稱首碼就可以找到對應的控制碼指標。

▼ 程式 4-27 控制碼指標的定義

fs/ext2/xattr.c

```
113   const struct xattr_handler *ext2_xattr_handlers[] = {
114       &ext2_xattr_user_handler,
115       &ext2_xattr_trusted_handler,
116   #ifdef CONFIG_EXT2_FS_POSIX_ACL
117       &posix_acl_access_xattr_handler,
118       &posix_acl_default_xattr_handler,
119   #endif
120   #ifdef CONFIG_EXT2_FS_SECURITY
121       &ext2_xattr_security_handler,
122   #endif
123       NULL
124   };
```

對於 Ext2 檔案系統的 user 擴展屬性來說，會定位到 ext2_xattr_user_handler 控制碼指標，而在該控制碼指標中定義了對 Ext2 檔案系統擴展屬性查詢和設置的介面。

4.10.3 Ext2 檔案系統擴展屬性介面實現

對於 user 類型的擴展屬性，其函數集為 ext2_xattr_user_handler，其定義如程式 4-28 所示。這裡面實現了該類型擴展屬性的查詢和設置等介面。

▼ 程式 4-28 函數集為 ext2_xattr_user_handler 的定義

fs/ext2/file.c

```
44   const struct xattr_handler ext2_xattr_user_handler = {
45       .prefix = XATTR_USER_PREFIX,
```

```
46        .list = ext2_xattr_user_list,
47        .get = ext2_xattr_user_get,
48        .set = ext2_xattr_user_set,
49    };
```

上述程式中的各個函數的意義很明確,可以透過函數名稱知道其具體的功能。

透過使用 ext2_xattr_user_set() 函數設置擴展屬性的介面,如程式 4-29 所示,從程式中可以看出該函數主要呼叫了 ext2_xattr_set() 函數,這個函數實現了對擴展屬性的增加、刪除和修改操作。

▼ 程式 4-29 使用 ext2_xattr_user_set() 函數設置擴展屬性的介面

fs/ext2/xattr_user.c

```
31    static int
32    ext2_xattr_user_set(const struct xattr_handler *handler,
33                struct dentry *unused, struct inode *inode,
34                const char *name, const void *value,
35                size_t size, int flags)
36    {
37        if (!test_opt(inode->i_sb, XATTR_USER))
38            return -EOPNOTSUPP;
39
40        return ext2_xattr_set(inode, EXT2_XATTR_INDEX_USER,
41                    name, value, size, flags);
42    }
```

具體操作的類型依賴 value 參數和名稱相同屬性的存在情況。如果 value 的值為空,則表示要刪除這個擴展屬性。如果當前沒有名稱相同的擴展屬性,且 value 的值不為空,則建立一個新的擴展屬性。如果有名稱相同擴展屬性,並且 value 的值不為空,則對現有的擴展屬性進行更新。

ext2_xattr_set() 函數的實現非常長，大概有三百多行程式，為了減少篇幅，本節不會介紹所有場景，以更新一個擴展屬性為例進行介紹。在理解該函數之前，應該先對 4.10.1 節介紹的 Ext2 檔案系統擴展屬性的磁碟布局有所了解，這樣理解起來就比較簡單了。

對於更新擴展屬性的場景，就是找到該擴展屬性和對應的值，然後在原地更新值，或者移除原始的值，添加新值。至於在值的原地更新還是移除後添加，依賴於新值的長度，如程式 4-30 所示。

▼ 程式 4-30 ext2_xattr_set() 函數

fs/ext2/xattr.c

```
406   int
407   ext2_xattr_set(struct inode *inode, int name_index, const char *name,
408             const void *value, size_t value_len, int flags)
409   {
          // 刪除部分程式
          // 對於更新擴展屬性的場景，已經分配了空間，因此該成員的值為非空
441       if (EXT2_I(inode)->i_file_acl) {
442           // inode已經具備一個擴展屬性區塊
443           bh = sb_bread(sb, EXT2_I(inode)->i_file_acl); // 從磁碟讀
      取資料到記憶體
              // 刪除部分程式
450           header = HDR(bh);
451           end = bh->b_data + bh->b_size;
              // 刪除部分程式
465           last = FIRST_ENTRY(bh);
466           while (!IS_LAST_ENTRY(last)) {      // 迴圈尋找擴展屬性
467               if (!ext2_xattr_entry_valid(last, end, sb->s_blocksize))
468                   goto bad_block;
469               if (last->e_value_size) {
470                   size_t offs = le16_to_cpu(last->e_value_offs);
471                   if (offs < min_offs)
472                       min_offs = offs;
```

```
473              }
474              if (not_found > 0){   // 對比名稱，確認是否有該擴展屬性
475                  not_found = ext2_xattr_cmp_entry(name_index,
476                              name_len,
477                              name, last);
478                  if (not_found <= 0)
479                      here = last; // 如果找到了擴展屬性，則here是當
前擴展屬性
480              }
481              last = EXT2_XATTR_NEXT(last);
482          }
483      if (not_found > 0)
484          here = last;
485
486      // 計算剩餘的可用空間
487      free = min_offs - ((char*)last - (char*)header) -
sizeof(__u32);
488      }
     // 刪除部分程式
     if (not_found){
     // 刪除部分程式
502      } else {
503          // 請求建立一個已經存在的屬性
504          error = -EEXIST;
505          if (flags & XATTR_CREATE)// 指定在建立標記的情況下不允許更新
506              goto cleanup;
             // 更新剩餘的可用空間
507          free += EXT2_XATTR_SIZE(le32_to_cpu(here->e_value_size));
508          free += EXT2_XATTR_LEN(name_len);
509      }
510      error = -ENOSPC;
511      if (free < EXT2_XATTR_LEN(name_len) + EXT2_XATTR_SIZE(value_len))
512          goto cleanup;

     // 設置新屬性
     // 刪除部分程式
```

```
            } else {
571             if (here->e_value_size) {
572                 char *first_val = (char *)header + min_offs;
573                 size_t offs = le16_to_cpu(here->e_value_offs);
574                 char *val = (char *)header + offs;
575                 size_t size = EXT2_XATTR_SIZE(
576                     le32_to_cpu(here->e_value_size));
577
578                 if (size == EXT2_XATTR_SIZE(value_len)) {
579                     // 如果新的擴展屬性值的長度與原始擴展屬性值的長度相
同，則可以直接在原地更新
580                     here->e_value_size = cpu_to_le32(value_len);
581                     memset(val + size - EXT2_XATTR_PAD, 0,
582                         EXT2_XATTR_PAD);         // 清理填充位元組
583                     memcpy(val, value, value_len);
584                     goto skip_replace;
585                 }
586
587                 // 如果新的擴展屬性值的長度與原始擴展屬性值的長度不同，
則需要刪除原始擴展屬性值
588                 memmove(first_val + size, first_val, val - first_val);
589                 memset(first_val, 0, size);
590                 here->e_value_offs = 0;
591                 min_offs += size;
592
593                 // 調整所有值的偏移
594                 last = ENTRY(header+1);
595                 while (!IS_LAST_ENTRY(last)) {
596                     size_t o = le16_to_cpu(last->e_value_offs);
597                     if (o < offs)
598                         last->e_value_offs =
599                             cpu_to_le16(o + size);
600                     last = EXT2_XATTR_NEXT(last);
601                 }
602             }
            }
```

```
                  // 將新的擴展屬性值拷貝到指定位置
614       if (value != NULL){
615           // 插入一個新值
616           here->e_value_size = cpu_to_le32(value_len);
617           if (value_len){
618               size_t size = EXT2_XATTR_SIZE(value_len);
619               char *val = (char *)header + min_offs - size;
620               here->e_value_offs =
621                   cpu_to_le16((char *)val - (char *)header);
622               memset(val + size - EXT2_XATTR_PAD, 0,
623                   EXT2_XATTR_PAD);
624               memcpy(val, value, value_len);
625           }
626       }
          // 刪除部分程式
647       return error;
648   }
```

在程式 4-30 中，首先會根據擴展屬性的名稱從頭到尾遍歷已經存在的擴展屬性（第 465 行～第 488 行），並與新擴展屬性名稱進行對比。最終，這部分程式會確定是否已經存在該名稱的擴展屬性及剩餘的可用空間。

針對新的擴展屬性值的長度與原始擴展屬性值的長度相同的場景，由於不需要新的儲存空間，因此可以直接在原始位址進行更新（第 578 行～第 586 行）。

針對新的擴展屬性值的長度與原始擴展屬性值的長度不同的場景，需要透過該值前面（低位址）的值後移（向高位址移動）的方式覆蓋舊的值，同時由於前面的值的位址發生了變化，因此需要調整每個擴展屬性項中記錄值位置的成員（第 589 行～第 602 行）。

最後更新擴展屬性項中值的長度和偏移資訊（第 614 行～第 621 行），並將新的值拷貝到目的位址（第 622 行～第 625 行），也就是儲存擴展屬性值的區塊中。從上面邏輯也可以看出，擴展屬性名稱的排列順序與擴展屬性值的排列順序並非一致，這一點需要注意。

在上述程式中需要注意的是，使用者在呼叫介面時可以傳遞附加標識，如 XATTR_REPLACE 和 XATTR_CREATE 等。XATTR_REPLACE 表示使用者期望進行擴展屬性值的替換操作，如果沒有找到擴展屬性的鍵，則返回失敗資訊。XATTR_CREATE 表示只進行建立操作，如果已經存在擴展屬性的鍵，則返回失敗資訊。

▶ 4.11 許可權管理程式解析

前文已經對如何進行 ACL 設置進行了介紹，本節重點介紹一下 Ext2 檔案系統中關於 ACL 部分的實現。該部分內容我們分兩部分進行介紹，一部分是如何設置檔案的 ACL 屬性；另一部分是當存取檔案時如何進行 ACL 檢查。

4.11.1 ACL 的設置與獲取

前文已經提到 ACL 是基於擴展屬性實現的。我們先看一下設置 ACL 的流程，從 setfacl() 函數開始，到最終檔案系統的函式呼叫堆疊，如圖 4-48 所示。從圖 4-48 中可以看出，設置 ACL 的 API 其實呼叫的主要是擴展屬性的介面，只是到 __vfs_setxattr() 函數中執行了不同的分支，也就是 ACL 的分支。

當整個流程到 Ext2 檔案系統後,最後也是呼叫擴展屬性的實現來進行資料的相關操作。所以,ACL 本質上就是擴展屬性,只是名稱比較特殊而已。

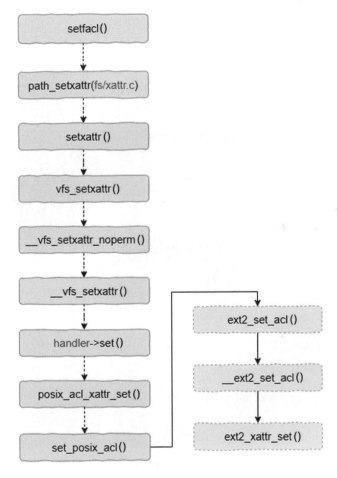

▲ 圖 4-48 設置 ACL 的流程

本節只介紹設置 ACL 的流程,獲取流程與查詢流程類似,本節不再贅述。

4.11.2 ACL 許可權檢查

設置完成 ACL 屬性後就起作用了，那麼當使用者在存取檔案系統時核心就會進行相應的檢查。以打開檔案為例，許可權檢查的入口與 RWX 許可權管理相同，都是 may_open() 函數，其流程如圖 4-49 所示。

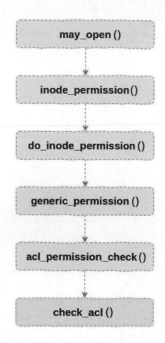

▲ 圖 4-49 ACL 許可權檢查流程

透過圖 4-49 可以看出，在許可權檢查中會呼叫一個 check_acl() 函數，該函數就是根據磁碟上儲存的使用者和許可權資訊，以及執行緒中的使用者 ID 和群組 ID 等進行比對，從而確定該使用者是否有存取檔案的許可權。關於該函數的具體實現請大家自行閱讀相關程式，本節不再贅述。

▶ 4.12 檔案鎖程式解析

前文已經介紹了檔案鎖主要 API 的用法及檔案鎖的基本原理。本節將介紹一下檔案鎖在 Linux 核心中是如何實現的。

4.12.1 flock() 函數的核心實現

系統 API flock() 函數的實現程式在 fs/locks.c 檔案中,透過函數名我們可以看到該函數的具體實現,如程式 4-31 所示,在該函數中主要呼叫了兩個函數,分別建立一個鎖結構(第 2237 行)和執行鎖操作(第 2250 行～第 2255 行)。

▼ 程式 4-31 flock() 函數的實現

fs/locks.c

```
2218   SYSCALL_DEFINE2(flock, unsigned int, fd, unsigned int, cmd)
2219   {
           // 刪除部分程式
2237       lock = flock_make_lock(f.file, cmd, NULL); // 建立並初始化鎖結構
2238       if (IS_ERR(lock)) {
2239           error = PTR_ERR(lock);
2240           goto out_putf;
2241       }
2242
2243       if (can_sleep)
2244           lock->fl_flags |= FL_SLEEP;
2245
2246       error = security_file_lock(f.file, lock->fl_type); // 進行許
       可權的判斷
2247       if (error)
2248           goto out_free;
```

```
2249        // 進行鎖處理的邏輯
2250        if (f.file->f_op->flock)
2251            error = f.file->f_op->flock(f.file,
2252                        (can_sleep) ? F_SETLKW : F_SETLK,
2253                        lock);
2254        else
2255            error = locks_lock_file_wait(f.file, lock);
           //刪除部分程式
2264    }
```

對於鎖相關的操作，如果具體檔案系統實現了 flock() 函數，則呼叫具體檔案系統實現（第 2251 行），否則呼叫 VFS 中的 locks_lock_file_wait() 函數實現（第 2255 行）。

locks_lock_file_wait() 是執行鎖操作函數，如果存在互斥的情況，那麼處理程序將被阻塞，直到呼叫者釋放鎖為止。圖 4-50 所示為 locks_lock_file_wait() 函數的核心呼叫流程。

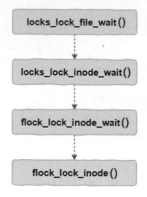

▲ 圖 4-50　locks_lock_file_wait() 函數的核心呼叫流程

我們特別注意一下 flock_lock_inode_wait() 函數，可以看到該函式呼叫 flock_lock_inode() 函數實現鎖的判斷，然後呼叫 wait_event_interruptible()

函數實現呼叫者處理程序的阻塞操作。當然，具體是否阻塞處理程序需要依賴鎖的屬性。

▼ 程式 4-32 flock_lock_inode_wait() 函數的實現

```
fs/locks.c
2160   static int flock_lock_inode_wait(struct inode *inode, struct
       file_lock *fl)
2161   {
2162       int error;
2163       might_sleep();
2164       for (;;) {
2165           error = flock_lock_inode(inode, fl);   // 判斷鎖定狀態
2166           if (error != FILE_LOCK_DEFERRED)
2167               break;
2168           error = wait_event_interruptible(fl->fl_wait,
2169                   list_empty(&fl->fl_blocked_member)); // 將執行緒
       排程出
2170           if (error)
2171               break;
2172       }
2173       locks_delete_block(fl);
2174       return error;
2175   }
```

可以看到，鎖定實現並不複雜。這裡需要說明的是，檔案鎖的資訊儲存在 inode 中 struct file_lock_context 類型的成員變數 i_flctx，它記錄著該節點所有檔案鎖的資訊。

4.12.2 fcntl() 函數的核心實現

fcntl() 函數的具體實現是在 fs/fcntl.c 檔案中。下面直接看一下 fcntl() 函數的核心呼叫流程。

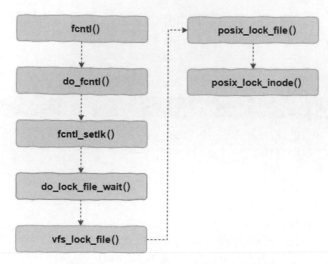

▲ 圖 4-51 fcntl() 函數的核心呼叫流程

在圖 4-51 中，do_lock_file_wait() 為鎖的關鍵實現函數，這裡首先判斷是否需要將處理程序置於鎖定狀態，然後根據情況實現執行緒的排程。該函數的實現如程式 4-33 所示。

▼ 程式 4-33 do_lock_file_wait() 函數的實現

```
fs/locks.c
2433   static int do_lock_file_wait(struct file *filp, unsigned int cmd,
2434               struct file_lock *fl)
2435   {
2436       int error;
2437
2438       error = security_file_lock(filp, fl->fl_type);
2439       if (error)
2440           return error;
2441
2442       for (;;) {
2443           error = vfs_lock_file(filp, cmd, fl, NULL); // 進行鎖的具
       體處理和判斷
```

```
2444          if (error != FILE_LOCK_DEFERRED) // 非同步場景處理程序不休眠
2445              break;
2446          error = wait_event_interruptible(fl->fl_wait,
2447                      list_empty(&fl->fl_blocked_member));

2448          if (error)
2449              break;
2450      }
2451      locks_delete_block(fl);
2452
2453      return error;
2454  }
```

從上述程式中可以看出，鎖相關的處理主要在 vfs_lock_file() 函數中完成，該函數的實現如程式 4-34 所示。如果具體檔案系統實現了鎖相關的函數，則呼叫具體檔案系統的函數，否則使用 POSIX 鎖的實現。

▼ 程式 4-34 vfs_lock_file() 函數的實現

| fs/locks.c |
```
2424  int vfs_lock_file(struct file *filp, unsigned int cmd, struct
      file_lock *fl, struct file_lock *conf)
2425  {
2426      if (filp->f_op->lock)
2427          return filp->f_op->lock(filp, cmd, fl);
2428      else
2429          return posix_lock_file(filp, fl, conf);
2450  }
```

Ext2 檔案系統並沒有實現自己鎖相關的邏輯，Ext2 檔案系統其實使用的是 POSIX 鎖的實現。因此，本節也是以虛擬檔案系統中的 POSIX 鎖的實現為例來介紹檔案鎖的實現。

在檔案系統中需要一些資料結構來記錄鎖的狀態。與檔案鎖相關的資料結構主要有兩個：一個是 file_lock 結構，它表示一個檔案鎖，包括所有者、類型、處理程序 ID 和鎖的起止位置等；另一個是 file_lock_context 結構，它是 inode 中的一個成員，用於記錄該檔案上已經加鎖的資訊。

file_lock 結構是一個鎖的實例，用於記錄鎖的各種屬性和狀態，該結構的定義如程式 4-35 所示。在該結構中除了前文所述的內容，還有一些用於鏈結串列的成員，這些成員用於將一個實例連結到具體的鏈結串列或雜湊表中。

▼ 程式 4-35 file_lock 結構的定義

```
fs/locks.c
1090   struct file_lock {
1091       struct file_lock *fl_blocker;          // 阻塞鎖
1092       struct list_head fl_list;// 透過變數連結到file_lock_context結構
1093       struct hlist_node fl_link;             // 全域鏈結串列中的節點
1094       struct list_head fl_blocked_requests;  // 請求鏈結串列指向這裡
1095
1096
1097
1098
1099
1100       fl_owner_t fl_owner;
1101       unsigned int fl_flags;          // 鎖的特性
1102       unsigned char fl_type;          // 鎖的類型
1103       unsigned int fl_pid;            // 持有該鎖的處理程序ID
1104       int fl_link_cpu;
1105       wait_queue_head_t fl_wait;
1106       struct file *fl_file;
1107       loff_t fl_start;                // 範圍鎖的起始位置
1108       loff_t fl_end;                  // 範圍鎖的終止位置
           // 刪除部分程式
1126   } __randomize_layout;
```

file_lock_context 結構的定義如程式 4-36 所示，其中，有三個鏈結串列成員，用於記錄已經在該檔案上加鎖的資訊。由於虛擬檔案系統的結構要相容不同的鎖類型，因此這裡有三個不同的鏈結串列。對於 POSIX 介面來說可以使用 flc_posix 來儲存鎖的內容。

▼ 程式 4-36 file_lock_context 結構的定義

```
fs/locks.c
1128   struct file_lock_context {
1129       spinlock_t        flc_lock;
1130       struct list_head  flc_flock;
1131       struct list_head  flc_posix;
1132       struct list_head  flc_lease;
1133   };
```

接下來分析一下 POSIX 鎖的具體實現，看一看是如何操作這些資料結構的。前文已述，對於 POSIX 鎖來說，具體由 posix_lock_file() 函數實現。該函數的部分程式如程式 4-37 所示，該函數主要對 inode 上已經添加的鎖與新的鎖請求進行比較，確定是否存在衝突。該函數邏輯相對複雜，除了檢測是否與其他處理程序產生衝突，還對本處理程序之前添加的鎖進行合併等處理。

▼ 程式 4-37 posix_lock_inode() 函數的實現

```
fs/locks.c
1131   static int posix_lock_inode(struct inode *inode, struct file_lock
       *request,
1132                   struct file_lock *conflock)
1133   {
           // 刪除部分程式
           // 從inode中尋找file_lock_context結構，如果沒有則建立
1144       ctx = locks_get_lock_context(inode, request->fl_type);
```

```
1145        if (!ctx)
1146            return (request->fl_type == F_UNLCK)? 0 : -ENOMEM;

        // 刪除部分程式
1161        percpu_down_read(&file_rwsem);
1162        spin_lock(&ctx->flc_lock);
        // 從file_lock_context結構中獲取所有inode已經持有的鎖,並進行一
個一個遍歷
1168        if (request->fl_type != F_UNLCK){
1169            list_for_each_entry(fl, &ctx->flc_posix, fl_list){
1170                if (!posix_locks_conflict(request, fl))  // 檢查是否有
衝突的鎖存在
1171                    continue;   // 如果沒有衝突則進行下一個檢查
1172                if (conflock)
1173                    locks_copy_conflock(conflock, fl);
1174                error = -EAGAIN;
1175                if (!(request->fl_flags & FL_SLEEP))
1176                    goto out;
1177
1178
1179
1180                // 進行鎖死檢測。另外,對於持有相同鎖的情況下,需要將其
加入阻塞清單中
1181                error = -EDEADLK;
1182                spin_lock(&blocked_lock_lock);
1183
1184
1185
1186                // 在進行鎖死檢查時確保在該節點上沒有任何鎖被阻塞
1187                __locks_wake_up_blocks(request);
1188                if (likely(!posix_locks_deadlock(request, fl))){
1189                    error = FILE_LOCK_DEFERRED;
                // 如果存在鎖,且衝突,則此時將請求鎖加入阻塞列表,然後返回
1190                    __locks_insert_block(fl, request,
1191                            posix_locks_conflict);
```

```
1192                    }
1193                    spin_unlock(&blocked_lock_lock);
1194                    goto out;
1195                }
1196            }


           // 刪除部分程式，這部分程式邏輯是處理衝突的場景，此時主要進行鎖
       的合併等處理
           if (!added){
1304            if (request->fl_type == F_UNLCK){
1305                if (request->fl_flags & FL_EXISTS)
1306                    error = -ENOENT;
1307                goto out;
1308            }
1309
1310            if (!new_fl){
1311                error = -ENOLCK;
1312                goto out;
1313            } // 如果沒有任何鎖，則將該鎖加入inode的ctx中，此時返回值為0
1314            locks_copy_lock(new_fl, request);
1315            locks_move_blocks(new_fl, request);
1316            locks_insert_lock_ctx(new_fl, &fl->fl_list);
1317            fl = new_fl;
1318            new_fl = NULL;
1319        }
1320        // 刪除部分程式
1352  }
```

透過上述程式可以看出，posix_lock_inode() 函數會根據處理結果的不同返回不同的返回值。而返回值決定了處理程序的後續狀態。這部分程式就是程式 4-33 中相關的邏輯。

4.12 檔案鎖程式解析

基於網路共用的 網路檔案系統

前面章節已經對本地檔案系統進行了比較詳細的分析。接下來介紹一下在實際生產環境中應用非常廣泛的一種檔案系統，即網路檔案系統。

▶ 5.1 什麼是網路檔案系統

網路檔案系統（Network File System）是一種將遠端的檔案系統映射到本地的檔案系統。這裡的遠端是指一個儲存系統，通常稱為 NAS 儲存。本地是指用戶端，通常是執行業務的伺服器。儲存系統可以是專屬的存放裝置，如一些儲存廠商的儲存產品，也可以是基於普通伺服器架設的儲存系統。

早些時候的企業級架構，資料儲存普遍採用網路檔案系統，最為著名的就是 Sun 的 NFS。微軟也有類似的網路檔案系統，如 CIFS。網路檔案系統的目的就是將儲存系統上的檔案系統映射到計算節點（如 Web 伺服器），如圖 5-1 所示。

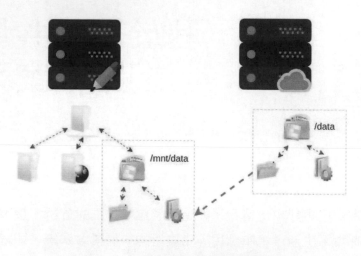

▲ 圖 5-1　網路檔案系統存取示意圖

在圖 5-1 中，網路檔案系統將遠端的目錄樹映射到本機，成為本機目錄樹中的一棵子樹。對於普通使用者來說，存取該子樹中的內容與存取本地其他子目錄內容沒有任何差異。也就是使用者不會感知到該子樹的內容是在遠端，也沒必要感知這種存在。

同時，透過圖 5-1 可以看出，對於網路檔案系統來說通常存在兩部分元件：一部分是用戶端的檔案系統；另一部分是服務端的服務程式。用戶端檔案系統的邏輯與本地檔案系統無異，差異是在讀 / 寫資料時不是存取磁碟等裝置，而是透過網路將請求傳輸到服務端。服務端負責用戶端請求的處理，將資料儲存到磁碟等儲存媒體上。

用戶端的實現可以基於作業系統的檔案系統框架來實現一個檔案系統，該檔案系統負責接收應用的請求，並將請求轉發到服務端，如 NFS 檔案系統在 Linux 或 Windows 的實現。但是也不一定，由於網路檔案系統通訊本身是基於乙太網的協定，因此也可以用一個函數庫函數來實現相關功能。當然，這種方式就無法實現直觀的檔案操作了，只能供開發應用程式使用。

服務端資料的儲存可以借助於普通的本地檔案系統，也可以實現自己的檔案系統。比如，Linux 下的 NFS 實現，在 NFS 服務端通常是使用常規的本地檔案系統來儲存資料的，如 Ext4、XFS 或 Btrfs 等。而一些存放裝置提供商通常會實現自己的檔案系統，如 EMC 的 UFS64 檔案系統和 NetApp 的 WAFL 檔案系統等。

服務端資料的儲存並不一定需要基於某種檔案系統，甚至可以基於 KV 資料區塊來實現。對於服務端來說，只需要能夠實現對用戶端請求的解析即可。這些請求包括建立 / 刪除檔案、讀 / 寫資料、擴展屬性和許可權等。如果大家對這裡的描述不理解也沒關係，我們在後續章節會詳細介紹。

▶ 5.2 網路檔案系統與本地檔案系統的異同

從普通使用者的角度來看，網路檔案系統與本地檔案系統沒有明顯的差異。在 Linux 平臺下掛載檔案系統時，本地檔案系統是將一個區塊裝置掛載到某個目錄下面，而網路檔案系統則是將一個包含 IP 位址的遠端路徑掛載到某個目錄下面。

網路檔案系統與本地檔案系統的差異在於資料的存取過程。以寫資料為例，本地檔案系統的資料是持久化儲存到磁碟（或者其他區塊裝置）上的，而網路檔案系統則需要將資料傳輸到服務端進行持久化處理。

另外一個差異點是本地檔案系統需要進行格式化處理才可以使用。而網路檔案系統則不需要用戶端進行格式化操作，通常只需要掛載到用戶端就可以直接使用。當然在服務端通常是要做一些配置工作的，包括格式化操作。

網路檔案系統最主要的特性是實現了資料的共用。基於資料共用的特性，使得網路檔案系統有很多優勢，如增大儲存空間的利用效率（降低成本）、方便組織之間共用資料和易於實現系統的高可用等。

▶ 5.3 常見的網路檔案系統簡析

網路檔案系統有很多，其中有兩個標準的網路檔案系統最為出名：一個是 Linux 經常使用的 NFS（Network File System）；另一個是 Windows 經常使用的 CIFS（Common Internet File System）。除此之外，其實還有很多其他的網路檔案系統，如 AFS（Andrew File System）等。

5.3.1 NFS 檔案系統

NFS 是一個非常老牌的網路檔案系統，於 1980 年由 Sun 公司開發，並隨 SunOS 一起發布。NFS 不僅是指網路檔案系統，現在更多是指一種協定，而且是一種開放的網路檔案系統協定。

關於 NFS 最新的描述可以透過 RFC7531 獲得更多的描述資訊。NFS 從第一次發布到現在已經幾十年了，也發展了不同的版本，從最初內部使用的 1.0 版本到現在的 4.X 版本。

前文提到網路檔案系統包含用戶端檔案系統和服務端服務兩個元件。對於用戶端來說，目前主流的作業系統都支援 NFS，如 Linux、UNIX 和 Windows 等。

在服務端，通常需要一個服務軟體，實現對本地檔案系統的匯出。這樣透過 NFS 協定可以將檔案系統匯出到用戶端。由於 NFS 協定是開放的，因此有很多 NFS 的服務端實現，Linux 核心中本身就整合了一個核心模組（NFSD）。在使用者態有一個比較有名的 NFS 服務端軟體 NFS-Ganesha。

5.3.2 SMB 協定與 CIFS 協定

Windows 也有一套用於在網路實現檔案共用的協定，即 SMB（Server Message Block，伺服器訊息塊）協定，它是一套基於 NetBIOS 的檔案共用協定。隨著乙太網技術的發展，SMB 協定逐漸與 NetBIOS 脫離。在 Windows 2000 中，SMB 協定可以直接執行在 TCP/IP 協定之上。

SMB 協定不僅可以用於檔案共用，其本身是用於進行節點之間訊息傳輸的協定，可以用在檔案共用、印表機共用及其他資訊共用領域。

隨著網際網路的發展，微軟基於 SMB 協定定義了一個通用的檔案共用協定，即 CIFS（Common Internet File System，通用網際網路檔案系統）協定，可以認為 CIFS 協定是 SMB 協定的一個具體實現。

CIFS/SMB 協定的情況與 NFS 協定的情況非常類似,其架構也是 C/S 架構,而且協定也是開放的。因此,在用戶端和服務端都有很多具體的實現。

主流的作業系統都有 CIFS 協定的實現,Windows 自然不用多説。Linux 也有 CIFS 協定的實現,如果閱讀原始程式碼,就會發現 CIFS 協定就在與 NFS 協定同級的目錄下。

服務端的實現也很多,除了 Windows 本身的實現,在 Linux 下也有一個元件能夠提供 CIFS 協定的服務,那就是 Samba。除了開放原始碼軟體,還有很多商用的 CIFS 協定服務,如 MoSMB、Tuxera SMB 和 Likewise 等。

▶ 5.4 網路檔案系統關鍵技術

網路檔案系統本質上也是一個檔案系統,因此本地檔案系統所使用的技術在網路檔案系統中通常也都是要使用的,如快取技術、檔案鎖、快照複製和許可權管理等。區別在於,這些特性大多是借助於位於服務端的檔案系統實現的,網路檔案系統本身並不能實現。對於網路檔案系統來説,只需要透過協定將請求傳輸到服務端進行處理即可。

由於網路檔案系統基於網路實現,除了具有本地檔案系統的一些特性,還有其特殊的地方。比如,需要透過應用層的協定傳輸命令、檔案鎖需要考慮跨網路的情況等。本節將介紹一些相對本地檔案系統來説網路檔案系統特有的技術。

5.4.1 遠端程序呼叫（RPC 協定）

網路檔案系統定義了用戶端（又被稱為主機端）與服務端互動的協定（NFS 協定），網路檔案系統的協定是透過函式呼叫的方式定義的，主要內容包含 ID、參數和返回值等。用戶端到服務端存取通常是透過網路來存取的，因此在具體實現時需要將協定定義的函數形態轉化為網路資料封包，然後在服務端收到資料封包再執行預定的動作後給用戶端發送回饋。

由於在用戶端與服務端都要實現對協定資料的封裝和解析，因此實現起來比較複雜。為了降低複雜性，通常會在檔案系統業務層與 TCP/IP 層之間實現一層互動層，這就是 RPC 協定。這種分層的方式是電腦領域經常用到的處理問題的方式，如 TCP/IP 的協定堆疊，MVC 模式等。

RPC（Remote Procedure Call，遠端程序呼叫）是 TCP/IP 模型中應用層的網路通訊協定（OSI 模型中會談層的協定）。RPC 協定透過一種類似函式呼叫的方式實現了用戶端對服務端功能的存取，簡化了用戶端存取服務端功能的複雜度。

在用戶端呼叫 RPC 函數時，會呼叫 RPC 函數庫的介面將該函式呼叫轉化為一個網路訊息轉發到服務端，而服務端的 RPC 函數庫則對網路資料封包進行反向解析，呼叫服務端註冊的函數集（存根）中的函數實現功能，最後將執行的結果回饋給用戶端。

圖 5-2 所示為 RPC 協定架構示意圖，通常包括應用、用戶端 / 服務端存根（stub）、RPC 執行時期函數庫和傳輸協定。

下面介紹圖 5-2 中的幾個關鍵概念。

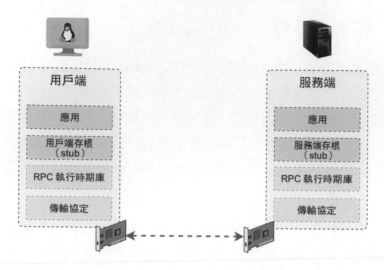

▲ 圖 5-2　RPC 協定架構示意圖

應用是基於 PRC 協定實現的具體應用程式。以網路檔案系統為例，用戶端的應用是指檔案系統，而服務端的應用則是指檔案系統服務，如 NFSD 或 NFS-Ganesha 等。

存根（stub）是定義的函數集，該函數集根據應用業務的需求而確定。以網路檔案系統為例，函數集包括建立檔案、刪除檔案、寫資料和讀取資料等。函數集通常需要分別在用戶端和服務端定義一套介面，而且用戶端的函數集與服務端的函數集是一一對應的。

RPC 執行時期函數庫通常是一個公共函數庫，實現了 RPC 協定的公共功能，如請求的封裝與解析、訊息收發和網路層面的錯誤處理等。

需要注意的是，RPC 並不是網路檔案系統專用的協定，而是在分散式系統的很多地方都有應用。RPC 協定不僅在作業系統核心中有實現，也有很多使用者態實現，如 gRPC、Dubbo 和 Thrift 等。不同的 RPC 協定的定義並不一樣。

5.4.2 用戶端與服務端的語言 ── 檔案系統協定

網路檔案系統本質上是一個基於 C/S（用戶端 / 服務端）架構的應用，其大部分功能是透過用戶端與服務端互動來實現的。因此，對於網路檔案系統來說，其核心之一是用戶端與服務端的互動語言 ── 檔案系統協定。

由於網路檔案系統通常基於乙太網進行連接，因此網路檔案系統的協定通常也是基於 TCP 協定或 UDP 協定來實現的。我們可以將網路檔案系統的協定理解為 TCP/IP 應用層的協定（但實際情況要複雜一些）。

網路檔案系統的協定的定義類似函式呼叫，包含 ID（可以視為函數名稱），參數和返回值。其定義是非常清晰的，其語義與檔案系統操作的語義基本上一一對應。以經常使用的 NFSv3 協定為例，這裡列出該協定的部分命令，如表 5-1 所示。

表 5-1 NFSv3 協定的部分命令

名稱	編碼（ID）	作業系統 API（Linux）	說明
CREATE	8	create / open	建立一個常規檔案
REMOVE	12	remove / unlink	刪除一個常規檔案
WRITE	7	write	向檔案寫入資料
READ	6	read	從檔案讀取資料
LOOKUP	3	---	尋找檔案
MKDIR	9	mkdir	建立一個目錄
READDIR	16	readdir	讀取目錄中的內容
RMDIR	13	rmdir	刪除目錄
COMMIT	21	flush	提交快取中的資料

透過表 5-1 可以看出，在 NFSv3 協定中定義的語義與我們對檔案系統的操作有非常明確的對應關係。對於檔案來說有建立、刪除、讀/寫和尋找等命令，對於目錄來說也有類似的命令。當然，本節只是展示了 NFSv3 協定的部分內容，更多細節請參考其他資料。

SMB2 協定與 NFSv3 協定類似，也是實現了一些與檔案系統語義對應的協定命令。表 5-2 所示為 SMB2 協定的部分命令。

表 5-2　SMB2 協定的部分命令

名　　稱	編碼（ID）	說　　明
CREATE	0x0005	建立一個檔案
CLOSE	0x0006	刪除一個檔案
FLUSH	0x0007	刷新快取
READ	0x0008	向檔案寫入資料
WRITE	0x0009	從檔案讀取資料
QUERY_DIRECTORY	0x000e	獲取目錄中的內容
QUERY_INFO	0x0010	查詢檔案和具名管線等物件的資訊

透過 NFSv3 協定和 SMB2 協定可以看出，無論哪種協定，都有一組與檔案系統語義對應的協定命令。這樣，用戶端對網路檔案系統的存取都可以透過協定傳輸到服務端進行相應的處理。由於檔案系統語義與協定命令清晰的對應關係，網路檔案系統協定並不複雜，只是內容比較多。

5.4.3　檔案鎖的網路實現

我們知道在檔案系統中有一個檔案鎖的特性，該特性類似多執行緒程式設計中的鎖機制。透過檔案鎖可以保證當多執行緒存取相同檔案時只能有一個執行緒進行更新，其他執行緒只能等待，避免出現同時更新執行緒導致出現資料不一致的問題。

為了能夠支援該功能，網路檔案系統也應該支援類似的特性。但是由於網路檔案系統實際功能在服務端實現，而且可以有多個用戶端同時存取同一個檔案系統。因此，網路檔案系統的檔案鎖的實現需要經過網路在服務端實現。

在 NFS 協定族中，基於網路檔案鎖是有一個協定的，稱為 NLM（Network Lock Manager，網路鎖管理）。在 NFSv2 和 NFSv3 版本中沒有定義鎖協定，因此都是透過 NLM 協定實現一個獨立的服務。而 NFSv4 版本的協定中已經將鎖相關的協定考慮進來了，因此沒有獨立的 NLM 協定了。

▶ 5.5 準備學習環境與工具

學習一項技術最高效的方法就是動手實踐。為了能夠更好地學習網路檔案系統相關的內容，我們架設一個 NFS 檔案系統，包括服務端的安裝配置及用戶端的掛載等內容。

5.5.1 架設一個 NFS 服務

在 Linux 平臺架設 NFS 服務並不複雜。很多公司利用伺服器和 Linux 來架設 NFS 服務。我們甚至還可以透過樹莓派架設一個家用 NFS 服務。接下來以 Linux 為例介紹一下如何架設一個 NFS 服務。

本書重點在於講解實現原理，因此本節並不會詳細地講解安裝過程。按照本節步驟安裝是可以保證執行成功的，只是這裡是簡化的安裝和配置步驟，缺少安全等相關的設置。更詳細的安裝步驟可以參考《鳥哥的Linux 私房菜：伺服器架設篇》（第 3 版）[10] 和《UNIX/Linux 系統管理技術手冊》第 4 版 [11]，其對 NFS 的安裝和配置進行了非常詳細的介紹。

1. NFS 服務的安裝

以 Ubuntu 18.04 為例，在 Linux 伺服器執行如下命令就可以將 NFS 服務端軟體安裝成功：

```
sudo apt install nfs-kernel-server
```

如果是 CentOS 則可以執行如下命令進行安裝：

```
sudo yum install nfs-utils
```

2. 匯出目錄

完成安裝之後就可以匯出某個目錄進行測試。以 Ubuntu 18.04 為例，在 /srv 目錄下建立一個新目錄，並設置該目錄的存取權限，命令如下：

```
mkdir /srv/nfs
chmod 777 /srv/nfs
```

完成資源準備之後就可以進行 NFS 服務端的配置。其目的是讓服務端軟體辨識該目錄，並且能夠進行管理，也就是讓服務端匯出該目錄。

打開 /etc/exports，並將如下內容添加到該檔案中：

```
/srv/nfs            *(rw,sync,no_subtree_check)
```

重新啟動 NFS 服務即可（NFS 其實是可以不用重新啟動服務使配置生效的）。這裡需要注意的是，Ubuntu 環境和 CentOS 環境重新啟動服務的命令是不同的。

3. 掛載檔案系統

在用戶端節點安裝需要的軟體套件，命令如下：

```
sudo apt install nfs-common
```

如果沒有顯示出錯，則說明安裝成功。然後執行如下命令就可以將服務端的目錄掛載到本地。之後我們就可以在用戶端存取該目錄，這時對 /mnt/nfs 目錄的讀 / 寫其實就是對服務端 /srv/nfs 目錄的讀 / 寫：

```
mount 192.168.2.113:/srv/nfs /mnt/nfs/
```

上面的 IP 位址是服務端的 IP 位址。這裡需要注意的是，在執行 mount 命令之前需要建立本地目錄 /mnt/nfs。如果沒有這個本地目錄，則在掛載時會出現掛載失敗的情況。

5.5.2 學習網路檔案系統的利器

網路檔案系統除用戶端與服務端的架構和程式邏輯外，最為核心的內容就是其協定。對於協定的學習我們可以借助網路封包截取工具，經常用到的有 tcpdump 和 WireShark 等。

tcpdump 是一個命令列的封包截取工具，非常適合在伺服器版本的 Linux 上使用。使用方法也比較簡單，如下是一個具體的實例：

```
tcpdump -i lo -w /tmp/dump.pcap tcp port 2049
```

其中，-i 表示要監測的網路介面，-w 表示將抓取的資料寫入的檔案，後面的參數則表示監測的協定和通訊埠編號。透過條件過濾可以抓取我們關心的資料封包。畢竟網路資料非常多，如果沒有條件過濾，則在分析資料時會有大海撈針的感覺。

WireShark 是一個具有 GUI 的網路封包截取工具，該工具的功能與 tcpdump 工具的功能一樣，但最大的特點是視覺化做得非常好，而且實現了很多應用層協定的支援（如 HTTP 協定、NFS 協定和 SMB 協定等）。圖 5-3 所示為抓取的 NFS 協定的部分資料封包。

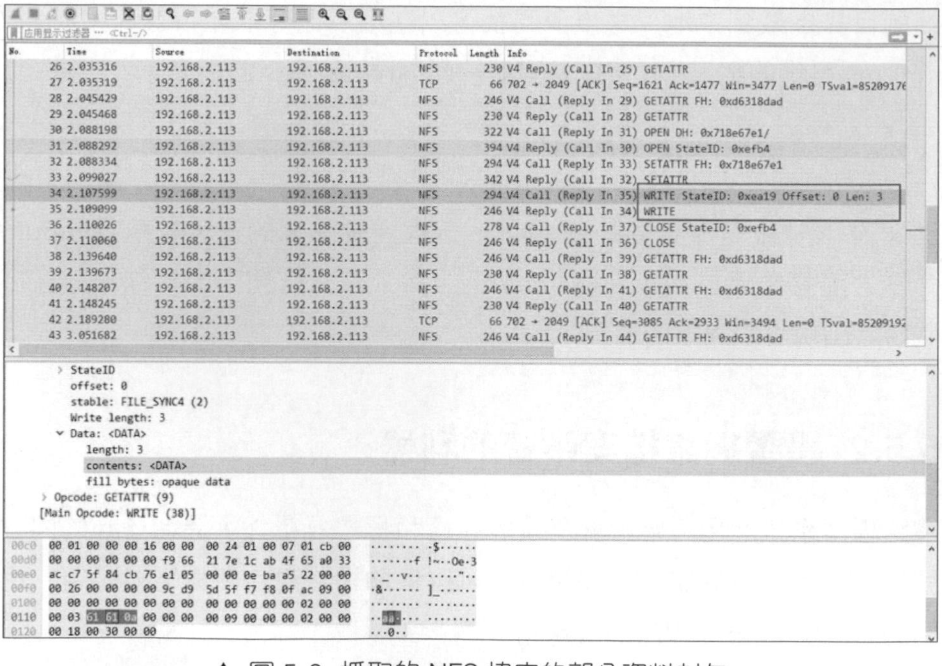

▲ 圖 5-3 抓取的 NFS 協定的部分資料封包

前文提到 WireShark 一個好處是實現了對多種常見協定的支援。這裡的支援是指它能將抓取的二進位資料與具體的協定欄位對應起來，直接展示解析後的結果，非常直觀。

▶ 5.6 網路檔案系統實例

本節以 NFS 協定為例深入地解析檔案系統軟體架構與協定等相關內容。
對於 SMB 協定來說，其實差別不大，限於篇幅有限，本節不再贅述。

5.6.1 NFS 檔案系統架構及流程簡析

透過前文大家能夠比較形象地認識一下 NFS，也為後續深入學習 NFS 檔
案系統建構一個測試驗證環境奠定基礎。下面來看一下 NFS 的整體架
構。

NFS 分散式檔案系統是一個 C/S（用戶端 / 服務端）架構。其用戶端是
Linux 核心中的一個檔案系統，跟 Ext4 和 XFS 類似，差異在於其資料請
求不儲存在本地磁碟，而是透過網路發送到服務端進行處理。

從圖 5-4 可以看出，NFS 也是位於 VFS 下的檔案系統。因此當 NFS 掛載
後，其與本地檔案系統並沒有任何差異，使用者在使用時也是透明的。

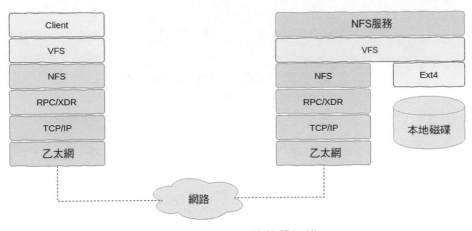

▲ 圖 5-4 NFS 的整體架構

NFS 的通訊使用的是 RPC 協定，該協定也是 Sun 公司發明的一種網路通訊協定。RPC 協定基於 TCP 協定或 UDP 協定，是一個會談層的協定，可以與應用層的 HTTP 協定類比理解。RPC 協定的通訊流程如圖 5-5 所示。

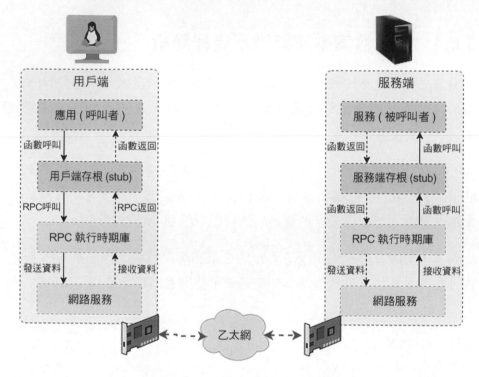

▲ 圖 5-5　RPC 協定的通訊流程

在該流程中，當應用想完成某個功能時，可以呼叫用戶端存根中的函數，而該函數封裝訊息後呼叫 RPC 介面。此時，RPC 執行時期函數庫會將訊息封裝後透過網路發送到服務端。服務端 RPC 執行時期函數庫接收到該訊息後會進行訊息的解析，然後呼叫服務端的存根函數，服務端的存根函式呼叫服務端的業務處理函數完成相關處理。

完成處理後，服務端的存根函數會封裝一個應答訊息，然後呼叫 PRC 執行時期函數庫的 API 進行發送。後續的整個流程與請求發送一致。最後在用戶端的應用會收到其所呼叫函數的返回值，這個返回值其實就是服務端發送的應答訊息。對於用戶端的應用，這個函式呼叫與本地函式呼叫並沒有明顯的差異，其具體工作都是透過 RPC 執行時期函數庫傳輸到服務端完成的。

為了使大家更加清晰地理解 NFS 的架構，下面以建立子目錄為例來介紹一下 NFS 檔案系統與服務端通訊的過程。NFS 檔案系統有很多版本，很難一一介紹所有版本。為了便於大家理解和學習，下面以 NFSv3 檔案系統為例進行介紹。

由於 NFS 檔案系統基於 VFS 檔案系統框架，因此不可避免地需要實現一套函數指標，並在掛載時進行註冊。這主要是保證從 VFS 檔案系統下來的請求可以轉發到 NFS 檔案系統進行處理。程式 5-1 是 NFS 檔案系統實現的目錄函數指標集合，該函數指標集合實現了目錄相關的操作。

▼ 程式 5-1 NFS 檔案系統實現的目錄函數指標集合

```
fs/nfs/nfs3proc.c
963   static const struct inode_operations nfs3_dir_inode_operations = {
964       .create        = nfs_create,
965       .lookup        = nfs_lookup,
966       .link          = nfs_link,
967       .unlink        = nfs_unlink,
968       .symlink       = nfs_symlink,
969       .mkdir         = nfs_mkdir,
970       .rmdir         = nfs_rmdir,
971       .mknod         = nfs_mknod,
972       .rename        = nfs_rename,
973       .permission    = nfs_permission,
```

```
974         .getattr            = nfs_getattr,
975         .setattr            = nfs_setattr,
976   #ifdef CONFIG_NFS_V3_ACL
977         .listxattr          = nfs3_listxattr,
978         .get_acl            = nfs3_get_acl,
979         .set_acl            = nfs3_set_acl,
980   #endif
981   };
```

以建立子目錄為例，在 NFS 檔案系統中的具體實現函數為 nfs_mkdir()。
當使用者透過程式呼叫 mkdir() 函數或執行 mkdir 命令時，會透過軟終
端觸發 VFS 檔案系統的 vfs_mkdir() 函數，最後呼叫 NFS 檔案系統的
nfs_mkdir() 函數。建立目錄的整體流程如圖 5-6 所示，其中包含服務端
的處理流程。

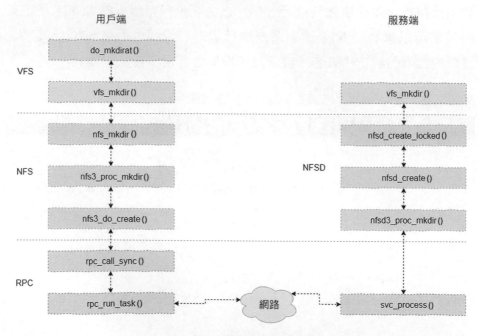

▲ 圖 5-6 建立目錄的整體流程

nfs_mkdir() 函數首先會進行必要的許可權檢查,然後呼叫用戶端(主機端)存根中的 nfs3_proc_mkdir() 函數。該函數進行 RPC 呼叫的基本資料的準備,然後間接呼叫 RPC 服務的 API(rpc_call_sync() 函數),將請求發送到服務端。

服務端收到訊息後會根據訊息中的關鍵資訊呼叫服務端存根函數,本實例為 nfsd3_proc_mkdir() 函數。存根函數會呼叫業務函數(nfsd_create())來完成具體的操作。在本實例中,NFSD 最終會呼叫 VFS 檔案系統中的 vfs_mkdir() 函數,然後 vfs_mkdir() 函式呼叫具體檔案系統(與匯出目錄相關,如 XFS 檔案系統)中建立子目錄的函數完成子目錄的建立。

對比用戶端與服務端對 VFS 檔案系統函數的呼叫可以看出,兩邊都使用了 vfs_mkdir() 函數。因此,我們可以將 NFS 理解為實現了將用戶端對檔案系統的操作搬到了服務端。

在 Linux 核心中,NFS 檔案系統的整體架構和邏輯還是比較清晰的。主要是 Linux 核心同時支援了 NFSv2、NFSv3 和 NFSv4 等多個版本,整體比較複雜,但難度並不是非常大。本節主要介紹了 NFS 的整體架構,後續章節將深入介紹其他處理流程。

5.6.2 RPC 協定簡析

前文介紹了 NFS 的整體架構,其核心是將用戶端的函式呼叫透過網路傳輸到服務端,並轉化為服務端的函式呼叫。其主要實現是用戶端與服務端的一一對應的存根。那麼這種轉化是如何進行的呢?這就涉及 RPC 協定。

雖然 5.4.1 節介紹了 RPC 協定，但主要從概念和功能上對 RPC 協定進行了簡要的介紹，並沒有深入細節。本節將深入 RPC 內部介紹其實現原理。由於目前 RPC 協定的具體實現非常多，而且協定細節也不同，因此很難逐一介紹清楚。本節以 Sun 公司的 RPC 協定為例進行詳細介紹，畢竟它是 NFS 協定的基礎。

RPC 協定與 TCP/IP 協定類似，以二進位的方式傳輸資料。RPC 協定先要解決的問題是如何將一個用戶端的函式呼叫轉換為服務端的函數實現。

另外，Sun 公司的 RPC 協定在設計時期望實現對多種服務的支援，如 NFS 協定、掛載協定和 NLM 協定等。因此在設計 RPC 協定時，有三個相關的欄位來進行標識，其中，Program 欄位標識程式，區分 NFS、MOUNT 和 NLM 等其他程式類型；Program Version 欄位標識程式版本，考慮升級的相容性；Procedure 欄位標識程式中的過程（函數），如圖 5-7 所示。

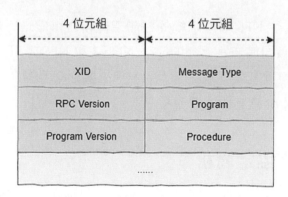

▲ 圖 5-7 RPC 協定資料封包格式（局部）

透過上述 Program 和 Procedure 等關鍵資訊的講解，當服務端收到該訊息時就可以知道應該由哪個版本的哪個程式來處理該訊息，而且進一步知道應該呼叫哪個存根函數（函數指標）來進行處理。

我們透過 WireShark 封包截取看一看 RPC 是如何傳輸資料的，以及資料
的格式。圖 5-8 所示為抓取的掛載命令的資料封包，我們可以對比一下
該資料封包的內容與協定的格式。

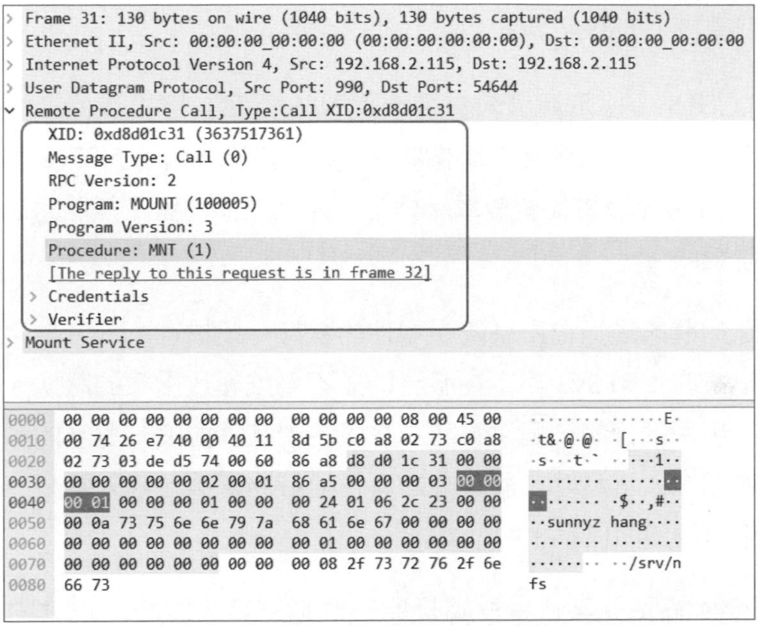

```
> Frame 31: 130 bytes on wire (1040 bits), 130 bytes captured (1040 bits)
> Ethernet II, Src: 00:00:00_00:00:00 (00:00:00:00:00:00), Dst: 00:00:00_00:00:00
> Internet Protocol Version 4, Src: 192.168.2.115, Dst: 192.168.2.115
> User Datagram Protocol, Src Port: 990, Dst Port: 54644
∨ Remote Procedure Call, Type:Call XID:0xd8d01c31
    XID: 0xd8d01c31 (3637517361)
    Message Type: Call (0)
    RPC Version: 2
    Program: MOUNT (100005)
    Program Version: 3
    Procedure: MNT (1)
    [The reply to this request is in frame 32]
  > Credentials
  > Verifier
> Mount Service

0000   00 00 00 00 00 00 00 00  00 00 00 00 08 00 45 00   ........ ......E.
0010   00 74 26 e7 40 00 40 11  8d 5b c0 a8 02 73 c0 a8   .t&.@.@. .[...s..
0020   02 73 03 de d5 74 00 60  86 a8 d8 d0 1c 31 00 00   .s...t.` .....1..
0030   00 00 00 00 00 00 02 00  01 86 a5 00 00 00 03 00 00   ........ ........
0040   00 01 00 00 00 01 00 00  00 24 01 06 2c 23 00 00   ........ .$.,#..
0050   00 0a 73 75 6e 6e 79 7a  68 61 6e 67 00 00 00 00   ..sunnyz hang....
0060   00 00 00 00 00 00 00 00  00 01 00 00 00 00 00 00   ........ ........
0070   00 00 00 00 00 00 00 00  00 08 2f 73 72 76 2f 6e   ........ ../srv/n
0080   66 73                                              fs
```

▲ 圖 5-8　抓取的掛載命令的資料封包

從圖 5-8 中可以看到，在這個資料封包中 Program 是 100005；Program
版本是 3，也就是 NFSv3 的資料；Procedure 的值為 1，也就是掛載操
作。由於 WireShark 是支援 RPC 協定和 NFS 協定的，因此可以在其中
展示出各個協定的解釋資訊（圖 5-8 的上半部分是具體的描述資訊，圖
5-8 的下半部分則是原始的資料封包資料）。

正是由於在 RPC 資料封包中包含的這些關鍵資訊，當用戶端發送的訊
息被服務端接收後，服務端根據這些資訊就能知道應該呼叫哪個存根函
數。

5.6.3 NFS 協定簡析

NFS 協定從最初的 1.0 版本到目前的 4.X 版本已經有四大版本，但是 1.0 版本只由 Sun 公司內部使用，並沒有對外開放。從 2.0 版本開始，Sun 公司開放了 NFS 協定，並被其他很多公司使用。

本節將以 NFSv3 協定為例來介紹一下 NFS 協定，選用該協定的原因是其應用非常多，而又不至於太複雜。當然，如果熟悉了 NFSv3 協定，再學習 NFSv4 協定將會比較簡單。兩者的差別在於前者是無狀態的，而後者是有狀態的。

上面所述的狀態是指檔案系統中物件的狀態。以檔案為例，當用戶端存取一個檔案時，NFSv3 協定在服務端並不會維護該檔案的狀態。也就是說，當在用戶端打開一個檔案時，在服務端其實並沒有對應的動作。而當向該檔案寫入資料時，服務端才真正地打開檔案並寫入資料，完成寫入資料後自動關閉檔案。

對於 NFSv4 協定，當在用戶端打開一個檔案時，服務端也會對應著打開一個檔案；當寫入資料時，會被寫入已經打開的檔案，完成後不會關閉該檔案。只有等到用戶端呼叫關閉檔案的介面時服務端才會關閉該檔案。

另外，NFSv3 實際上有三個獨立的協定：第一個是檔案系統存取協定，它是對檔案系統常規的「增加」、「刪除」、「修改」、「查詢」；第二個是對檔案系統進行掛載和卸載操作的協定，即掛載協定；第三個是網路鎖協定。

5.6.3.1 掛載（MOUNT）協定

任何檔案系統在使用之前都先要掛載到用戶端，網路檔案系統自然也不例外。NFS 協定在早期有一個獨立的掛載協定。掛載協定相對簡單，共有六個命令，如表 5-3 所示。

表 5-3　掛載協定過程列表

名　　稱	過程編碼	說　　明
NULL	0	空操作，什麼都不做
MNT	1	掛載檔案系統
DUMP	2	顯示掛載項清單
UMNT	3	卸載一個檔案系統
UMNTALL	4	卸載所有檔案系統
EXPORT	5	顯示匯出的檔案系統清單

在表 5-3 中，最主要的是各個過程的編碼，當然除了過程編碼，還有一些參數資訊。這裡的過程編碼雖然定義在 NFS 協定中，但實際上是給 RPC 協定使用的。在介紹 RPC 協定時，我們以 MNT 為例進行了介紹，並且抓取了實際的網路資料封包，網路資料封包中的過程（Procedure）其實就是表 5-3 中對應的過程編碼。

在 NFS 的整個協定中，檔案和目錄都是透過檔案控制代碼來標識的。在本地檔案系統中掛載過程是從磁碟上找到根目錄的資訊，NFS 協定邏輯與此類似，它是透過 MNT 請求讓服務端返回一個根目錄的檔案控制代碼。

我們以掛載請求為例，當使用者執行掛載命令時，其實核心的內容是用戶端向服務端發送了掛載（MNT）資料封包。圖 5-9 所示為抓取的掛載請求網路資料封包。

從圖 5-9 中可以看出，對於掛載過程只有一個參數，也就是要掛載的路徑。路徑是用 XDR 協定來表示的，其前面 4 位元組表示字串的長度，後面才是真正的路徑內容。

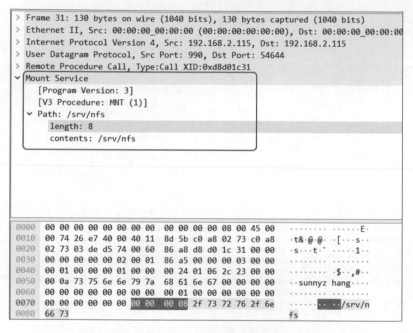

> Frame 31: 130 bytes on wire (1040 bits), 130 bytes captured (1040 bits)
> Ethernet II, Src: 00:00:00_00:00:00 (00:00:00:00:00:00), Dst: 00:00:00_00:00:00
> Internet Protocol Version 4, Src: 192.168.2.115, Dst: 192.168.2.115
> User Datagram Protocol, Src Port: 990, Dst Port: 54644
> Remote Procedure Call, Type:Call XID:0xd8d01c31
∨ Mount Service
    [Program Version: 3]
    [V3 Procedure: MNT (1)]
  ∨ Path: /srv/nfs
      length: 8
      contents: /srv/nfs

```
0000  00 00 00 00 00 00 00 00  00 00 00 00 08 00 45 00   ··············E·
0010  00 74 26 e7 40 00 40 11  8d 5b c0 a8 02 73 c0 a8   ·t&·@·@· ·[···s··
0020  02 73 03 de d5 74 00 60  86 a8 d8 d0 1c 31 00 00   ·s···t·` ·····1··
0030  00 00 00 00 00 02 00 01  86 a5 00 00 00 03 00 00   ················
0040  00 01 00 00 00 01 00 00  00 24 01 06 2c 23 00 00   ·········$··,#··
0050  00 0a 73 75 6e 6e 79 7a  68 61 6e 67 00 00 00 00   ··sunnyz hang···
0060  00 00 00 00 00 00 00 00  00 01 00 00 00 00 00 00   ················
0070  00 00 00 00 00 00 00 00  00 08 2f 73 72 76 2f 6e   ·········· ··/srv/n
0080  66 73                                              fs
```

▲ 圖 5-9 抓取的掛載請求網路資料封包

前面只是發送 MNT 請求的過程，每個請求都會有一個應答。當服務端收到掛載資料封包時會進行解析，最終呼叫服務端註冊的掛載處理函數進行處理。該函數完成處理後會發送一個應答資料封包。圖 5-10 所示為獲取的 MNT 應答資料封包。對於 MNT 應答來說，主要包含的內容是狀態、控制碼和一些其他特性資訊。

由於掛載操作可能成功，也可能失敗，因此透過狀態資訊進行描述。在服務端處理掛載請求成功的情況下，會為根目錄生成一個檔案控制代

碼,該檔案控制代碼會返回用戶端。用戶端的後續請求都以該檔案控制
代碼為基礎。

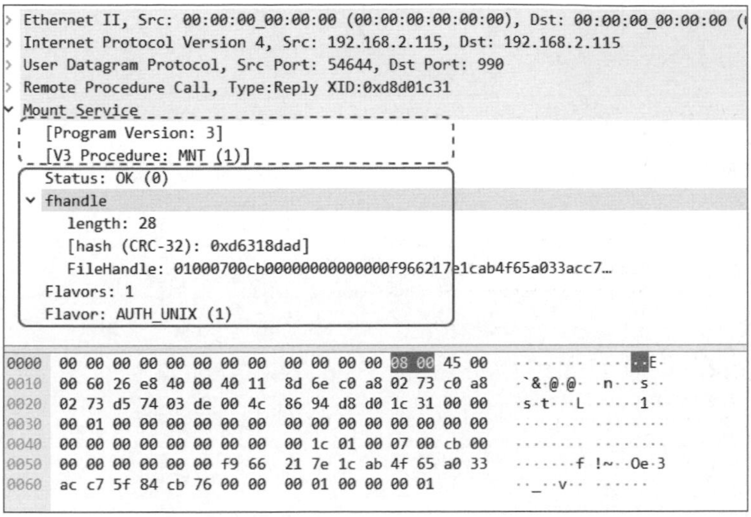

```
> Ethernet II, Src: 00:00:00_00:00:00 (00:00:00:00:00:00), Dst: 00:00:00_00:00:00 (
> Internet Protocol Version 4, Src: 192.168.2.115, Dst: 192.168.2.115
> User Datagram Protocol, Src Port: 54644, Dst Port: 990
> Remote Procedure Call, Type:Reply XID:0xd8d01c31
˅ Mount_Service
     [Program Version: 3]
     [V3 Procedure: MNT (1)]
     Status: OK (0)
   ˅ fhandle
        length: 28
        [hash (CRC-32): 0xd6318dad]
        FileHandle: 01000700cb00000000000000f966217e1cab4f65a033acc7…
     Flavors: 1
     Flavor: AUTH_UNIX (1)

0000  00 00 00 00 00 00 00 00  00 00 00 00 08 00 45 00   · · · · · · · · · · · · · · E·
0010  00 60 26 e8 40 00 40 11  8d 6e c0 a8 02 73 c0 a8   ·`&·@·@·  ·n···s··
0020  02 73 d5 74 03 de 00 4c  86 94 d8 d0 1c 31 00 00   ·s·t···L  ·····1··
0030  00 01 00 00 00 00 00 00  00 00 00 00 00 00 00 00   · · · · · · · · · · · · · · · ·
0040  00 00 00 00 00 00 00 00  00 1c 01 00 07 00 cb 00   · · · · · · · · · · · · · · · ·
0050  00 00 00 00 00 00 f9 66  21 7e 1c ab 4f 65 a0 33   ······f !~··Oe·3
0060  ac c7 5f 84 cb 76 00 00  00 01 00 00 00 01         ··_··v· · · · · · · ·
```

▲ 圖 5-10 獲取的 MNT 應答資料封包

需要說明的是,在圖 5-10 中,虛線框中的內容並不是 NFS 協定資料封
包的內容,而是 RPC 協定中的內容。這裡使用 WireShark 工具將其展示
出來是為了使資訊更加易讀。

本節以掛載過程為例介紹了掛載協定的資料封包格式和主要資料欄。在
掛載協定中,除了掛載過程,還有卸載過程等另外五個過程,不過原理
大同小異,本節不再贅述,大家可以自行閱讀相關協定或在環境中封包
截取分析。

5.6.3.2 存取(NFS)協定

完成檔案系統的掛載後就可以存取檔案系統的資料,這時就需要使用
NFS 協定了。由於 NFS 協定主要完成資料的存取操作,這裡簡稱為存取

協定。存取協定是 NFS 協定族最核心的部分，這裡的內容才是實現檔案
系統存取的必需命令，如表 5-4 所示。

表 5-4 存取協定過程列表

名　稱	過程編碼	說　明
NULL	0	空操作
GETATTR	1	獲取檔案或目錄屬性
SETATTR	2	設置檔案或目錄屬性
LOOKUP	3	尋找檔案或目錄
ACCESS	4	檢查存取權限
READLINK	5	從連結讀取資料
READ	6	從檔案讀取資料
WRITE	7	向檔案寫入資料
CREATE	8	建立檔案
MKDIR	9	建立目錄
SYMLINK	10	建立符號連結
MKNOD	11	建立特殊裝置
REMOVE	12	刪除檔案
RMDIR	13	刪除目錄
RENAME	14	修改檔案或目錄名稱
LINK	15	建立硬連結
READDIR	16	遍歷目錄
READDIRPLUS	17	遍歷目錄（擴展）
FSSTAT	18	獲取檔案系統的動態資訊
FSINFO	19	獲取檔案系統的靜態資訊
PATHCONF	20	返回 POSIX 資訊
COMMIT	21	更新用戶端快取

本節以寫過程為例介紹一下其主要的參數,並結合實際資料封包進行分析。對於寫過程,在 RFC1813 中的定義如下:

```
WRITE3res NFSPROC3_WRITE(WRITE3args) = 7;
```

透過上述定義可以看出,NFS 協定對過程的定義類似函數的形式。其中,WRITE3args 為過程的參數,而 WRITE3res 則是其返回值。後面的數字 7 是過程的 ID。在實際通訊時,服務端正是透過該 ID 來找到對應的處理常式的。

接下來看一看該過程的參數,主要包括控制碼、邏輯偏移、長度和具體的資料。對比前面介紹的 write() 函數可以看出,NFS 協定的寫過程與檔案系統 API write 非常類似。當向檔案寫資料時,必須要告訴檔案系統要在哪個檔案寫資料,寫到檔案的什麼位置,大小是多少及資料是什麼。

NFS 協定的 WRITE 過程的定義如下:

```
struct WRITE3args {
    nfs_fh3 file;
    offset3 offset;
    count3 count;
    stable_how stable;
    opaque data<>;
};
```

圖 5-11 所示為透過 WireShark 工具獲取的資料封包,可以找到 NFS 協定相關的檔案控制代碼(File Handle)、偏移(offset)、大小(count)、穩定性(Stable)和資料(Data)等內容。

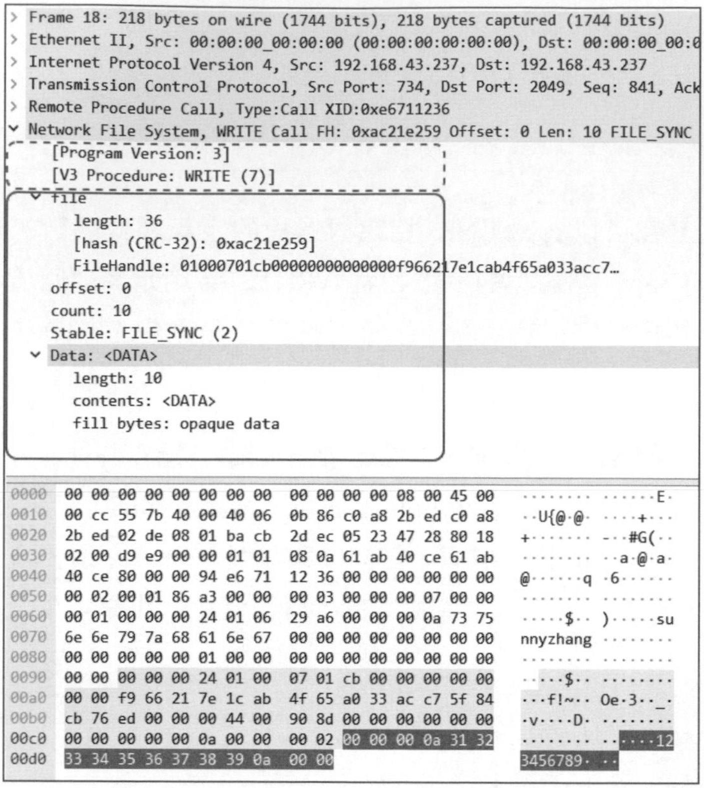

```
> Frame 18: 218 bytes on wire (1744 bits), 218 bytes captured (1744 bits)
> Ethernet II, Src: 00:00:00_00:00:00 (00:00:00:00:00:00), Dst: 00:00:00_00:0
> Internet Protocol Version 4, Src: 192.168.43.237, Dst: 192.168.43.237
> Transmission Control Protocol, Src Port: 734, Dst Port: 2049, Seq: 841, Ack
> Remote Procedure Call, Type:Call XID:0xe6711236
v Network File System, WRITE Call FH: 0xac21e259 Offset: 0 Len: 10 FILE_SYNC
    [Program Version: 3]
    [V3 Procedure: WRITE (7)]
  v file
      length: 36
      [hash (CRC-32): 0xac21e259]
      FileHandle: 01000701cb00000000000000f966217e1cab4f65a033acc7…
    offset: 0
    count: 10
    Stable: FILE_SYNC (2)
  v Data: <DATA>
      length: 10
      contents: <DATA>
      fill bytes: opaque data

0000  00 00 00 00 00 00 00 00  00 00 00 00 08 00 45 00   · · · · · · · · · · · · · · E·
0010  00 cc 55 7b 40 00 40 06  0b 86 c0 a8 2b ed c0 a8   · ·U{@·@·  · · · · +· · ·
0020  2b ed 02 de 08 01 ba cb  2d ec 05 23 47 28 80 18   +· · · · · ·  -· ·#G(· ·
0030  02 00 d9 e9 00 00 01 01  08 0a 61 ab 40 ce 61 ab   · · · · · · · ·  · ·a·@·a·
0040  40 ce 80 00 00 94 e6 71  12 36 00 00 00 00 00 00   @· · · · ·q  ·6· · · · · ·
0050  00 02 00 01 86 a3 00 00  00 03 00 00 00 07 00 00   · · · · · · · ·  · · · · · · · ·
0060  00 01 00 00 00 24 01 06  29 a6 00 00 00 0a 73 75   · · · · ·$· ·  )· · · · · ·su
0070  6e 6e 79 7a 68 61 6e 67  00 00 00 00 00 00 00 00   nnyzhang  · · · · · · · ·
0080  00 00 00 00 00 01 00 00  00 00 00 00 00 00 00 00   · · · · · · · ·  · · · · · · · ·
0090  00 00 00 00 00 24 01 00  07 01 cb 00 00 00 00 00   · · · · ·$· ·  · · · · · · · ·
00a0  00 00 f9 66 21 7e 1c ab  4f 65 a0 33 ac c7 5f 84   · · ·f!~· ·  Oe·3· · ·_·
00b0  cb 76 ed 00 00 00 44 00  90 8d 00 00 00 00 00 00   ·v· · · ·D·  · · · · · · · ·
00c0  00 00 00 00 00 0a 00 00  00 02 00 00 00 0a 31 32   · · · · · · · ·  · · · · · ·12
00d0  33 34 35 36 37 38 39 0a  00 00                     3456789· ·· ·
```

▲ 圖 5-11　透過 WireShark 工具獲取的資料封包

所以，NFS 協定的定義還是挺清晰的，也很容易理解。需要說明的是穩
定性（Stable）參數，該參數用於告知服務端資料是否需要在服務端持
久化，也就是寫入磁碟。如果該參數的值是 0（UNSTABLE）則表示將
資料寫入服務端快取即可；如果該參數的值非 0 則有 DATA_SYNC 和
FILE_SYNC 兩種情況，都需要將資料寫入磁碟，差異是對檔案系統中繼
資料的處理。

當然，WRITE 過程也是有應答的，透過應答用戶端才知道其所發送的請
求是否執行成功。這部分內容比較簡單，本節不再贅述。

5.6.3.3 鎖（NLM）協定

由於 NFSv2 和 NFSv3 版本的協定是無狀態的，這樣也就無法維護檔案鎖的狀態。因此，在 NFS 協定族中有一個專門的網路鎖管理（Network Lock Manager，簡稱 NLM）協定。

NLM 是檔案鎖的網路版。本地檔案系統可以在檔案系統內實現檔案鎖。但由於網路檔案系統會有多個不同的用戶端檔案系統存取同一個服務端的檔案系統，檔案鎖是無法在用戶端的檔案系統中實現的，只能在服務端實現。這樣就需要一個協定將用戶端的加鎖、解鎖等請求傳輸到服務端，並且在服務端維護檔案鎖的狀態。

由於 NFS 的檔案鎖是跨用戶端與服務端的，因此場景就變得複雜很多。特別是服務端當機、用戶端當機和網路磁碟分割等幾種異常場景是必須要考慮的。以用戶端當機為例，如果持有鎖的用戶端當機，這樣就沒有機會釋放鎖。如果設計時不考慮這種情況，則可能致使其他用戶端永遠無法獲得鎖，進而導致鎖死的現象。

在 NLM 協定中主要定義了一些過程，包括加鎖、解鎖和獲取資源等 20 多個過程。本節不再介紹這些過程的內容，大家可以自行閱讀 RFC 協定白皮書。

5.6.4 NFS 協定的具體實現

透過前文我們知道 Sun 公司在實現 NFS 檔案系統時進行了分層處理，底層實現了 RPC 協定，而在 RPC 協定的上層實現了 NFS 協定。透過分層，簡化了 NFS 協定的實現。本節將結合 Linux 介紹一下 NFS 協定的實現細節。

5.6.4.1 核心 RPC 協定處理流程分析

RPC 協定承載了 NFS 協定，因此在介紹實現 NFS 協定的具體流程之前，先簡單介紹一下 Linux 核心中 RPC 協定的實現。在 Linux 核心中，RPC 是一個獨立的核心模組，位於網路子目錄中。RPC 模組為 NFS 提供了基本的 API，包括用戶端的 API 函數和服務端的 API 函數。表 5-5 所示為 Linux 核心 RPC 提供的主要 API 函數。

表 5-5 Linux 核心 RPC 提供的主要 API 函數

函 數 名 稱	說　明
rpc_create()	建立一個 RPC 用戶端，返回類似檔案控制代碼
rpc_call_sync()	在用戶端執行一個同步的 RPC 呼叫
rpc_call_async()	在用戶端執行一個非同步的 RPC 呼叫
svc_create()	建立一個 RPC 服務端，單執行緒模式
svc_create_pooled()	建立一個 RPC 服務端，執行緒池模式
svc_recv()	服務端介面，接收來自用戶端的請求
svc_process()	服務端介面，處理來自用戶端的請求

表 5-5 中的介面分為兩部分：一部分是用戶端的介面；另一部分是服務端的介面。在用戶端通常呼叫 rpc_create() 函數建立一個用戶端的結構指標（rpc_clnt），該指標類似檔案控制代碼或通訊端。完成用戶端指標建立後，用戶端程式就可以透過該指標來向服務端發送 RPC 請求了，具體涉及 rpc_call_sync() 和 rpc_call_async() 兩個函數，分別用於發送同步和非同步請求。

用戶端的請求都是透過 rpc_call_sync() 和 rpc_call_async() 兩個函數來實現與服務端互動的。用戶端存根函數依照 NFS 協定準備必要的參數，然後呼叫 rpc_call_sync() 函數或 rpc_call_async() 函數來向服務端發送請求。以建立目錄為例,在存根函數 nfs3_proc_mkdir() 中根據 NFS 協定完成目錄控制碼、子目錄名稱和屬性等參數的初始化(第 575 行~第 579 行),然後呼叫 nfs3_do_create() 函數,該函數實際呼叫的是 RPC 模組的 rpc_call_sync() 函數,如程式 5-2 所示。

▼ 程式 5-2 nfs3_proc_mkdir() 函數的實現

```
net/sunrpc/nfs3proc.c
557  static int
558  nfs3_proc_mkdir(struct inode *dir, struct dentry *dentry, struct
     iattr *sattr)
559  {
         // 刪除部分程式
575      data->msg.rpc_proc = &nfs3_procedures[NFS3PROC_MKDIR];
576      data->arg.mkdir.fh = NFS_FH(dir);
577      data->arg.mkdir.name = dentry->d_name.name;
578      data->arg.mkdir.len = dentry->d_name.len;
579      data->arg.mkdir.sattr = sattr;
580
581      d_alias = nfs3_do_create(dir, dentry, data); .//nfs3_do_create()
     函數內部呼叫了rpc_call_sync()函數
582      status = PTR_ERR_OR_ZERO(d_alias);
         // 刪除部分程式
600  }
```

其他存根函數的邏輯與 nfs3_proc_mkdir() 函數的邏輯類似,都是根據協定建立需要的參數,然後直接或間接呼叫 rpc_call_sync() 函數或 rpc_call_async() 函數來將請求發送到服務端。

接下來深入 RPC 模組的內部,看一看訊息是如何被編碼並發送的。以同步介面為例,對 rpc_call_sync() 函數進行基本參數的封裝,然後呼

叫 rpc_run_task() 函數執行一個 RPC 任務（第 1173 行），如程式 5-3
所示。非同步介面與此類似，也是呼叫 rpc_run_task() 函數來執行一個
RPC 任務。

▼ 程式 5-3 rpc_call_sync() 函數的實現

net/sunrpc/clnt.c nfs3_proc_mkdir-> nfs3_do_create-> rpc_call_sync

```
1155   int rpc_call_sync(struct rpc_clnt *clnt, const struct rpc_message
       *msg, int flags)
1156   {
1157       struct rpc_task     *task;
1158       struct rpc_task_setup task_setup_data = {
1159           .rpc_client = clnt,
1160           .rpc_message = msg,
1161           .callback_ops = &rpc_default_ops,
1162           .flags = flags,
1163       };
1164       int status;
1165
1166       WARN_ON_ONCE(flags & RPC_TASK_ASYNC);
1167       if (flags & RPC_TASK_ASYNC) {
1168           rpc_release_calldata(task_setup_data.callback_ops,
1169               task_setup_data.callback_data);
1170           return -EINVAL;
1171       }
1172
1173       task = rpc_run_task(&task_setup_data);
1174       if (IS_ERR(task))
1175           return PTR_ERR(task);
1176       status = task->tk_status;
1177       rpc_put_task(task);
1178       return status;
1179   }
```

rpc_run_task() 是執行一個 RPC 任務的函數,該函數主要是建立一個任務(task),然後呼叫 rpc_execute() 函數來執行任務。在對任務初始化的過程中完成了對 tk_action() 函數的初始化,這個就是在某個狀態時執行的動作(action),如程式 5-4 所示。

▼ 程式 5-4 rpc_run_task() 函數的實現

```
net/sunrpc/clnt.c  nfs3_proc_mkdir-> nfs3_do_create-> rpc_call_sync-> rpc_run_task
1128  struct rpc_task *rpc_run_task(const struct rpc_task_setup *task_
      setup_data)
1129  {
1130      struct rpc_task *task;
1131
1132      task = rpc_new_task(task_setup_data);    // 新建任務結構
1133
1134      if (!RPC_IS_ASYNC(task))
1135          task->tk_flags |= RPC_TASK_CRED_NOREF;
1136
1137      rpc_task_set_client(task, task_setup_data->rpc_client);
1138      rpc_task_set_rpc_message(task, task_setup_data->rpc_message);
1139       // 如果沒有初始化動作,將初始動作初始化為start,這在後面狀態機
      中使用
1140      if (task->tk_action == NULL)
1141          rpc_call_start(task);
1142
1143      atomic_inc(&task->tk_count);
1144      rpc_execute(task);       //執行任務
1145      return task;
1146  }
```

rpc_execute() 函數並不一定馬上執行任務,這要根據是同步任務還是非同步任務而定。如果是同步任務,則 rpc_execute() 函數會呼叫 __rpc_execute() 函數執行任務;如果是非同步任務,則將任務放入佇列中,如程式 5-5 所示。

▼ 程式 5-5 rpc_execute() 函數的實現

```
net/sunrpc/sched.c
984    void rpc_execute(struct rpc_task *task)
985    {
986        bool is_async = RPC_IS_ASYNC(task);
987
988        rpc_set_active(task);
           // 如果是非同步任務，則將任務放入佇列中
989        rpc_make_runnable(rpciod_workqueue, task);
990        if (!is_async)
               // 如果是同步任務，則rpc_execute()函數會呼叫__rpc_execute()
       函數執行任務
991            __rpc_execute(task);
992    }
```

__rpc_execute() 函數內部核心是 for 迴圈，這就是前文提到的狀態機的實現。狀態機的實現原理是在 for 迴圈中不斷地執行任務中的 tk_action 函數指標。在執行 tk_action 函數指標時更新任務中 tk_action 的值，從而實現狀態的轉換。當 tk_action 的值更新為 NULL 時，說明沒有新的狀態，此時退出狀態機。

在本實例中，任務在初始化時呼叫 rpc_call_start() 函數完成了動作（tk_action）的初始化，該動作函數為 call_start()。然後在狀態機中會呼叫 call_start() 函數，而該函數除了完成其基本功能，還會將任務中 tk_action 的值更新，也就是更新為 call_reserve。這樣，當進行下次迴圈時就會執行 call_reserve() 函數。依次類推，就可以完成整個狀態的切換。圖 5-12 所示為 RPC 發送訊息狀態轉換圖。

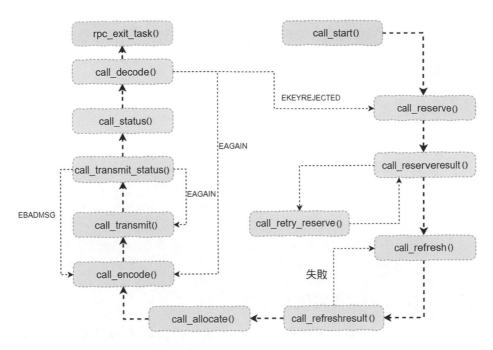

▲ 圖 5-12　RPC 發送訊息狀態轉換圖

這裡狀態機實現的對任務各個狀態的轉換其實就是處理任務的不同階段，如編碼、發送訊息和解碼等。以發送訊息為例，主要業務邏輯在 call_transmit() 函數中實現。圖 5-13 所示為 call_transmit() 函式呼叫具體 xprt 處理函數的主線流程，最終呼叫 xprt 的 send_request 函數指標。這裡 xprt 是指具體的資料傳輸協定類型，可以是 TCP 協定或 UDP 協定等。

以 TCP 協定為例，函數指標 send_request 是在 xs_tcp_send_request() 函數中實現的。xs_tcp_send_request() 函數會呼叫 xprt_sock_sendmsg() 函數進行資料發送，最終呼叫核心 socket 的 sock_sendmsg() 函數將資料發送到服務端。

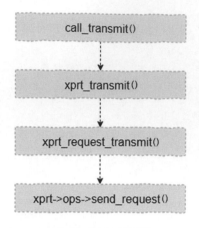

▲ 圖 5-13 call_transmit() 函式呼叫具體 xprt 處理函數的主流程

5.6.4.2 NFS 協定掛載流程分析

任何檔案系統在使用之前都需要進行掛載,網路檔案系統當然也不例外。前文已述,在 NFS 協定中掛載的是一個獨立的協定,主要實現了掛載、卸載和查看匯出目錄等功能。本節將主要介紹一下 NFS 協定的掛載流程。

透過對本地檔案系統掛載分析,我們知道檔案系統掛載的主要動作是從磁碟讀取超級區塊,然後生成 inode 和 dentry 節點,並與掛載點進行結合。網路檔案系統的掛載大概也是如此,但是網路檔案系統需要透過網路從服務端獲取根目錄的資訊。

在 Linux 核心中實現的 NFS 協定是基於 RPC 實現的,因此發送訊息的過程是呼叫的 RPC 的介面。程式 5-6 是掛載流程中發送訊息的函數實現,該函數的主要功能是封裝訊息,然後呼叫 RPC 服務的 API(rpc_call_sync())函數將訊息發送到服務端進行處理,具體內部實現細節請參考程式 5-6 及其中的註釋。

▼ 程式 5-6 nfs_mount() 函數的實現

```
fs/nfs/mount_clnt.c
```

```
145  int nfs_mount(struct nfs_mount_request *info)
146  {
147      struct mountres    result = {
148          .fh            = info->fh,
149          .auth_count    = info->auth_flav_len,
150          .auth_flavors  = info->auth_flavs,
151      };   // 用於儲存從服務端返回的內容
152      struct rpc_message msg    = {
153          .rpc_argp      = info->dirpath,
154          .rpc_resp      = &result,
155      };   // 請求訊息本體，主要包含路徑資訊，也就是期望掛載的路徑
156      struct rpc_create_args args = {
157          .net           = info->net,
158          .protocol      = info->protocol,
159          .address       = info->sap,
160          .addrsize      = info->salen,
161          .servername    = info->hostname,
162          .program       = &mnt_program,
163          .version       = info->version,
164          .authflavor    = RPC_AUTH_UNIX,
165          .cred          = current_cred(),
166      };
167      struct rpc_clnt        *mnt_clnt;
168      int            status;
169
170      dprintk("NFS: sending MNT request for %s:%s\n",
171          (info->hostname ? info->hostname : "server"),
172              info->dirpath);
173
174      if (strlen(info->dirpath) > MNTPATHLEN)
175          return -ENAMETOOLONG;
176
177      if (info->noresvport)
```

```
178          args.flags |= RPC_CLNT_CREATE_NONPRIVPORT;
179
180      mnt_clnt = rpc_create(&args);
181      if (IS_ERR(mnt_clnt))
182          goto out_clnt_err;
183      // 使用掛載（MNT）函數處理填充訊息
184      if (info->version == NFS_MNT3_VERSION)
185          msg.rpc_proc = &mnt_clnt->cl_procinfo[MOUNTPROC3_MNT];
186      else
187          msg.rpc_proc = &mnt_clnt->cl_procinfo[MOUNTPROC_MNT];
188      // 呼叫PRC的介面，rpc_call_sync()函數發送前面填充的訊息
189      status = rpc_call_sync(mnt_clnt,
                              &msg, RPC_TASK_SOFT|RPC_TASK_TIMEOUT);
190      rpc_shutdown_client(mnt_clnt);
         // 刪除部分非關鍵程式
```

上述函式呼叫的是 RPC 的同步介面，服務端返回的結果會儲存在區域變數 result 中（第 147 行～第 151 行）。透過 mountres 結構的定義和 NFS 協定的介紹，我們知道掛載操作主要從服務端獲取根目錄的控制碼資訊，這個控制碼在後續的操作中都會用到。

在 nfs_mount() 函數中，需要說明的是訊息的初始化，這裡除了需要初始化必要的參數，還要對 rpc_proc 成員進行初始化。該成員是一個結構，它不僅包含註冊具體的常式 ID，還包括進行資料編碼和解碼的處理函數等內容，如程式 5-7 所示。

▼ 程式 5-7 rpc_procinfo 結構

fs/nfs/mount_clnt.c

```
490  static const struct rpc_procinfo mnt3_procedures[] = {
491      [MOUNTPROC3_MNT] = {
492          .p_proc          = MOUNTPROC3_MNT,        // 常式ID
493          .p_encode        = mnt_xdr_enc_dirpath,   // 參數編碼函數
```

```
494            .p_decode         =  mnt_xdr_dec_mountres3, // 解碼函數
495            .p_arglen         =  MNT_enc_dirpath_sz,
496            .p_replen         =  MNT_dec_mountres3_sz,
497            .p_statidx        =  MOUNTPROC3_MNT,
498            .p_name           =  "MOUNT",
499        },
500        [MOUNTPROC3_UMNT] = {
501            .p_proc           =  MOUNTPROC3_UMNT,
502            .p_encode         =  mnt_xdr_enc_dirpath,
503            .p_arglen         =  MNT_enc_dirpath_sz,
504            .p_statidx        =  MOUNTPROC3_UMNT,
505            .p_name           =  "UMOUNT",
506        },
507    };
508
```

5.6.4.3 NFS 協定讀 / 寫資料流程分析

有了前面本地檔案系統相關章節的介紹，學習 NFS 用戶端檔案系統的讀
/ 寫流程就沒那麼困難了。對於 NFS 來說，也包含同步寫、非同步寫和
直接寫等模式，關於這部分內容與本地檔案系統沒有差異。

為了實現與 VFS 的對接，NFS 也要實現一套函數指標介面，以檔案相
關的操作為例，其實現的函數指標如程式 5-8 所示。對於寫資料來說，
VFS 會呼叫 NFS 的 nfs_file_write() 函數。

▼ 程式 5-8 NFS 檔案系統函數指標

fs/nfs/file.c
```
842    const struct file_operations nfs_file_operations = {
843        .llseek           = nfs_file_llseek,
844        .read_iter        = nfs_file_read,
845        .write_iter       = nfs_file_write,
```

```
846          .mmap              = nfs_file_mmap,
847          .open              = nfs_file_open,
848          .flush             = nfs_file_flush,
849          .release           = nfs_file_release,
850          .fsync             = nfs_file_fsync,
851          .lock              = nfs_lock,
852          .flock             = nfs_flock,
853          .splice_read       = generic_file_splice_read,
854          .splice_write      = iter_file_splice_write,
855          .check_flags       = nfs_check_flags,
856          .setlease          = simple_nosetlease,
857  };
858  EXPORT_SYMBOL_GPL(nfs_file_operations);
859
```

在 nfs_file_write() 函數中,如果有 SYNC 標記則會觸發同步寫的流程,
否則寫入快取後就會返回給呼叫者。在本節中,我們主要關注觸發同步
寫的流程,也就是資料是如何從 NFS 檔案系統發送到服務端的。

直接寫和同步寫都會觸發將資料發送到服務端的流程,本節以同步寫為
例介紹資料是如何發送到服務端的。如果觸發同步寫,則會呼叫 nfs_
file_fsync() 函數,該函數可以將快取資料傳輸到服務端的入口,如圖
5-14 所示。

這裡 nfs_do_writepage() 函數用於將一個快取頁發送到服務端,具體實
現如程式 5-9 所示。其中,主要功能由 nfs_page_async_flush() 函數完
成。這裡比較重要的參數是 pgio,在該參數中有頁資料傳輸相關的函數
指標,關於該參數類型的詳細定義請參考核心原始程式碼。

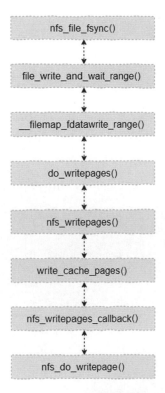

▲ 圖 5-14 nfs_file_fsync() 函數的主線流程

▼ 程式 5-9 nfs_do_writepage() 函數的實現

net/sunrpc/nfs3proc.c

```
649   static int nfs_do_writepage(struct page *page, struct writeback_
      control *wbc,
650                struct nfs_pageio_descriptor *pgio)
651   {
652       int ret;
653
654       nfs_pageio_cond_complete(pgio, page_index(page));
655       ret = nfs_page_async_flush(pgio, page);
656       if (ret == -EAGAIN) {
```

```
657            redirty_page_for_writepage(wbc, page);
658            ret = AOP_WRITEPAGE_ACTIVATE;
659        }
660        return ret;
661    }
```

nfs_page_async_flush() 函數的主線流程如圖 5-14 所示。nfs_generic_
pg_pgios() 函數就是 pgio 初始化的函數指標,其在 nfs_pageio_doio() 函
數中被呼叫。該主線流程最終呼叫 nfs_initiate_pgio() 函數,該函數完成
PRC 訊息和參數的封裝後,呼叫 RPC 服務的 API 函數完成請求。

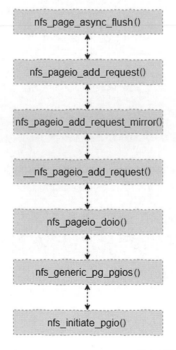

▲ 圖 5-15 nfs_page_async_flush() 函數的主線流程

當 nfs_initiate_pgio() 函式呼叫 rpc_run_task() 函數之後,整個流程就進
入 RPC 服務內部,也就是進入 RPC 服務狀態機的流程。

圖 5-16 所示為 NFS 寫資料的整體流程。服務端向 RPC 註冊了各種回呼函數，當接收到用戶端的請求時會呼叫具體的回呼函數進行處理。本實例將呼叫 nfsd3_proc_write() 函數，該函數最後呼叫 VFS 層的寫資料函數，而 VFS 層的寫資料函數則呼叫具體檔案系統（如 Ext4）的函數完成最終的寫資料操作。

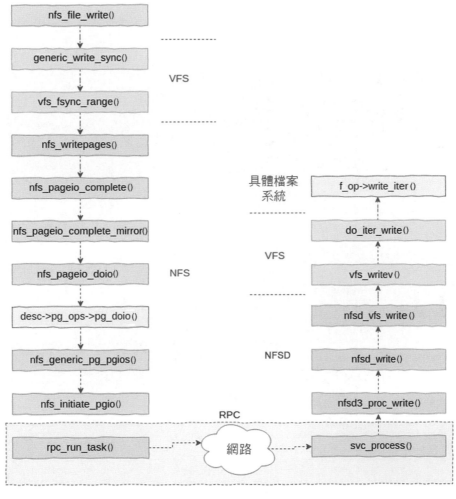

▲ 圖 5-16 NFS 寫資料的整體流程

5.6.4.4 NFS 協定檔案鎖實現分析

透過前文已知 NFSv3 及之前版本有獨立的鎖協定,而 NFSv4 之後則透過自有協定實現鎖相關的特性。核心實現的 NFS、NFSv2、NFSv3 和 NFSv4 相關內容都在 nfs 目錄中實現,只不過透過不同的函數指標來呼叫不同版本的鎖功能。對於服務端來說,檔案鎖相關的功能在 lockd 目錄中。

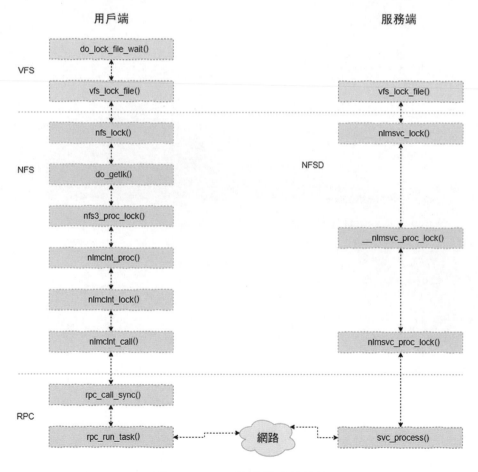

▲ 圖 5-17 NFS 協定檔案鎖的流程

對於 NFS 檔案系統來説,在呼叫鎖的 API 時會首先經過 VFS 層,然後進入 NFS 相關的處理邏輯。圖 5-17 所示為 NFS 協定檔案鎖的流程。

本節以 NFSv3 對應的檔案鎖協定為例介紹一下核心程式是如何實現檔案鎖的。檔案鎖的實現與 NFS 協定的讀寫等操作類似,其主要原理是將用戶端的請求傳送到服務端。由於 NFSv3 協定中的檔案沒有狀態,因此在服務端需要一個專門的鎖服務來記錄這些狀態。

對於用戶端的流程來説,當使用者呼叫鎖相關 API 時會先觸發 VFS 層中的 vfs_lock_file() 函數,而該函數則會呼叫具體檔案系統的實現,本實例為 NFS 註冊的函數,也就是 nfs_lock() 函數,如程式 5-10 所示。

▼ 程式 5-10 nfs_lock() 函數的實現

```
fs/nfs/file.c
773  int nfs_lock(struct file *filp, int cmd, struct file_lock *fl)
774  {
         // 刪除部分程式

798      if (IS_GETLK(cmd))
799          ret = do_getlk(filp, cmd, fl, is_local);
800      else if (fl->fl_type == F_UNLCK)
801          ret = do_unlk(filp, cmd, fl, is_local);
802      else
803          ret = do_setlk(filp, cmd, fl, is_local);
804  out_err:
805      return ret;
806  }
```

從上述程式可以看出,nfs_lock() 函數針對加鎖、解鎖等有不同的流程。對於加鎖來説是呼叫 do_getlk() 函數來實現的。接下來則是透過層層呼叫,最終呼叫 RPC 的 API。

服務端鎖服務的主要作用是記錄檔案的加鎖情況。在 NFSv3 協定中，每個檔案的加鎖情況是透過 nlm_block 資料結構來記錄的。同時為了記錄檔案系統中所有檔案的加鎖情況，在鎖服務中有一個全域變數 nlm_blocked 來記錄所有的 nlm_block 資訊。

當有來自用戶端的加鎖請求時，鎖服務透過呼叫 nlmsvc_lookup_block() 函數從全域變數 nlm_blocked 中尋找 nlm_block 實例，該實例記錄著檔案鎖的情況。然後從該實例中獲取鎖相關的資訊，以該資訊作為參數呼叫 VFS 中的 vfs_lock_file() 函數來完成加鎖的操作，這與本地檔案系統加鎖就沒有什麼差異了。

由此可以看出，對於網路鎖來說，本質上要透過 nlm_block 資料結構將檔案鎖維護起來，這樣在後續加鎖、解鎖時能夠查到該資訊即可。

▶ 5.7 NFS 服務端及實例解析

由於 NFS 本身是一個開放協定，無論是 Windows 還是 Linux，NFS 服務端有很多具體實現。Linux 本身就有一個原生的 NFS 服務端軟體。Windows 也有許多 NFS 服務端軟體，如 ProNFS 等，不過很多是商業的，我們無法看到其原始程式碼。

想要深入學習 NFS，還得依賴於 Linux 的開放原始碼專案。目前，比較流行的有原生 NFS 服務端軟體 NFSD 和 NFS-Ganesha。本節以 Linux 核心中原生 NFS 服務端軟體為例進行介紹。

5.7.1 NFSD

在 Linux 中，有一個 NFS 服務端，該服務端由核心態的模組和使用者態的守護處理程序組成。其中，核心態模組負責資料處理，而使用者態守護處理程序則負責核心態的配置管理等功能。由於核心功能在核心態實現，因此與 Linux 中的本地檔案系統有很好的相容性，性能也比較好。

由於網路鎖和掛載等協定與 NFS 協定不統一，因此都有獨立的服務來處理相關的邏輯，這樣整個 NFS 服務略顯繁雜。但是到 NFSv4 協定之後，NFS 協定將網路鎖協定和掛載協定都融入其中，因此具體實現也簡潔了。

前文已經簡要地描述了 NFS 協定在 Linux 核心中的層次結構。本節詳細介紹一下服務端的軟體架構。NFSD 的軟體架構並不複雜，其整體架構如圖 5-18 所示。

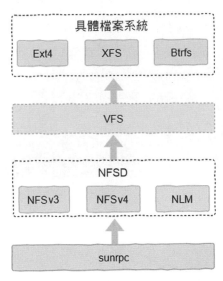

▲ 圖 5-18 NFSD 的整體架構

從圖 5-18 可以看出，當 RPC 服務收到來自用戶端的請求時，它會對請求進行分發，由具體的程式（如 NFS 或 NLM）來完成相關請求。其中請求的分發依據是資料封包中的程式 ID 和常式 ID，根據這兩個資訊就可以找到具體的函數指標。

如果相關請求涉及檔案操作，那麼在常式中會直接呼叫 VFS 的介面（如讀取資料）進行下一步的處理。而 VFS 則根據匯出的目錄資訊呼叫本地檔案系統（如 Ext4 和 XFS 等）的介面實現具體的操作。

在核心中實現了所有的 NFS 協定，如 NFSv3、NFSv4、MOUNT 和 NLM 等。由於從 RPC 服務到協定程式的流程是一樣的，限於篇幅我們並不會對每種協定都做介紹。本節主要以 NFSv3 協定為例介紹一下從網路收到訊息到最終完成協定層處理的整個流程。如果大家熟悉這個流程，再按照此流程來理解其他流程將非常容易。

首先，我們分析一下 NFSD 的啟動過程，該過程主要完成函數指標集向 RPC 服務註冊的過程。以處理 NFS 協定的服務端為例，關鍵是啟動了一個執行緒池。該核心執行緒池不斷地接收網路訊息，解碼之後呼叫註冊的回呼函數進行具體命令的處理。程式 5-11 是 NFS 服務的主函數，函數指標的註冊和執行緒池的建立都在其中實現。

▼ 程式 5-11 NFS 服務的主函數

net/nfsd/nfssvc.c

```
740   int
741   nfsd_svc(int nrservs, struct net *net, const struct cred *cred)
742   {
743       int     error;
744       bool    nfsd_up_before;
745       struct nfsd_net *nn = net_generic(net, nfsd_net_id);
746
```

```
747    mutex_lock(&nfsd_mutex);
748    dprintk("nfsd: creating service\n");
749
750    nrservs = max(nrservs, 0);
751    nrservs = min(nrservs, NFSD_MAXSERVS);
752    error = 0;
753
754    if (nrservs == 0 && nn->nfsd_serv == NULL)
755        goto out;
756
757    strlcpy(nn->nfsd_name, utsname()->nodename,
758        sizeof(nn->nfsd_name));
759
760    error = nfsd_create_serv(net);    // 在nfsd_create_serv()函數內
    部實現函數指標的註冊
761    if (error)
762        goto out;
763
764    nfsd_up_before = nn->nfsd_net_up;
765
766    error = nfsd_startup_net(nrservs, net, cred); // 啟動網路
767    if (error)
768        goto out_destroy;
769    error = nn->nfsd_serv->sv_ops->svo_setup(nn->nfsd_serv,
770            NULL, nrservs);                        // 啟動執行緒池
    // 刪除部分程式
786    }
```

使用 nfsd_svc() 函數主要完成三件事，分別是註冊函數指標、啟動網路和啟動執行緒池。其中，註冊函數指標會完成 NFS 協定中的函數指標（nfsd_program）和服務端的任務處理函數指標（nfsd_thread_sv_ops）的註冊；啟動執行緒池呼叫的函數是 svc_set_num_threads()，該函數是 RPC 服務的介面，它會以任務處理函數作為執行緒函數來啟動執行緒池。

然後，我們看一下註冊函數指標的函數實現，如程式 5-12 所示。

▼ 程式 5-12 nfsd_create_serv() 函數的實現

net/nfsd/nfssvc.c

```
609   int nfsd_create_serv(struct net *net)
610   {
611       int error;
612       struct nfsd_net *nn = net_generic(net, nfsd_net_id);
613
614       WARN_ON(!mutex_is_locked(&nfsd_mutex));
615       if (nn->nfsd_serv) {
616           svc_get(nn->nfsd_serv);
617           return 0;
618       }
619       if (nfsd_max_blksize == 0)
620           nfsd_max_blksize = nfsd_get_default_max_blksize();
621       nfsd_reset_versions(nn);
622       nn->nfsd_serv = svc_create_pooled(&nfsd_program, nfsd_max_blksize,
623                       &nfsd_thread_sv_ops);        // 註冊函數指標
624       if (nn->nfsd_serv == NULL)
625           return -ENOMEM;
626
627       nn->nfsd_serv->sv_maxconn = nn->max_connections;
628       error = svc_bind(nn->nfsd_serv, net);
629       if (error < 0) {
630           svc_destroy(nn->nfsd_serv);
631           return error;
632       }
      // 刪除部分程式
645   }
```

其中，nfsd_program 和 nfsd_thread_sv_ops 分別是協定函數指標集實例
和服務函數指標集實例。這兩個函數指標集的定義如程式 5-13 和程式
5-14 所示。

▼ 程式 5-13 nfsd_program 協定函數指標集的定義

```
net/nfsd/nfssvc.c
135    struct svc_program        nfsd_program = {
136    #if defined(CONFIG_NFSD_V2_ACL) || defined(CONFIG_NFSD_V3_ACL)
137        .pg_next            = &nfsd_acl_program,
138    #endif
139        .pg_prog            = NFS_PROGRAM,      // 程式號
140        .pg_nvers           = NFSD_NRVERS,
141        .pg_vers            = nfsd_version,     // 保存所有NFS版本的資訊
142        .pg_name            = "nfsd",           // 程式名稱
143        .pg_class           = "nfsd",           // 認證類別
144        .pg_stats            = &nfsd_svcstats,
145        .pg_authenticate     = &svc_set_client,  // 匯出認證
146        .pg_init_request     = nfsd_init_request,
147        .pg_rpcbind_set      = nfsd_rpcbind_set,
148    };
```

在程式 5-13 中，nfsd_program 協定函數指標集由全域變數 nfsd_version
定義，該全域變數中包含多個版本（NFSv2、NFSv3、NFSv4）的 NFS
函數指標。關於這部分程式邏輯比較簡單，請大家自行閱讀相關程式，
本節不再贅述。

在程式 5-14 中，nfsd_thread_sv_ops 服務函數指標集主要包括用於處理
訊息的執行緒函數 nfsd() 和啟動執行緒池的 svc_set_num_threads() 函數
等。

▼ 程式 5-14 nfsd_thread_sv_ops 服務函數指標集的定義

```
net/nfsd/nfssvc.c
596    static const struct svc_serv_ops nfsd_thread_sv_ops = {
597        .svo_shutdown            = nfsd_last_thread,
598        .svo_function            = nfsd,
599        .svo_enqueue_xprt        = svc_xprt_do_enqueue,
```

```
600         .svo_setup              = svc_set_num_threads,
601         .svo_module             = THIS_MODULE,
602     };
```

透過上面分析，我們能夠對 NFSD 有一個整體的認識。NFSD 透過執行
緒函數 nfsd() 呼叫 RPC 的介面接收和處理訊息，而 RPC 服務則根據解
析的訊息將訊息分發給註冊的函數指標。雖然大家對 NFSD 有了一個整
體的認識，但如果不閱讀程式則可能還是比較模糊。為了讓大家更加清
晰地了解處理流程，下面以寫資料為例分析一下整個處理流程。

在 nfsd() 函數中，分別呼叫 RPC 服務的 svc_recv() 函數和 svc_process()
函數來接收和處理資料。接收資料部分邏輯比較簡單，請大家自行閱讀
程式，這裡重點介紹一下處理資料的實現。

svc_process() 介面函數最終呼叫 svc_process_common() 函數來完成實
際的處理流程，如程式 5-15 所示。這裡展示的程式並非該函數的全部
程式，而是刪減了部分非關鍵程式後的主要處理邏輯。

▼ 程式 5-15 svc_process_common() 函數的實現

```
net/nfsd/nfssvc.c
1271    static int
1272    svc_process_common(struct svc_rqst *rqstp, struct kvec *argv,
        struct kvec *resv)
1273    {
            //刪除部分程式
1310        rqstp->rq_prog = prog = svc_getnl(argv);        // 程式號
1311        rqstp->rq_vers = svc_getnl(argv);               // 版本編號
1312        rqstp->rq_proc = svc_getnl(argv);               // 常式號
1313        // 根據程式ID（prog）找到具體的程式指標，對於NFS來說就是nfsd_
        program
1314        for (progp = serv->sv_program; progp; progp = progp->pg_next)
```

```
1315          if (prog == progp->pg_prog)
1316              break;
     // 刪除認證相關的程式
     // 完成請求的初始化，對於NFS來說是nfsd_init_request()函數，
  該函數根據接收到的資料封包的資料完成對rqstp的初始化，包括常式（如
  read()、write()等常式函數）和參數等
     rpc_stat = progp->pg_init_request(rqstp, progp, &process);
1352     switch (rpc_stat) {
1353     case rpc_success:
1354         break;
1355     case rpc_prog_unavail:
1356         goto err_bad_prog;
1357     case rpc_prog_mismatch:
1358         goto err_bad_vers;
1359     case rpc_proc_unavail:
1360         goto err_bad_proc;
1361     }
1362
1363     procp = rqstp->rq_procinfo;
1364     // Should this check go into the dispatcher?
1365     if (!procp || !procp->pc_func)
1366         goto err_bad_proc;
1367
1368     // 完成語法檢查
1369     serv->sv_stats->rpccnt++;
1370     trace_svc_process(rqstp, progp->pg_name);
1371
1372     // 建構回復表頭
1373     statp = resv->iov_base +resv->iov_len;
1374     svc_putnl(resv, RPC_SUCCESS);
1375
1376
1377
1378
1379     if (procp->pc_xdrressize)
1380         svc_reserve_auth(rqstp, procp->pc_xdrressize<<2);
```

```
1381
1382        // 呼叫處理請求的函數
1383        if (!process.dispatch) {              // 請求處理
1384            if (!svc_generic_dispatch(rqstp, statp))
1385                goto release_dropit;
1386            if (*statp == rpc_garbage_args)
1387                goto err_garbage;
1388            auth_stat = svc_get_autherr(rqstp, statp);
1389            if (auth_stat != rpc_auth_ok)
1390                goto err_release_bad_auth;
1391        } else {
1392            dprintk("svc: calling dispatcher\n");
1393            if (!process.dispatch(rqstp, statp))
1394                goto release_dropit;          // 釋放應答資訊
1395        }
1396        // 刪除部分程式
    }
1485
```

請求初始化的流程並不複雜，主要是根據請求資料封包中的資料完成對請求結構的初始化，核心是完成函數指標的初始化（第 1352 行）。完成初始化後就可以呼叫 svc_generic_dispatch() 函數進行請求處理（第 1385 行），該函數包含兩部分功能：一部分是對資料封包進行解碼，主要解析 NFS 需要的參數（第 1188 行～第 1192 行）；另一部分是呼叫對應的函數指標進行進一步處理（第 1194 行）。svc_generic_dispatch() 函數的實現如程式 5-16 所示。

▼ 程式 5-16 svc_generic_dispatch() 函數的實現

net/sunrpc/svc.c

```
1177    static int
1178    svc_generic_dispatch(struct svc_rqst *rqstp, __be32 *statp)
1179    {
```

```
1180    struct kvec *argv = &rqstp->rq_arg.head[0];
1181    struct kvec *resv = &rqstp->rq_res.head[0];
1182    const struct svc_procedure *procp = rqstp->rq_procinfo;
1183
1184
1185
1186
1187
1188    if (procp->pc_decode &&
1189        !procp->pc_decode(rqstp, argv->iov_base)) {  // 對二進位
資料進行解碼
1190        *statp = rpc_garbage_args;
1191        return 1;
1192    }
1193    // 呼叫註冊的函數指標進行處理，如nfsd3_proc_write等
1194    *statp = procp->pc_func(rqstp);
1195
1196    if (*statp == rpc_drop_reply ||
1197        test_bit(RQ_DROPME, &rqstp->rq_flags))
1198        return 0;
1199
1200    if (test_bit(RQ_AUTHERR, &rqstp->rq_flags))
1201        return 1;
1202
1203    if (*statp != rpc_success)
1204        return 1;
1205
1206
1207    if (procp->pc_encode &&
1208        !procp->pc_encode(rqstp, resv->iov_base + resv->iov_len)) {
1209        dprintk("svc: failed to encode reply\n");
1210        // serv->sv_stats->rpcsystemerr++;
1211        *statp = rpc_system_err;
1212    }
1213    return 1;
1214 }
```

在 svc_generic_dispatch() 函數中呼叫的函數指標正是服務啟動時註冊的，並在請求解析時在程式 5-15 中完成了初始化。返回 svc_generic_dispatch() 函數中就可以使用呼叫的函數指標進行相關處理。

當呼叫到具體的函數指標（如 nfsd3_proc_write）時就進入了具體的流程，這部分邏輯相對比較簡單。以讀 / 寫為例，相關函數通常呼叫 VFS 的檔案存取介面來完成具體的操作。

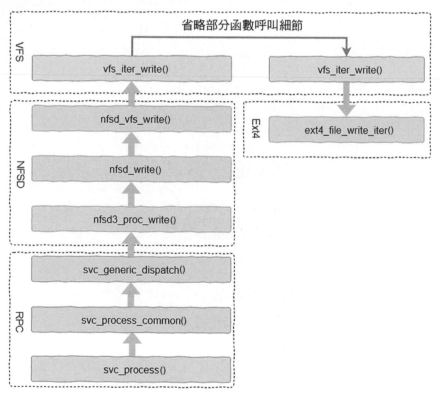

▲ 圖 5-19 NFSD 寫資料呼叫流程

上述邏輯實際上已經比較清晰了，但是由於很多地方使用了函數指標，所以給大家的感覺不夠直觀。為了讓大家能夠更加清晰地理解 NFS 服務端處理請求的流程，下面以寫資料為例舉出整個函式呼叫流程，如圖 5-19 所示。

透過圖 5-19 可以看清楚寫資料的處理流程及各個模組的函數。需要注意的是，圖 5-19 只羅列了關鍵的函數，並非所有函數。

對於協定其他函數的處理，在 RPC 模組的流程是一樣的，差異在 NFSD 模組中，主要是 NFSD 模組中被呼叫的函數指標有所不同。

5.7.2 NFS-Ganesha

NFS-Ganesha 是一個使用者態的 NFS 服務端，提供了與作業系統核心 NFSD 相同的功能。NFS-Ganesha 具有在使用者態實現、多協定支援和後端多儲存類型支援三個特點。由於在使用者態實現這個特點，因此很多其他特性的實現也比較方便。同時由於在使用者態實現，讀 / 寫會出現核心態與使用者態拷貝的情況，因此性能相對 NFSD 要差一些。

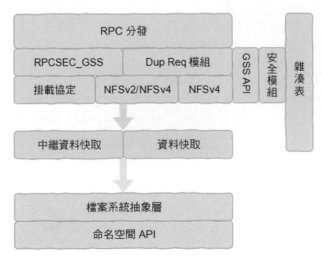

▲ 圖 5-20 NFS-Ganesha 的整體架構

NFS-Ganesha 的整體架構（見圖 5-20）與核心 NFSD 的整體架構類似，也是透過守護處理程序和函數指標的方式實現請求的分發處理。NFS-Ganesha 沒有實現自己的 RPC 函數庫，而是使用了 TI-RPC。

由於基於第三方 RPC 函數庫，因此 NFS-Ganesha 只需要將關鍵的函數指標註冊到該 RPC 函數庫即可。這樣，當用戶端有請求時，RPC 函數庫會自動找到對應的函數指標進行處理，這部分邏輯將會比較簡單。

我們重點看一下 NFS-Ganesha 初始化的過程，如程式 5-17 所示。透過閱讀程式可以知道，nfs_Init_svc() 函數的主要功能是 RPC 模組的初始化（第 1262 行）和函數指標的註冊（第 1324 行以下）。其中，函數指標的註冊又包含 XPRT 的建立（第 1324 行）和具體函數註冊兩部分邏輯。

▼ 程式 5-17 nfs_Init_svc() 函數

src/MainNFSD/nfs_rpc_dispacher_thread.c

```
1214   void nfs_Init_svc(void)
       {
           // 刪除部分程式
1239
1240       svc_params.disconnect_cb = NULL;
1241       svc_params.alloc_cb = alloc_nfs_request;
1242       svc_params.free_cb = free_nfs_request;
1243       svc_params.flags = SVC_INIT_EPOLL;// 使用EPOLLmgmt.事件管理機制
1244       svc_params.flags |= SVC_INIT_NOREG_XPRTS; // 不呼叫xprt_
       register
1245       svc_params.max_connections = nfs_param.core_param.rpc.max_
       connections;
1246       svc_params.max_events = 1024;       // 事件佇列的長度
1247       svc_params.ioq_send_max =
1248           nfs_param.core_param.rpc.max_send_buffer_size;
1249       svc_params.channels = N_EVENT_CHAN;
```

```
1250       svc_params.idle_timeout = nfs_param.core_param.rpc.idle_
       timeout_s;
1251       svc_params.ioq_thrd_min = nfs_param.core_param.rpc.ioq_thrd_min;
1252       svc_params.ioq_thrd_max = nfs_param.core_param.rpc.ioq_thrd_max;
1253
1254       svc_params.gss_ctx_hash_partitions =
1255           nfs_param.core_param.rpc.gss.ctx_hash_partitions;
1256       svc_params.gss_max_ctx =
1257           nfs_param.core_param.rpc.gss.max_ctx;
1258       svc_params.gss_max_gc =
1259           nfs_param.core_param.rpc.gss.max_gc;
1260
1261       // 呼叫TI-RPC的初始化函數，完成RPC模組的初始化
1262       if (!svc_init(&svc_params))
1263           LogFatal(COMPONENT_INIT, "SVC initialization failed");
1264
1265       for (ix = 0; ix < EVCHAN_SIZE; ++ix){
1266           rpc_evchan[ix].chan_id = 0;
1267           code = svc_rqst_new_evchan(&rpc_evchan[ix].chan_id,
1268                       NULL
1269                       SVC_RQST_FLAG_NONE);
1270           if (code)
1271               LogFatal(COMPONENT_DISPATCH,
1272                   "Cannot create TI-RPC event channel (%d, %d)",
1273                   ix, code);
1274
1275       }


       // 刪除部分程式
1313       // 為RPC分配UDP和TCP通訊端
1314       Allocate_sockets();
1315
1316       if ((NFS_options & CORE_OPTION_ALL_NFS_VERS) != 0){
1317
1318           Bind_sockets();
```

```
1319
1320
1321        unregister_rpc();
1322
1323
1324        Create_SVCXPRTs();      // 建立XPRT，完成XPRT的初始化
1325      }

       //刪除部分程式
1354  #ifdef RPCBIND
1355      /*
1356       * 在NFS_V3和NFS_V4上為 UDP 和 TCP 執行
1357       * 所有 RPC 註冊。需要注意的是，V4 伺服器不需要
1358       * 在 rpcbind 上註冊，因此，如果註冊失敗，則不會讓啟動失敗
1359       */
1360  #ifdef _USE_NFS3
1361      if (NFS_options & CORE_OPTION_NFSV3) {
1362          Register_program(P_NFS, NFS_V3);      // 註冊函數指標
1363          Register_program(P_MNT, MOUNT_V1);
1364          Register_program(P_MNT, MOUNT_V3);
1365  #ifdef _USE_NLM
1366          if (nfs_param.core_param.enable_NLM)
1367              Register_program(P_NLM, NLM4_VERS);
1368  #endif
1369  #ifdef USE_NFSACL3
1370          if (nfs_param.core_param.enable_NFSACL)
1371              Register_program(P_NFSACL, NFSACL_V3);
1372  #endif
1373      }
1374  #endif
1375
1376      // NFS_V4版本的註冊是可選的
1377      if (NFS_options & CORE_OPTION_NFSV4)
1378          __Register_program(P_NFS, NFS_V4);
1379
1380  #ifdef _USE_RQUOTA
```

```
1381    if (nfs_param.core_param.enable_RQUOTA &&
1382        (NFS_options & CORE_OPTION_ALL_NFS_VERS)) {
1383        Register_program(P_RQUOTA, RQUOTAVERS);
1384        Register_program(P_RQUOTA, EXT_RQUOTAVERS);
1385    }
1386 #endif
1387 #endif
1388 }
```

使用 Create_SVCXPRTs() 函數建立 XPRT，其內部完成了對不同 XPRT 的
建立和初始化。以 TCP 協定為例，在 Create_tcp() 函數中主要完成對全
域變數 tcp_xprt 的初始化。在全域變數初始化中最重要的是將不同協定
分發函數（如 nfs_rpc_valid_NFS()）給予值給 XPRT，如程式 5-18 所示。

▼ 程式 5-18 Create_SVCXPRTs() 函數的實現

src/MainNFSD/nfs_rpc_dispatcher_thread.c
```
573 void Create_SVCXPRTs(void)
574 {
575     protos p;
576
577     LogFullDebug(COMPONENT_DISPATCH, "Allocation of the SVCXPRT");
578     for (p = P_NFS; p < P_COUNT; p++)
579         if (nfs_protocol_enabled(p)) {
580             Create_udp(p);
581             Create_tcp(p);
582         }
583 #ifdef RPC_VSOCK
584     if (vsock)
585         Create_tcp(P_NFS_VSOCK);
586 #endif
587 #ifdef _USE_NFS_RDMA
588     if (rdma)
589         Create_RDMA(P_NFS_RDMA);
```

```
590   #endif
591   }
```

函數指標的註冊是透過 Register_program() 函數完成的，該函數最終呼叫了 TI-RPC 中的 svc_reg() 函數來將 XPRT（比如 tcp_xprt）註冊到 RPC 服務中。這樣，當有請求時，RPC 服務就可以根據解析的請求來呼叫前面註冊的函數指標（如 nfs_rpc_valid_NFS）。以 Register_program() 函數為入口，後續根據訊息中的參數來呼叫具體的處理函數來完成相關的處理，以建立檔案為例，呼叫的函數為 nfs3_create()。

NFS-Ganesha 還實現對各種後端儲存的支援，包括 Ceph、GlusterFS 和 GPFS 等檔案系統。而對多種檔案系統的支援是透過檔案系統抽象層（FSAL）的模組來實現的。

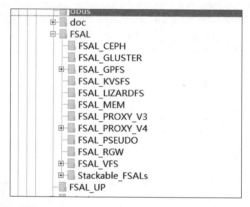

▲ 圖 5-21 Ganesha 原始程式碼中 FSAL 與不同後端的目錄結構

下面重點介紹一下 NFS-Ganesha 的 FSAL 模組，該模組類似於 Linux 核心中的虛擬檔案系統（VFS），它為協定處理函數提供了一個抽象層介面。所有協定的處理都呼叫該層面的介面，然後 FSAL 的介面根據配置資訊來呼叫具體後端的介面。這裡具體後端是為 Ceph 和 GlusterFS 等

實現的操作介面，可以將其與 VFS 中的具體檔案系統相對應。圖 5-21
所示為 Ganesha 原始程式碼中 FSAL 與不同後端的目錄結構。

由於 NFS-Ganesha 中的介面繁多，而邏輯又極其相似，因此這裡就不
再詳細介紹每個介面的邏輯細節。下面以為 Ceph 為例介紹協定處理函
數、FSAL 函數、後端函數和 Ceph 檔案系統 API 函數之間的對應關係。

表 5-6 列出了最主要的幾個函數，大家可以將該表對照原始程式碼閱
讀，這樣可以非常快速地釐清 NFS-Ganesha 各個模組的關係。由於其他
函數大同小異，所以此處並沒有羅列全部函數。

表 5-6 NFS-Ganesha 各層 API 對應舉例

NFSv3 協定	FSAL	FSAL_CEPH	Ceph API
nfs3_create()	fsal_open2()	ceph_fsal_open2()	ceph_ll_open()
nfs3_mkdir()	fsal_create()	ceph_fsal_mkdir()	ceph_ll_mkdir()
nfs3_lookup()	fsal_lookup()	ceph_fsal_lookup()	ceph_ll_lookup()
nfs3_read()	-	ceph_fsal_read2()	ceph_ll_read()
nfs3_write()	-	ceph_fsal_write2()	ceph_ll_write()
nfs3_remove()	fsal_remove()	ceph_fsal_unlink()	ceph_ll_unlink（檔案） ceph_ll_rmdir（目錄）

以寫資料的介面為例，回呼函數 nfs_rpc_valid_NFS() 會呼叫 nfs3_
write()，而該函數則會透過 fsal_obj_handle 物件中註冊的函數進行進一
步的處理。對於 Ceph 來說，註冊的函數為 ceph_fsal_write2()，該函數
會呼叫 Ceph API 函數庫中的 ceph_ll_write() 函數完成寫資料的操作。

fsal_obj_handle 物件的實例則是各個後端透過自己的 create_handle()
函數來建立的。以 Ceph 為例，create_handle() 函數是在 FSAL_CEPH/

export.c 中實現的，該函數透過呼叫 construct_handle 來完成 fsal_obj_handle 的分配和初始化。

關於其他處理流程與寫資料流程並沒有太大的差異，大家可以參考寫資料的流程進行理解。至此，我們也完成了本章所有內容的介紹。

提供橫向擴展的分散式檔案系統

前文已經對網路檔案系統進行了深入的介紹，並且對一些開放原始碼的網路檔案系統的程式實現進行解析。同時，我們發現常規的網路檔案系統最大的缺點是服務端無法實現橫向擴展。這個缺點對大型網際網路應用來說幾乎是不可容忍的。

本章將介紹一下在網際網路領域應用非常廣泛的分散式檔案系統。分散式檔案系統最大的特點是服務端透過電腦叢集實現，可以實現橫向擴展，儲存端的儲存容量和性能可以透過橫向擴展的方式實現近似線性的提升。

▶ 6.1 什麼是分散式檔案系統

分散式檔案系統（Distributed File System，簡稱 DFS）是網路檔案系統的延伸，其關鍵點在於儲存端可以靈活地橫向擴展。也就是可以透過增加裝置（主要是伺服器）數量的方法來擴充儲存系統的容量和性能。同時，分散式檔案系統還要對用戶端提供統一的視圖。也就是說，雖然分散式檔案系統服務由多個節點組成，但用戶端並不感知。在用戶端來看就好像只有一個節點提供服務，而且是一個統一的分散式檔案系統。

在分散式檔案系統中，最出名的就是 Google 的 GFS。除此之外，還有很多開放原始碼的分散式檔案系統，比較有名且應用比較廣泛的分散式檔案系統有 HDFS、GlusterFS、CephFS、MooseFS 和 FastDFS 等。

分散式檔案系統的具體實現有很多方法，不同的檔案系統通常用來解決不同的問題，在架構上也有差異。雖然分散式檔案系統有很多差異，但是有很多共通性的技術點。本章將介紹一下分散式檔案系統通用的關鍵技術點，並且結合實例介紹一下實現細節。

▶ 6.2 分散式檔案系統與網路檔案系統的異同

在有些情況下，NFS 等網路檔案系統也被稱為分散式檔案系統。但是在本書中，分散式檔案系統是指服務端可以橫向擴展的檔案系統。也就是說，分散式檔案系統最大的特點是可以透過增加節點的方式增加檔案系統的容量，提升性能。

當然，分散式檔案系統與網路檔案系統也有很多相同的地方。比如，分散式檔案系統也分為用戶端的檔案系統和服務端的服務程式。同時，由於用戶端與服務端分離，分散式檔案系統也要實現網路檔案系統中類似 RPC 的協定。

另外，分散式檔案系統由於其資料被儲存在多個節點上，因此還有其他特點。包括但不限於以下幾點。

（1）支援按照既定策略在多個節點上放置資料。
（2）可以保證在出現硬體故障時，仍然可以存取資料。
（3）可以保證在出現硬體故障時，不遺失資料。
（4）可以在硬體故障恢復時，保證資料的同步。
（5）可以保證多個節點存取的資料一致性。

由於分散式檔案系統需要用戶端與多個服務端互動，並且需要實現服務端的容錯，通常來說，分散式檔案系統都會實現私有協定，而非使用 NFS 等通用協定。

▶ 6.3 常見分散式檔案系統

分散式檔案系統的具體實現方法有很多，其實早在網際網路興盛之前就有一些分散式檔案系統，如 Lustre 等。早期分散式檔案系統更多應用在超級運算領域。

隨著網際網路技術的發展，特別是 Google 的 GFS 論文的發表，分散式檔案系統又得到進一步的發展。目前，很多分散式檔案系統是參考 Google 發布的關於 GFS 的論文實現的。比如，巨量資料領域中的 HDFS 及一些開放原始碼的分散式檔案系統 FastDFS 和 CephFS 等。

在開放原始碼分散式檔案系統方面，比較知名的專案有巨量資料領域的
HDFS 和通用的 CephFS 和 GlusterFS 等。這幾個開放原始碼專案在實際
生產中使用得相對比較多一些。接下來將對常見的分散式檔案系統進行
簡要的介紹。

6.3.1 GFS

GFS 是 Google 的一個分散式檔案系統，該分散式檔案系統因論文《*The
Google File System*》[12] 廣為世人所知。GFS 並沒有實現標準的檔案介
面，也就是其實現的介面並不與 POSIX 相容。但包含建立、刪除、打
開、關閉和讀 / 寫等基本介面。

GFS 叢集節點包括兩個基本角色：一個是 master，該角色的節點負責檔
案系統級中繼資料管理；另一個是 chunkserver，該角色的節點通常有
很多個，用於儲存實際的資料。GFS 對於檔案的管理是在 master 完成
的，而資料的實際讀 / 寫則可以直接與 chunkserver 互動，避免 master
成為性能瓶頸。

GFS 在實現時做了很多假設，如硬體為普通商用伺服器、檔案大小在數
百兆甚至更大及負載以順序大區塊讀者為主等。其中，對於檔案大小的
假設尤為重要。基於該假設，GFS 預設將檔案切割為 64MB 大小的邏輯
區塊（chunk），每個 chunk 生成一個 64 位元的控制碼，由 master 進行
管理。

這裡需要重點強調的是，每個 chunk 生命週期和定位是由 master 管理
的，但是 chunk 的資料則是儲存在 chunkserver 的。正是這種架構，當
用戶端獲得 chunk 的位置和存取權限後可以直接與 chunkserver 互動，
而不需要 master 參與，進而避免了 master 成為瓶頸。

圖 6-1 所示為 GFS 架構示意圖。

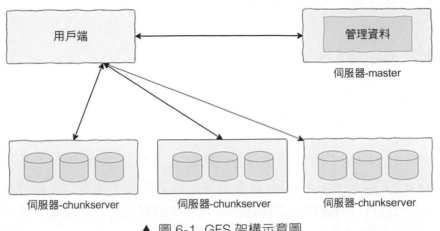

▲ 圖 6-1 GFS 架構示意圖

除了 GFS，還有很多類似架構的分散式檔案系統。比如，在巨量資料領域中的 HDFS，它是專用於 Hadoop 巨量資料儲存的分散式檔案系統。其架構與 GFS 的架構類似，包含一個用於管理中繼資料的節點和多個儲存資料的節點，分別為 namenode 和 datanode。

HDFS 主要用來進行大檔案的處理，它將檔案按照固定大小切割，然後儲存到資料節點。同時為了保證資料的可靠性，這些資料被放到多個不同的資料節點。檔案被切割的大小和同時放置資料節點的數量（副本數）是可配置的。

雖然 HDFS 是針對大檔案設計的，但是也可以處理小檔案。只不過對於小於切割單元的檔案不進行切割。另外，HDFS 對小檔案也做了一些最佳化，如 HAR 和 SequenceFile 等方案，但 HDFS 終究不是特意為小檔案設計的，因此在性能方面還有些欠缺。

除此之外，還有很多模仿 GFS 的開放原始碼分散式檔案系統，如

FastDFS、MooseFS 和 BFS 等。但大多數開放原始碼專案只實現了檔案系統最基本的語義，嚴格來說不能稱為分散式檔案系統，更像是物件儲存。

6.3.2 CephFS

有必要單獨介紹一下 CephFS 的原因是 CephFS 不僅實現了檔案系統的所有語義，而且實現了中繼資料服務的多存活橫向擴展 [13]。

CephFS 的架構與 GFS 的架構沒有太大差別，其突出的特點是在架構方面將 GFS 的單活 master 節點擴展為多存活節點。不僅可以中繼資料多存活，而且可以根據中繼資料節點的負載情況實現負載的動態均衡。這樣，CephFS 不僅可以透過增加節點來實現中繼資料的橫向擴展，還可以調整節點負載，最大限度地使用各個節點的 CPU 資源。

同時，CephFS 實現了對 POSIX 語言的相容，在用戶端完成了核心態和使用者態兩個檔案系統實現。當使用者掛載 CephFS 後，使用該檔案系統可以與使用本地檔案系統一樣方便。

6.3.3 GlusterFS

GlusterFS 是一個非常有歷史的分散式檔案系統，其最大的特點是沒有中心節點。也就是 GlusterFS 並沒有一個專門的中繼資料節點來管理整個檔案系統的中繼資料。

GlusterFS 抽象出卷冊（Volume）的概念，需要注意的是，這裡的卷冊與 Linux LVM 中的卷冊並非同一個概念。這裡的卷冊是對檔案系統的一個抽象，表示一個檔案系統實例。當我們在叢集端建立一個卷冊時，其實是建立了一個檔案系統實例。

GlusterFS 有多種不同類型的卷冊，如副本卷冊、分散連結卷冊和分散式卷冊等。正是透過這些卷冊特性的組合，GlusterFS 實現了資料可靠性和橫向擴展的能力。

▶ 6.4 分散式檔案系統的橫向擴展架構

前文介紹了分散式檔案系統概念、架構和實例等內容。從前文介紹中我們發現，對於儲存叢集端主要有兩種類型的架構模式：一種是以 GFS 為代表的有中心控制節點的分散式架構（以下簡稱為「中心架構」），另一種是對等的分散式架構（以下簡稱為「對等架構」），也就是沒有中心控制節點的架構。本節將介紹一下這兩種架構的模式。

6.4.1 中心架構

中心架構是指在儲存叢集中有一個或多個中心節點，中心節點維護整個檔案系統的中繼資料，為用戶端提供統一的命名空間。在實際生產環境中，中心節點通常是多於一個的，其主要目的是保證系統的可用性和可靠性。

在中心架構中，叢集節點的角色分為兩種：一種是前文所述的中心節點，又被稱為控制節點或中繼資料節點，這種類型的節點只儲存檔案系統的中繼資料資訊；另一種是資料節點，這種類型的節點用於儲存檔案系統的使用者資料。

圖 6-2 所示為中心架構示意圖，在該示意圖中包含一個控制節點和三個資料節點。當用戶端建立一個檔案時，首先會存取控制節點，控制節點

會進行中繼資料的相關處理，然後給用戶端應答。用戶端得到應答後與資料節點互動，在資料節點完成資料存取。

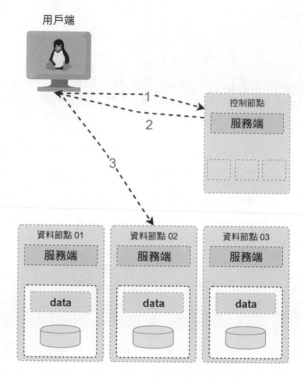

▲ 圖 6-2 中心架構示意圖

在分散式檔案系統中，控制節點除了儲存中繼資料還有很多其他功能，如對於存取權限的檢查、檔案鎖的特性和檔案的擴展屬性。

圖 6-2 只是簡單地描述了一下中心架構的存取流程，實際流程要複雜一些，還要有一些細節需要處理。在具體的實現方面，不同的檔案系統會有差異，這個我們在後面分析具體檔案系統時再深入了解。

為了保證檔案系統的可用性和可靠性，控制節點通常不止一個。比如，GFS 的控制節點是主備的方式，其中一個作為主節點對外提供服務。在主節點出現故障的情況下，業務會切換到備節點 [12]。由於中心架構的控制節點同一時間只有一個節點對外提供服務，因此也稱為單活控制節點。

單活控制節點有一個明顯的缺點就是中繼資料管理將成為性能瓶頸。因此有些分散式檔案系統實現了控制節點的橫向擴展，也就是多存活控制節點。比較有名的就是 CephFS[14]，CephFS 包含多個活動的控制節點（MDS），透過動態子樹的方式實現中繼資料的分散式管理和負載平衡。

6.4.2 對等架構

對等架構是沒有中心節點的架構，叢集中並沒有一個特定的節點負責檔案系統中繼資料的管理。在叢集中所有節點既是中繼資料節點，也是資料節點。在實際實現中，其實並不進行角色的劃分，只是作為一個普通的儲存節點。

由於在對等架構中沒有中心節點，因此主要需要解決兩個問題：一個是在用戶端需要一種位置計算演算法來計算資料應該儲存的位置；另一個是需要將中繼資料儲存在各個儲存節點，在某些情況下需要用戶端來整理。

這裡的用戶端可以是代理層。位置計算演算法的基本邏輯是根據請求的特徵來計算資料具體應該放到哪個節點。請求特徵可以是檔案名稱或資料偏移等具備唯一性的字串，不同檔案系統的實現略有所不同。

在類似演算法中常用的一種演算法為一致性雜湊演算法（Consistent Hashing）。一致性雜湊演算法建立了檔案特徵值與儲存節點的映射關係。當用戶端存取檔案時，根據特徵值可以計算出一個數值，然後根據這個數值可以從雜湊環上找到對應的裝置，如圖 6-3 所示。

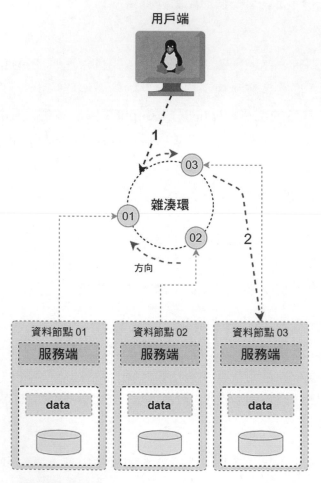

▲ 圖 6-3 基於計算位置的資料布局架構示意圖

在圖 6-3 中，當用戶端存取某一個資料時，首先根據請求特徵值的位置按照順時鐘規則確定為資料節點 03。然後，用戶端會直接與資料節點 03 互動，實現資料存取。

▶ 6.5 分散式檔案系統的關鍵技術

分散式檔案系統本身也是檔案系統,因此它與本地檔案系統和網路檔案系統等具備一些公共技術。除此之外,鑒於其分散式的特點,還涉及一些分散式的技術。本節將介紹一下分散式檔案系統相關的關鍵技術。

6.5.1 分散式資料布局

在介紹本地檔案系統時我們已經介紹過檔案系統資料布局的相關內容,主要介紹了資料在磁碟上是如何進行儲存和管理的。分散式檔案系統的資料布局關注的不是資料在磁碟的布局,而是資料在儲存叢集各個節點的放置問題。

在分散式檔案系統中,資料布局解決的主要問題是性能和負載平衡的問題。其解決方案就是透過多個節點來均攤用戶端的負載,也就是實現儲存叢集的橫向擴展。因此,在分散式檔案系統中,不僅要解決資料量的均衡問題,還要解決負載的均衡問題。

6.5.1.1 基於動態監測的資料布局

基於動態監測的資料布局是指透過監測儲存叢集各個節點的負載、儲存容量和網路頻寬等系統資訊來決定新資料放置的位置。另外,叢集節點之間還要有一些心跳資訊,這樣當有資料節點故障的情況下,控制節點可以及時發現,保證在決策時剔除。

由於需要整理各個節點的資訊進行決策,因此基於動態監測的資料布局通常需要一個中心節點。中心節點負責整理各種資訊並進行決策,並且會記錄資料的位置資訊等中繼資料資訊。使用類似技術的分散式檔案系統有 BFS 等。

圖 6-4 所示為基於動態監測的資料布局架構示意圖,展示了寫入資料的基本流程。在這種資料布局中,資料節點會定時地將儲存容量、節點負載和網路頻寬等彙報給控制節點。當用戶端需要寫入資料時,用戶端首先與控制節點互動(步驟 1);控制節點根據整理的資訊計算出新資料的位置,然後回饋給用戶端(步驟 2);用戶端根據位置資訊,直接與對應的資料節點互動(步驟 3)。

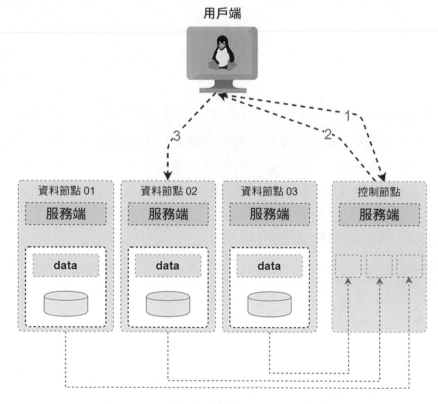

▲ 圖 6-4 基於動態監測的資料布局架構示意圖

6.5.1.2 基於計算位置的資料布局

基於計算位置的資料布局是一種固定的資料分配方式。在該架構中透過一個演算法來計算檔案或資料儲存的具體位置。當用戶端要存取某個檔案時，請求在用戶端或經過的某個代理節點計算出資料的具體位置，然後將請求路由到該節點進行處理。

圖 6-3 所示為基於計算位置的資料布局架構示意圖。當用戶端存取叢集資料時，首先計算出資料的位置（哪個節點），然後與該節點互動。

讀到這裡，大家可能覺得 6.5 節中的架構與 6.4 節中的架構有所重複。其實兩者並沒有絕對的關係。前面架構偏重於叢集節點的角色，區分點在於叢集中是否有控制節點。這裡資料布局架構則偏重於資料的放置方式，與架構無關。

以 CephFS 儲存為例，其架構是中心架構，中繼資料由 MDS 來管理。但是其資料布局則是基於計算位置的。在 CephFS 中，透過 inode ID 和資料的邏輯偏移來計算資料具體的位置。對於 GlusterFS 來說，其本身無中心架構，但是資料也是透過計算位置來放置的。所以，架構與資料布局並沒有絕對的連結，這一點需要注意。

6.5.2 分散式資料可靠性（Reliability）

分散式資料的可靠性是指在出現元件故障的情況下依然能夠能提供正常服務的能力。對於本節來說，資料的可靠性限定在出現故障的情況下儲存系統仍然能夠提供完整資料的能力。

在傳統儲存系統中，通常採用 RAID 技術來保證儲存資料的可靠性。RAID 技術透過一個或多個容錯的磁碟來保證在出現磁碟故障的情況下不會導致資料的遺失，並仍然對外提供資料存取的能力。

對於分散式檔案系統來說，由於資料會分散在多個節點上，因此在出現故障的情景下會變得更加複雜。很多元件出現故障後都會導致無法存取資料，如磁碟故障、伺服器故障、網路卡故障和交換機故障等。因此，在分散式檔案系統中，資料的可靠性是必須要考慮的內容。

6.5.2.1 複製技術（Replication）

複製技術是透過將資料複製到多個節點的方式來實現系統的高可靠。由於同一份資料會被複製到多個節點，這樣同一個資料就存在多個副本，因此也稱為多副本技術，這樣當出現節點故障時就不會影響資料的完整性和可存取性。

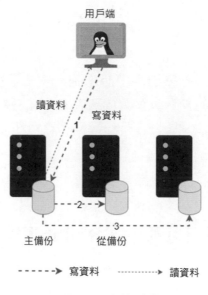

▲ 圖 6-5 主節點模式

多副本技術有兩種不同的模式：一種是基於主節點的多副本技術；另一種是無主節點的多副本技術。基於主節點的多副本技術是指在副本節點中有一個節點是主節點，所有的資料請求先經過主節點，如圖 6-5 所示。對於一個寫資料請求，用戶端將請求發送到主節點，主節點將資料複製到從節點，再給用戶端應答。

對於無主節點的副本模式，在叢集端並沒有一個主節點，副本邏輯在用戶端或代理層完成。當用戶端發送一個寫資料請求時，用戶端會根據策略自行（或者透過代理層）找到副本伺服器，並將多個副本發送到副本伺服器上。

如圖 6-6 所示，當用戶端向記憶體寫資料時，同時將資料寫入三個節點中，而讀取資料時則從其中兩個節點讀取。當然，這個讀 / 寫策略是可以根據業務需求調整的，主要視業務對資料一致性和性能等因素的要求而定。

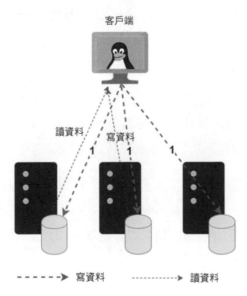

▲ 圖 6-6 無中心節點的多副本機制

在無中心多副本技術中通常需要一定的策略來保證資料一致性的，目前主要是透過 Quorum 一致性協定來保證的。該協定透過規定副本數量、寫成功副本數量和讀取資料副本數量等來保證資料一致性，具體見參考文獻中的資料 [15]。

多副本技術的基本原理非常簡單，困難在於專案實現。在一個大規模分散式系統中隨時會出現網路、磁碟或伺服器故障，而這些部件的故障會導致一個副本集中的某些副本是不完整的。除了要考慮資料完整性的問題，還要考慮性能、資料恢復和資料一致性等問題。然而，性能和資料一致性等問題的解決往往存在一定的矛盾，很難滿足所有的要求。

如果要求強一致性，那麼就需要資料同步到複本集的所有節點，而此時延遲時間會增大，對系統的性能產生影響。為了保證系統的性能，最好能夠讓寫入操作完成一個副本的寫資料後就返回，然後在後臺實現資料同步。但是，這種處理方式在讀取資料時就有可能存在一致性的問題。

6.5.2.2 糾刪碼技術（Erasure Code）

副本技術存在多個資料副本，因此需要消耗很多額外的儲存空間。以三個副本為例，需要額外消耗兩倍的儲存空間來保證資料的可靠性。也就是說，有 67% 的儲存空間是被無效占用的，有效儲存空間大概是 33%。

副本技術在性能和可靠性方面優勢明顯，但成本明顯比較高。為了降低儲存的成本，很多公司採用糾刪碼技術來保證資料的可靠性。現在，很多分散式儲存都支援糾刪碼技術，如 Ceph、HDFS 和 Azure。

糾刪碼是一種透過驗證資料來保證資料可靠性的技術，也就是該技術透過保存額外的一個或多個驗證區塊來提供資料容錯。與副本技術不同，這種資料容錯技術不能透過簡單複製來恢復資料，而是經過計算來得到遺失的資料。糾刪碼可以節省空間的原理是驗證區塊通常只占使用者資料的 50% 左右，儲存資料的有效率可以達到 66%，甚至更高。

傳統磁碟陣列的 RAID 技術可以認為是糾刪碼的一個特例,如 RAID5 可以透過一個驗證區塊來提供一份容錯,RAID6 可以提供兩份容錯。而在分散式儲存中通常使用的是 RS(Reed-Solomon)糾刪碼演算法,這種演算法可以提供更大的容錯資料量,如微軟的 Azure 可以提供四個容錯資料區塊,Google 的 GFS 可以提供三個容錯資料區塊。

下面以 RS 糾刪碼為例介紹一下糾刪碼的基本原理。限於篇幅,本節不會介紹太多實現細節,如果想要知道更多關於糾刪碼的細節則可以見參考文獻中的資料 [16][17]。

在描述一個使用糾刪碼的儲存系統時透過採用 RS(n,m) 的方式。其中,RS 表示糾刪碼演算法,而 n 表示使用者資料的區塊數,m 表示驗證資料的區塊數。如果將這些資料區塊分散在 $n+m$ 個獨立的存放裝置上(如磁碟),那麼在該系統中最多可以容忍 m 個裝置故障。以 Google 的 GFS II 儲存為例,其採用的是 RS(6 3),因此可以容忍最多三個磁碟故障。

RS 糾刪碼的基本原理是採用矩陣運算,將 n 個資料轉換為 $n+m$ 個資料進行儲存。其核心是找到一個生成矩陣(Generator Matrix),透過該矩陣與原始資料的運算可以得到最終要儲存的資料,如圖 6-7 所示。

對於編碼過程理解是相對簡單的,由於生成矩陣上部是對角線為 1 的單元矩陣,因此在與原始資料乘法的計算結果得到的依然是原始資料。而下部的 $m \times n$ 的子矩陣與原始資料計算得到的結果則為驗證資料。

在圖 6-7 的生成矩陣中,要求該生成矩陣的任意 $n \times n$ 的子矩陣是可逆的。這裡的關鍵就是如何建構下部 $m \times n$ 的矩陣,保證生成矩陣任意 $n \times n$ 子矩陣可逆的特性。上述 $m \times n$ 子矩陣並不需要我們自己構造,數學家在這方面已經做了很多工作,常見的有范德蒙德(Vandermonde)和柯西(Cauchy)兩種矩陣。

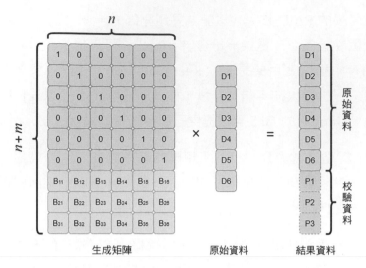

生成矩陣　　　　原始資料　　　結果資料

▲ 圖 6-7　RS 糾刪碼運算原理

以范德蒙德矩陣為例 [18]，本實例中三行的范德蒙德矩陣的格式如圖 6-8 所示。

$$
\begin{bmatrix}
1 & 1 & 1 & 1 & 1 & 1 \\
a_1^1 & a_2^1 & a_3^1 & a_4^1 & a_5^1 & a_6^1 \\
a_1^2 & a_2^2 & a_3^2 & a_4^2 & a_5^2 & a_6^2
\end{bmatrix}
$$

▲ 圖 6-8　范德蒙德矩陣的格式

資料恢復過程就是利用生成矩陣和剩餘可用資料來計算原始資料的過程。由於生成矩陣的任意一個 $n \times n$ 矩陣都是可逆的，因此當出現任何小於 m 個裝置故障的情況下，我們仍然能夠從生成矩陣中找到對應的一個 $n \times n$ 的子矩陣 $\boldsymbol{B'}$，該子矩陣與原始資料的乘積為結果資料的子集 R'。

$$B' \times D = R'$$

兩邊同時乘以 B'^{-1}：

$$B'^{-1} \times B' \times D = B'^{-1} \times R'$$

於是可以得到如下等式：

$$D = B'^{-1} \times R'$$

由於反矩陣 **B′** 可以根據生成矩陣計算得到，結果資料子集 R′ 是已知的，因此我們可以根據兩者計算出原始資料集 D。

6.5.3 分散式資料一致性（Consistency）

在分散式檔案系統中，由於同一個資料區塊被放置在不同的節點上，我們無法保證多個節點的資料時時刻刻是相同的，因此會出現一致性的問題。這裡的一致性包括兩個方面：一個方面是各個節點資料的一致性問題；另一個方面是從用戶端存取角度一致性的問題。

在分散式檔案系統中，我們經常會遇到各個節點間資料的不一致性。這主要是因為在由成千上萬個元件（包括伺服器、交換機和硬碟等）組成的儲存系統中，元件出現故障是非常常見的。

如圖 6-9 所示，由於網路或伺服器等故障，伺服器 02 無法被存取。當用戶端更新檔案系統中的資料時，就會導致伺服器 02 的資料無法更新，從而導致伺服器 02 與叢集其他節點資料的不一致。在這種情況下，如果伺服器 02 恢復了存取性，當用戶端存取該伺服器時就會存取舊的資料。這就出現了資料不一致的情況，可能會對業務產生影響。

除了故障，還有其他原因會導致各個伺服器之間存在資料不一致的情況。比如，當用戶端 A 向儲存系統寫入資料，但其中某個節點（副本 3 所在節點）由於網路延遲導致更新延遲。導致副本 3 所在節點的資料更新比較晚，那麼在更新之前三個節點的資料就存在不一致的情況，如圖 6-10 所示。

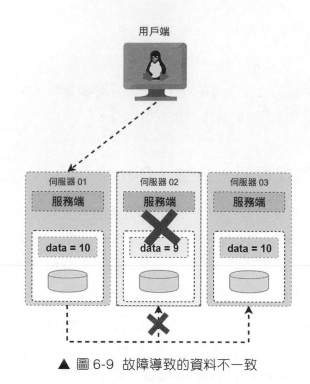

▲ 圖 6-9　故障導致的資料不一致

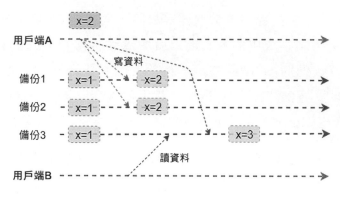

▲ 圖 6-10　網路延遲導致的資料不一致

在時間視窗中，如果有一個用戶端 B 從延遲節點讀取資料，那麼讀到的就是更新之前的資料。由於儲存系統對於用戶端來說是個黑盒，這種讀取資料與寫入資料不一致的情況會讓使用者感到困惑，從用戶端角度來說就是用戶端存取不一致。

通常來說，我們是無法保證各個節點上資料是完全一致的，只能保證用戶端存取的一致性。為了保證用戶端存取資料的一致性，通常需要對儲存系統進行特殊的設計，從而在系統層面保證資料的一致性。這裡的一致性最常見的包括強一致性和最終一致性兩種。

強一致性是指當資料的寫入操作回饋給用戶端後，任何對該資料的讀取操作都會讀到剛剛寫入的資料。

最終一致性是指資料的一個寫入操作，如果沒有新的寫入操作的情況下，該寫入的資料會最終同步到所有副本節點上，但中間會有時間視窗。

6.5.4 裝置故障與容錯（Fault Tolerance）

在分散式檔案系統中必須要解決裝置故障的問題。這是因為在大規模分散式檔案系統中裝置的總量達到數萬個甚至數十萬個，裝置發生故障就會成為常態。如何保證經常出現故障的電腦叢集能夠不斷對外處理請求，同時又不遺失資料自然是頭等重要的事情。

裝置的故障分為兩種類型：一種是暫時故障；另一種是永久故障。暫時故障是指短時間可以恢復的故障，如伺服器重新啟動、網線鬆動或交換機停電等。永久故障是指裝置下線，且永遠不會恢復，如硬碟損壞等。

為了應對系統隨時出現的故障，分散式檔案系統在設計時必須要考慮容錯處理。主要包括兩個方面的內容：一個方面是在出現故障時系統能夠及時發現故障；另一個方面是發現故障時，系統仍然可以無損地提供服務，並且儲存的資料不會遺失。

提供橫向擴展的分散式檔案系統 06

6-21

為了能夠發現裝置故障，分散式檔案系統應該具備故障檢測能力，如檢測磁碟、通訊鏈路或服務的故障等。針對不同的裝置，通常有不同的檢測方法，如針對伺服器當機或通訊鏈路故障，通常採用網路心跳的方法。如果在規定時間內沒有收到發送端的心跳封包，則可以判定伺服器出現了當機或網路故障。對於磁碟來說，通常透過讀／寫存取的方式來檢測磁碟故障。

除了上述故障即時檢測的方法，還有一種故障預測的方法。故障預測可以預知裝置故障，然後有計劃地將該裝置下線，避免突然下線導致的性能等問題。以磁碟為例，有些公司將 SMART 技術和深度學習技術結合來預測磁碟的故障 [19]，在預測故障的前提下可以提前處理資料，避免因為故障導致出現更嚴重的問題。

為了保證元件在出現故障的情況下系統仍然能夠對外提供無損的服務，分散式檔案系統使用了部件容錯。比如，Google 的 GFS 會將同一份資料放置到不同的資料節點，在出現磁碟故障甚至節點故障的情況下，仍然能夠透過其他節點提供服務。Ceph 的 CRUSH 演算法，不僅可以保證資料的容錯，而且考慮了故障域的因素。它可以將資料放置在不同的節點、機櫃、機房，甚至資料中心。這樣，就可以透過不同的故障域來應對不同等級的故障。

▶ 6.6 分散式檔案系統實例之 CephFS

Ceph 本身實現了對區塊儲存、物件儲存和檔案系統等多種儲存形態的支援。Ceph 對前兩者的支援非常成熟，但對檔案系統的支援略有欠缺，主要是穩定性欠佳。

Ceph 的作者 Sage 本來想實現一個非常高大上的分散式檔案系統，但由於想要支援的特性太多，而功能又過於複雜，因此檔案系統一直不夠穩定。直到 2016 年，CephFS 在禁用了很多特性的情況下宣布可以將其應用在生產環境中。

6.6.1 架設一個 CephFS 分散式檔案系統

在建立 CephFS 分散式檔案系統之前，先部署一個 Ceph 叢集。關於 Ceph 叢集的安裝部署不在本書的講解範圍內，本書不再贅述，見參考文獻中的資料 [20][21] 。

基於已有的 Ceph 叢集，透過兩個主要步驟就可以提供檔案系統服務，一個是安裝和啟動 MDS 服務，該服務是檔案系統的中繼資料管理服務；另一個是建立儲存資料的儲存池資源。先在 gfs1 節點部署 MDS 服務，命令如下：

```
ceph-deploy mds create gfs1
```

對於 CephFS，需要建立兩個儲存池來儲存資料，一個儲存池用於儲存檔案系統的中繼資料，另一個儲存池用於儲存使用者資料。建立儲存池的步驟如下：

```
ceph osd pool create fs_data 256
ceph osd pool create fs_metadata 256
ceph fs new cephfs fs_metadata fs_data
```

然後就可以使用該檔案系統。以核心態檔案系統為例，其掛載方法與其他檔案系統很類似。

```
mount -t ceph 192.168.1.100:6789:/ /mnt/cephfs -o
name=admin,secret=secretID
```

其中，secretID 是一個安全金鑰，在啟用安全認證的情況下需要該選項，如果部署 Ceph 時沒有啟用安全認證則不需要該選項。以作者部署的測試環境為例，secretID 的實際值為 AQDNnfBcuLkBERAAeNj60b＋tlY/t31NSSclRhg＝＝，這個值在不同的環境中通常是不同的，這一點需要注意。我們可以透過如下命令得到該資訊：

```
ceph auth get client.admin
```

當執行上述命令後可以得到如下資訊，其中，key 的值就是上文中需要的 secretID。

```
exported keyring for client.admin
[client.admin]
        key = AQC8r/NcAPmgHBAAxjP9/knwdXjBVnE4zXIqmg==
        caps mds = "allow *"
        caps mgr = "allow *"
        caps mon = "allow *"
        caps osd = "allow *"
```

如果一切正常，那麼在用戶端就可以使用該檔案系統了。CephFS 的使用與本地檔案系統並無任何差別，換句話說，使用者不會感覺到該檔案系統是 Ceph 叢集提供的。

6.6.2 CephFS 分散式檔案系統架構簡析

Ceph 提供了區塊、物件和檔案等多種儲存形式，實現了統一儲存。Ceph 的檔案系統是基於 RADOS 叢集的，也就是說 CephFS 對使用者呈現的是檔案系統，而在其內部則是基於物件來儲存資料的。

CephFS 是分散式檔案系統，這個分散式從兩個方面理解，一個方面是底層儲存資料依賴的是 RADOS 叢集；另一個方面是其架構是 C/S（用戶端 / 服務端）架構，檔案系統的使用是在用戶端，用戶端與服務端透過網路通訊進行資料互動，類似 NFS。

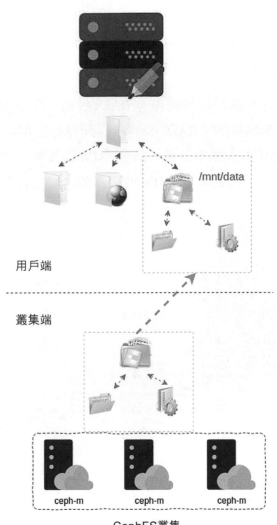

▲ 圖 6-11 用戶端存取儲存叢集原理示意圖

如圖 6-11 所示，用戶端透過網路的方式連接到 CephFS 叢集，CephFS 叢集的檔案系統映射到用戶端，呈現出一個本地的目錄樹。從使用者的角度來看，這個映射是透明的。

對於 CephFS 叢集來說，資料並非以目錄樹的形式儲存。在 CephFS 叢集中，資料是以物件的形式儲存的，也就是檔案系統的所有資料都是以物件的形態延展在儲存池中的。檔案資料的存取最終也會轉換為 RADOS 物件的存取。

由於 CephFS 本身是基於其物件儲存 RADOS 的，因此 RADOS 的元件在 CephFS 中都是需要的。RADOS 的核心元件包括兩部分：一部分是 Monitor（簡稱 MON）叢集；另一部分是 OSD 叢集。由於本書主要聚焦檔案系統的內容，因此關於 RADOS 相關的內容不再贅述，見參考文獻中的資料 [21][22][23]。

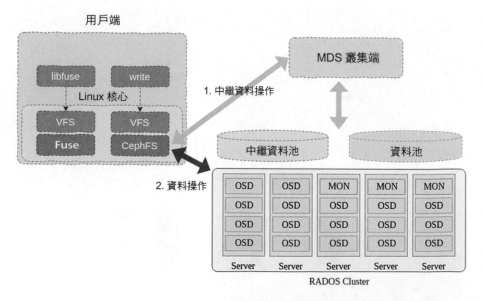

▲ 圖 6-12 CephFS 的主要流程

Ceph 檔案系統是在 RADOS 叢集的基礎上增加了 MDS 元件叢集，如圖 6-12 所示。這裡的 MDS（Meta Data Server，中繼資料服務）負責檔案系統中繼資料的管理。根據 CephFS 的元件組成，我們可以知道 CephFS 是一個有中心節點的分散式檔案系統。

對於用戶端來説，存取 Ceph 檔案系統的流程大致分為兩個子流程：一個是透過 MDS 存取叢集檔案系統的中繼資料；另一個流程是用戶端對資料的存取（讀 / 寫），該流程是用戶端直接與 RADOS 叢集互動的。

Ceph 檔案系統架構的一個特點是儘量減少對 MDS 的存取。我們知道本地檔案系統的中繼資料中引用檔案資料的位置資訊，但是在 Ceph 中卻與眾不同。Ceph 檔案系統中檔案的中繼資料並不包含資料的位置資訊，而是透過計算的方式獲得。也就是説，CephFS 採用的是基於計算位置的資料布局方式。

由於用戶端對檔案資料的存取直接與資料節點（OSD）互動，因此 Ceph 對於檔案資料的存取並不需要經過中繼資料節點，而是直接與 RADOS 叢集互動。當然，由於檔案的變化會引起檔案大小和時間戳記等資訊的變化是需要在 MDS 更新的，有些中繼資料的存取是不可避免的。

以 CephFS 的預設配置為例，Ceph 檔案系統中的檔案會被以 4MB 為粒度切割為大小相等的邏輯區塊。如圖 6-13 所示，中繼資料是檔案的屬性資料，其內容由 MDS 叢集來處理；使用者資料則按照切割後的粒度，以物件的形式儲存在 OSD 叢集中。我們將切割後的資料稱為邏輯區塊，每個邏輯區塊以 inode ID 和邏輯偏移為核心資訊，以一定的規則命名。因此，用戶端可以根據規則直接在用戶端生成物件的名稱，而不需要與 MDS 過多互動。由於確定了物件名稱，而且也確定了檔案系統的資料池，於是用戶端就可以直接進行資料讀 / 寫 / 操作，並將邏輯區塊以物件的形式儲存在 RADOS 叢集中。

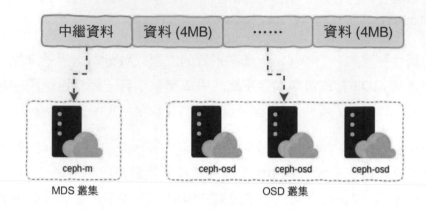

▲ 圖 6-13 叢集對檔案資料的儲存

讀者可能會疑惑，檔案的大小是不確定的，物件是如何生成的呢？實際上 CephFS 中的檔案對應的物件是隨選生成的。也就是只有寫資料的區域才有對應的物件，而空洞部分則是沒有物件的。

6.6.3 CephFS 用戶端架構

CephFS 的用戶端有多種實現方式，一種是基於 Linux 核心中用戶端的實現，還有一種是基於 Fuse 框架（更多細節請參考 7.1.1）的實現。雖然是兩種不同的實現方式，但是沒有基本的差異。

由於基於 Fuse 框架的實現封裝了很多細節，整體邏輯還是比較簡單的，因此本節不對該實現進行介紹。本節主要介紹一下 CephFS 基於 Linux 核心中用戶端的實現。

核心用戶端是基於 VFS 實現的，因此其整體架構與其他 Linux 檔案系統的整體架構非常相似。如圖 6-14 所示，CephFS 與 VFS、Ext4 和 NFS 的關係。可以看出 CephFS 是一個和 NFS 與 Ext4 非常類似的檔案系統。

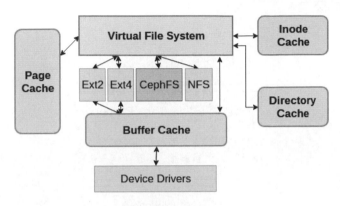

▲ 圖 6-14 CephFS 與 VFS、Ext4 和 NFS 的關係

與 Ext4 等本地檔案系統相比，CephFS 的差異點在於它是透過網路將資料儲存在 RADOS 叢集的。如圖 6-15 所示，當 CephFS 的資料需要持久化時，可以透過網路模組將資料發送到 MDS 或 RADOS 叢集進行處理。

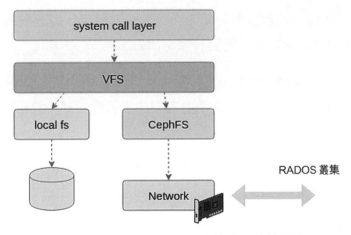

▲ 圖 6-15 CephFS 與本地檔案系統的對比

如果按照 CephFS 的邏輯架構來劃分，CephFS 可以分為如圖 6-16 所示的四層。其中，最上面是介面層，這一層是註冊到 VFS 的函數指標。使用者態的讀 / 寫函數最終會呼叫該層的對應函數 API，而該層的函數會優先與快取交換。

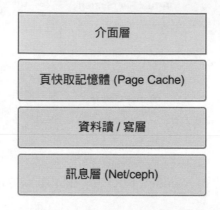

▲ 圖 6-16 CephFS 用戶端軟體模組

頁快取是所有檔案系統公用的，並非 CephFS 獨享。我們暫且將頁快取歸為 CephFS 用戶端的一層。以寫資料為例，請求可能將資料寫入快取後就返回了。而快取資料的更新並不一定即時同步，而是根據適當的時機透過資料讀 / 寫層的介面將資料發送出去。

然後是資料讀 / 寫層，資料讀 / 寫層實現的是對請求資料與後端互動的邏輯。對於傳統檔案系統來說是對磁碟的讀 / 寫，對於 CephFS 來說是透過網路對叢集的讀 / 寫。

訊息層位於最下面，訊息層主要完成網路資料收發的功能。該模組在 Linux 核心的網路模組中，不僅 CephFS 使用該模組，區塊儲存 RBD 也使用該模組網路收發的功能。

關於用戶端的內容這裡介紹的比較少，大家看完後估計有可能還是雲裡霧裡的。大家先不用著急，我們在後面對程式解析部分會詳細地介紹各層的細節。

6.6.4 CephFS 叢集端架構

透過前文我們了解到，CephFS 的叢集端分為 MDS 叢集和 RADOS 叢集兩部分。其中，MDS 叢集負責管理檔案系統的中繼資料，而 RADOS 叢集負責管理資料。RADOS 是公共部分，本書不做介紹，我們主要聚焦在 MDS 元件的架構上。

CephFS 的作者 Sage 有一個想法，就是將 MDS 做成一個可以隨意橫向擴展的叢集。Sage 使用動態子樹分區（Dynamic Subtree Partitioning）[14]的方式將不同的子目錄根據負載情況分布在不同的 MDS 上。從理論上來說，MDS 可以橫向擴展到數百個，因此整個檔案系統的承載能力可謂非常強勁。但是由於其太複雜，目前仍未在實際生產環境中使用，在生產環境中使用更多的還是 MDS 主備模式。

雖然 CephFS 想實現的功能非常複雜，但是其軟體架構並不複雜，模組之間的邏輯也比較清晰。圖 6-17 列出了 MDS 的主要模組。

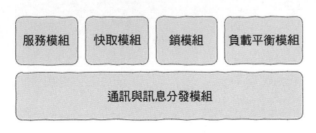

▲ 圖 6-17 MDS 的主要模組

服務模組負責處理檔案相關的操作，如建立檔案、刪除檔案、重新命名和設置獲取擴展屬性等。每一個操作都有一個具體的函數相對應，如 NFS 協定中的常式函數。

快取模組實現對關鍵中繼資料的快取，透過將熱點資料快取到記憶體中以提升中繼資料存取的性能。在 CephFS 中被快取的中繼資料包括 inode 和 dentry 等內容。

鎖模組負責分散式鎖相關的特性。對分散式檔案系統而言，被多個用戶端同時存取是很正常的，因此實現一種鎖機制必不可少。

負載平衡模組是多存活 MDS 的實現，負責在 MDS 多存活場景實現中繼資料的負載平衡。

通訊與訊息分發模組負責訊息的收發。並且該模組在收到用戶端的訊息後會轉發給 MDS 的不同模組進行處理，如服務模組和鎖模組等。以檔案相關操作為例，從訊息模組接收訊息後，其分發到服務模組的順序如圖 6-18 所示。

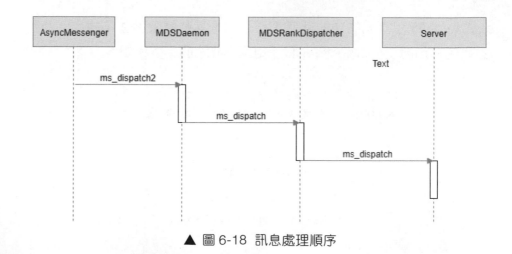

▲ 圖 6-18 訊息處理順序

在具體實現層面中，CephFS 透過以下三個資料結構來表示檔案系統中的檔案和目錄等資訊。這些資料結構的關係如圖 6-19 所示。這些資料結構都是記憶體中的資料結構，而且 CephFS 也將該資料結構用作快取內容。

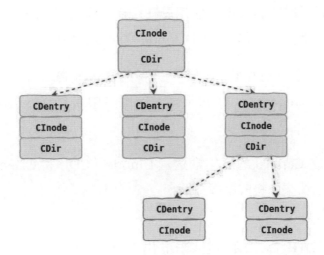

▲ 圖 6-19 CephFS 服務端資料組織相關資料結構

可以看到這裡主要有三個資料結構來維護檔案的目錄樹關係，分別是 CInode、CDentry 和 CDir。下面介紹一下這些資料結構的作用。

1. CInode 資料結構

CInode 包含了檔案的中繼資料，這個跟 Linux 核心中的 inode 類似，每個檔案都有一個 CInode 資料結構對應。該資料結構引用檔案大小和擁有者等資訊。

2. CDentry 資料結構

CDentry 是一個黏合層，它建立了 inode 與檔案名稱或目錄名之間的關係。一個 CDentry 只可以連接一個 CInode。但是一個 CInode 可以被多個 CDentry 連接。這是因為連接的存在，同一個檔案的多個連接名稱是不同的，因此需要多個 CDentry 資料結構。

3. CDir 資料結構

CDir 用於目錄屬性的 inode，它用於在目錄下建立與 CDentry 的連接。如果某個目錄有分片，那麼一個 CInode 是可以有多個 CDir 的。

其中，CDir 存在一個與 CDentry 一對多的關係，表示目錄中的檔案或子目錄關係。CInode 與 CDentry 則是檔案的中繼資料資訊與檔案名稱的對應關係。

總而言之，在 CephFS 的叢集端透過 CInode、CDir 和 CDentry 等資料結構來組織了檔案系統的層級結構。

6.6.5 CephFS 資料組織簡析

在本地檔案系統中，通常檔案系統管理的是一個線性空間。但是 CephFS 有些差異，因為其底層是 RADOS 物件叢集，其提供的是一個物件的集合。因此，雖然 CephFS 對外呈現的是一個層級結構的檔案系統，但是底層資料則是以物件的方式儲存的。

6.6.5.1 資料組織格式

我們在建立檔案系統時其實是建立了兩個物件儲存池。CephFS 的資料和中繼資料也是以物件的形式儲存在該儲存池中的，那麼 CephFS 是如何實現層級結構與物件之間的轉換呢？

我們在前面介紹本地檔案系統時知道，檔案系統主要實現了對整個磁碟（區塊裝置）空間管理和檔案／目錄的資料管理。可以將上述管理概述如下。

（1）磁碟空間管理：主要是負責磁碟空間的申請和釋放，透過某種方式標識哪些空間是被占用的。

（2）檔案資料管理：主要建立檔案邏輯位址與資料儲存位置的關係，能夠存取指定檔案位置的資料。

（3）目錄資料管理：目錄作為一種特殊的檔案，其內容是格式化的，保存著檔案名稱與 inode ID 之間的對應關係。

由於 CephFS 基於物件來儲存資料，因此其實現方式略有不同，接下來介紹一下 CephFS 是如何管理這些內容的。

1. 對於整個儲存空間的管理

因為 CephFS 是基於物件儲存資料的，其空間的使用基於命名物件，而非硬碟那樣的線性空間。也就是說，當 Ceph 檔案系統需要新的儲存空間時，只需要向 RADOS 叢集申請，即可建立一個物件。對於物件的建立及資料的管理，都是由 RADOS 管理的，因此不存 Ceph 檔案系統管理整個儲存空間的問題。

2. 對於檔案的資料管理

對於檔案的資料管理，目前使用比較多的是索引方式。CephFS 對檔案的資料管理也是採用索引方式，但 CephFS 並沒有索引區塊的概念，它採用一種基於計算的方式來獲得索引關係。CephFS 計算規則很簡單，就是將檔案拆分為固定大小的資料區塊（預設為 4MB），然後給每個資料區塊一個名字。最終，以這個名字作為物件的名稱進行儲存。

由於儲存池是扁平的，因此要求物件名稱的唯一性。CephFS 的做法是透過 inode ID 和邏輯偏移的方式來標記該資料區塊。這裡的偏移是按照固定大小拆分後的索引，而非邏輯位址偏移，如圖 6-20 所示。

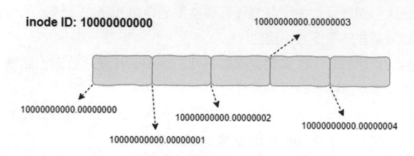

▲ 圖 6-20 檔案的資料管理

在圖 6-20 中，檔案按照邏輯位址被拆分為 4MB 的邏輯區塊。其中 0 ～ 4MB 的資料位於第一個邏輯區塊，也就是名稱為 10000000000.00000000 的物件中，其他位址的資料依此類推。因此，當存取某個位址的資料時，可以很容易地知道物件名稱並進行存取。

3. 對於目錄的資料管理

在本地檔案系統相關介紹中我們知道目錄是一種特殊的檔案，只是其中的資料有特定的格式，這種格式內容是檔案名稱與 inode ID 呈現一一對應關係。由於 inode ID 確定後，inode 的內容和資料都可以確定，因此本質上來說透過這種方式就建立了目錄與其中檔案的對應關係。

在 CephFS 中，目錄的實現方式略有不同，它並沒有將目錄中的檔案名稱等資訊儲存在目錄物件的資料中，而是儲存在目錄物件的中繼資料中。在 CephFS 中，目錄中的檔案組織（目錄項）是以 omap（Key-Value）的形式儲存的。換句話說，每個目錄會以自己 inode ID 作為名稱在中繼資料儲存池建立一個物件，而目錄中的檔案（子目錄）等資料則是以該物件的 omap 的形式（檔案名稱 -inode 對）存在的，而非物件資料的形式，如圖 6-21 所示。

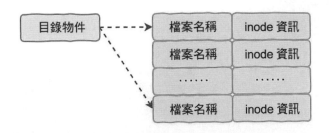

▲ 圖 6-21 CephFS 用戶端模組

本質上，CephFS 的這種方式主要借助了 KV 資料庫（如 LevelDB 或 RocksDB 等）的能力。這種目錄資料組織方式並非是 CephFS 獨有的，很多分散式檔案系統都有類似的實現。

6.6.5.2 資料實例分析

我們在前面對主要的資料組織與管理方式進行了介紹，大家可能還會覺得有些抽象，不太容易理解。下面結合實例介紹一下檔案系統的資料是如何儲存在物件中的。

首先，在建立一個 Ceph 檔案系統後，其實中繼資料儲存池已經有很多物件了。這主要包括根目錄和一些管理資料所對應的物件，如圖 6-22 所示。其中，根目錄對應的物件為 1.00000000，這是因為 CephFS 約定了根目錄的 inode ID 是 1。

```
sunnyzhang@itworld123:~#  rados  ls  -p  fs_metadata
601.000   00000
602.000   00000
600.000   00000
603.000   00000
1.000   00000.inode
200.000   00000
200.000   00001
606.000   00000
607.000   00000
mds0_openfiles.0
608.000   00000
604.000   00000
500.000   00000
mds_snaptable
605.000   00000
mds0_inotable
100.000   00000
mds0_sessionmap
609.000   00000
400.000   00000
100.000   00000.inode
1.000   00000
```

▲ 圖 6-22 中繼資料物件

為了分析 CephFS 資料的放置情況,我們需要在根目錄建立如下目錄和檔案(括弧中的內容是 16 進位形式的 inode ID)。其中,file1、file2 和 file3 分別儲存 6 位元組的 1、2 和 3。file4 和 file5 儲存 12MB 的全 0 資料。檔案和目錄的結構如圖 6-23 所示。

```
sunnyzhang@itworld123:/mnt/cephfs#  tree
.
├──   dir1(100   0000   0000)
│     ├──   file1  (100   0000   0005)
│     ├──   file2  (100   0000   0006)
│     └──   file3  (100   0000   0007)
├──   dir2  (100   0000   0001)
├──   file1  (100   0000   0002)
├──   file2  (100   0000   0003)
├──   file3  (100   0000   0004)
├──   file4  (100   0000   0008)
└──   file5  (100   0000   0009)

2  directories,  8  files
```

▲ 圖 6-23 檔案和目錄的結構

需要注意的是，當建立檔案或目錄時，CephFS 先將資料寫到日誌，這個邏輯跟本地檔案系統是一致的，其目的是保證在出現系統崩潰等異常情況下檔案系統資料的一致性。因此，建立完成上述資料後需要強制將中繼資料從日誌刷新到儲存池。需要執行如下命令：

```
ceph daemon /var/run/ceph/ceph-mds.gfs1.asok flush journal
```

1. 目錄資料的驗證

由構造的資料，我們在根目錄建立了 dir1 和 dir2 兩個目錄和 file1 ～ file5 共五個檔案。由於這些資訊都是儲存在根目錄物件的 omap 中的，我們先看一看 omap 的「鍵」資訊。我們可以透過如下命令從根目錄的物件中獲取 omap 的所有「鍵」資訊。

```
rados listomapkeys 1.00000000 -p fs_metadata
```

執行命令後可以得到如圖 6-24 所示的結果，可以看到這裡的「鍵」就是我們建立的檔案名稱和目錄名作為關鍵字組成的，其後面跟著字元「_head」。

```
root@gfs1:~# rados listomapkeys 1.00000000 -p fs_metadata
dir1_head
dir2_head
file1_head
file2_head
file3_head
file4_head
file5_head
```

▲ 圖 6-24 目錄資料的儲存

這裡面的 omap 是以「鍵」的形式存在的，Value 對應的為 inode 資訊，如圖 6-25 所示為 file1 對應的中繼資料（inode）資訊，這些資訊包括該檔案關鍵的中繼資料資訊，如 inode ID、使用者 ID、群組 ID 和建立時間等。

```
file1_head
value (462 bytes) :
00000000  02 00 00 00 00 00 00 00  49 0f 06 a3 01 00 00 02  |........I.......|
00000010  00 00 00 00 01 00 00 00  00 00 00 1c 7c 85 5f 78  |............|._x|
00000020  9d 66 33 a4 81 00 00 00  00 00 00 00 00 00 00 01  |.f3.............|
00000030  00 00 00 00 00 00 00 00  00 00 00 02 02 18 00     |................|
00000040  00 00 00 00 40 00 01 00  00 00 00 00 40 00 01 00  |....@.......@...|
00000050  00 00 00 00 00 00 00 00  00 00 07 00 00 00 00 00  |................|
00000060  00 00 01 00 00 00 ff ff  ff ff ff ff ff ff 00 00  |................|
00000070  00 00 00 00 00 00 1c 7c  85 5f 78 9d  |..........|._x.|
00000080  66 33 1c 7c 85 5f 78 9d  66 33 00 00 00 00 00 00  |f3.|._x.f3......|
00000090  00 00 03 02 28 00 00 00  00 00 00 00 00 00 00 00  |....(...........|
000000a0  00 00 00 00 00 00 00 00  00 00 00 00 00 00 00 00  |................|
```

▲ 圖 6-25 file1 對應的中繼資料（inode）資訊

如果想要進一步了解 inode 的詳細內容，則可以透過閱讀 inode 序列化的程式得到，如程式 6-1 所示（該結構的部分程式）。該程式的開始部分

與圖 6-25 中第 10 個位元組（0f）對應，前面部分是在其他類別中序列
化的。

▼ 程式 6-1 CephFS 中的 inode_t 資料結構

```
Mds/mdstypes.h
633   template<template<typename> class Allocator>
634   void inode_t<Allocator>::encode(ceph::buffer::list &bl, uint64_t
      features) const
635   {
636     ENCODE_START(15, 6, bl);
637
638     encode(ino, bl);
639     encode(rdev, bl);
640     encode(ctime, bl);
641
642     encode(mode, bl);
643     encode(uid, bl);
644     encode(gid, bl);
645
646     encode(nlink, bl);
647     {
648
649       bool anchored = 0;
650       encode(anchored, bl);
651     }
652
653     encode(dir_layout, bl);
654     encode(layout, bl, features);
655     encode(size, bl);
656     encode(truncate_seq, bl);
657     encode(truncate_size, bl);
658     encode(truncate_from, bl);
659     encode(truncate_pending, bl);
660     encode(mtime, bl);
```

從上述程式中可以看出，在 CephFS 中對資料的持久化是需要經過一個編碼的過程的。而從磁碟讀取資料後也是要有解碼之後才會實例化到結構的成員中。這裡需要明白 inode 等結構的成員是如何保存的。

在 Ceph 檔案系統中，檔案的中繼資料儲存在 MDS 叢集中，而資料則是直接與 OSD 叢集互動的。以預設配置為例。由於原則確定，當用戶端透過 MDS 建立檔案後，用戶端可以直接根據請求在檔案中邏輯位置確定資料所對應的物件名稱。

2. 檔案的驗證

前文已述，檔案資料對應的物件名稱為檔案的 inode ID 與邏輯偏移的組合，這樣就可以根據該物件名稱實現資料的讀 / 寫。

以 file4 為例，我們在其中寫入 12MB 的全 0 資料，因此該檔案對應著三個物件。透過前文我們知道 inode ID 為 1099511627784（0x10000000008）。查看一下資料儲存池中的物件，如圖 6-26 所示。

```
root@gfs1:/mnt/cephfs# rados ls -p fs_data |grep 10000000008
10000000008.00000001
10000000008.00000000
10000000008.00000002
```

▲ 圖 6-26 檔案資料對應的物件

透過圖 6-26 可以看到，與該檔案相關的物件清單，其前半部分為 inode ID，後半部分是檔案以 4MB 為單位的邏輯偏移。

6.6.6 CephFS 檔案建立流程解析

CephFS 的流程分析略顯複雜，主要包括用戶端和叢集端兩部分的程式。而且用戶端的程式在 Linux 核心中，依賴 VFS 框架的程式。當然，

如果大家有了前面本地檔案系統的基礎，就容易理解 CephFS 的用戶端
程式。

6.6.6.1 用戶端程式解析

對於建立檔案來説，該請求仍然需要經過 VFS 的各種邏輯，差異在於
呼叫的函數指標有所不同。對於建立檔案來説，其核心程式在 lookup_
open() 函數中。如果使用者在呼叫 open() 函數時使用了 O_CREAT
選項，且 lookup_open() 函數在執行第 3074 行程式時沒有查到要打
開的檔案，此時就會執行第 3096 行程式，也就是呼叫具體檔案系
統（CephFS）的建立函數。可以看出這裡呼叫的是目錄函數指標集的
create() 函數指標，如程式 6-2 所示。

▼ 程式 6-2 lookup_open() 函數

fs/namei.c path_openat->open_last_lookups->lookup_open

```
3003    static struct dentry *lookup_open(struct nameidata *nd, struct
        file *file,
                      const struct open_flags *op,
                      bool got_write)
        {
            // 刪除部分程式
3073        if (d_in_lookup(dentry)){
3074            struct dentry *res = dir_inode->i_op->lookup(dir_inode,
3075                          dentry, nd->flags); // 尋找目的檔案
3076            d_lookup_done(dentry);
3077            if (unlikely(res)){
3078                if (IS_ERR(res)){
3079                    error = PTR_ERR(res);
3080                    goto out_dput;
3081                }
3082                dput(dentry);
3083                dentry = res;
```

```
3084            }
3085        }
3086
3087
3088        if (!dentry->d_inode && (open_flag & O_CREAT)) { // 如果有建立
    選項
3089            file->f_mode |= FMODE_CREATED;
3090            audit_inode_child(dir_inode, dentry, AUDIT_TYPE_CHILD_
    CREATE);
3091
3092            if (!dir_inode->i_op->create) {
3093                error = -EACCES;
3094                goto out_dput;
3095            }
3096            error = dir_inode->i_op->create(dir_inode, dentry, mode,
3097                            open_flag & O_EXCL);
3098            if (error)
3099                goto out_dput;
3100        }
3101        if (unlikely(create_error) && !dentry->d_inode) {
3102            error = create_error;
3103            goto out_dput;
3104        }
3105        return dentry;
3106
3107 out_dput:
3108        dput(dentry);
3109        return ERR_PTR(error);
3110 }
```

對於 CephFS 檔案系統來說，其目錄函數指標集如程式 6-3 所示。而 create 指標對應的函數為 ceph_create()。也就是說，CephFS 檔案系統用戶端建立檔案的程式邏輯在 ceph_create() 函數中實現。

▼ 程式 6-3 ceph_dir_iops() 函數

```
fs/ceph/dir.c
1949   const struct inode_operations ceph_dir_iops = {
1950       .lookup = ceph_lookup,
1951       .permission = ceph_permission,
1952       .getattr = ceph_getattr,
1953       .setattr = ceph_setattr,
1954       .listxattr = ceph_listxattr,
1955       .get_acl = ceph_get_acl,
1956       .set_acl = ceph_set_acl,
1957       .mknod = ceph_mknod,
1958       .symlink = ceph_symlink,
1959       .mkdir = ceph_mkdir,
1960       .link = ceph_link,
1961       .unlink = ceph_unlink,
1962       .rmdir = ceph_unlink,
1963       .rename = ceph_rename,
1964       .create = ceph_create,        // 建立檔案的函數指標
1965       .atomic_open = ceph_atomic_open,
1966   };
```

然後進一步分析，其實 ceph_create() 函數沒做什麼事情，主要是呼叫了
ceph_mknod() 函數。建立檔案的主要邏輯也是在 ceph_mknod() 函數中
實現的。

▼ 程式 6-4 ceph_mknod() 函數

```
fs/ceph/dir.c  ceph_create->ceph_mknod
832   static int ceph_mknod(struct inode *dir, struct dentry *dentry,
833               umode_t mode, dev_t rdev)
834   {
835       struct ceph_fs_client *fsc = ceph_sb_to_client(dir->i_sb);
836       struct ceph_mds_client *mdsc = fsc->mdsc;
837       struct ceph_mds_request *req;
```

```
838         struct ceph_acl_sec_ctx as_ctx = {};
839         int err;
840
841         if (ceph_snap(dir) != CEPH_NOSNAP)
842             return -EROFS;
843
844         if (ceph_quota_is_max_files_exceeded(dir)) {
845             err = -EDQUOT;
846             goto out;
847         }
848
849         err = ceph_pre_init_acls(dir, &mode, &as_ctx);
850         if (err < 0)
851             goto out;
852         err = ceph_security_init_secctx(dentry, mode, &as_ctx);
853         if (err < 0)
854             goto out;
855
856         dout("mknod in dir %p dentry %p mode 0%ho rdev %d\n",
857             dir, dentry, mode, rdev);
858         req = ceph_mdsc_create_request(mdsc, CEPH_MDS_OP_MKNOD, USE_
    AUTH_MDS);      //建立一個請求結構
            if (IS_ERR(req)) {
859             err = PTR_ERR(req);
860             goto out;
861         }
862         req->r_dentry = dget(dentry);
863         req->r_num_caps = 2;
864         req->r_parent = dir;
865         set_bit(CEPH_MDS_R_PARENT_LOCKED, &req->r_req_flags);
866         req->r_args.mknod.mode = cpu_to_le32(mode);
867         req->r_args.mknod.rdev = cpu_to_le32(rdev);
868         req->r_dentry_drop = CEPH_CAP_FILE_SHARED | CEPH_CAP_AUTH_EXCL;
869         req->r_dentry_unless = CEPH_CAP_FILE_EXCL;
870         if (as_ctx.pagelist) {
```

```
871              req->r_pagelist = as_ctx.pagelist;
872              as_ctx.pagelist = NULL;
873          }
874      err = ceph_mdsc_do_request(mdsc, dir, req);//發送請求
875      if (!err && !req->r_reply_info.head->is_dentry)
876          err = ceph_handle_notrace_create(dir, dentry);
877      ceph_mdsc_put_request(req);
878  out:
879      if (!err)
880          ceph_init_inode_acls(d_inode(dentry), &as_ctx);
881      else
882          d_drop(dentry);
883      ceph_release_acl_sec_ctx(&as_ctx);
884      return err;
885  }
886
```

第 858 行程式用於建立一個請求結構,這個結構用於描述一個請求,
請求的類型為 CEPH_MDS_OP_MKNOD。接下來是關鍵資訊的填充工
作,包括檔案的模式、父目錄等內容。第 875 行程式呼叫 ceph_mdsc_
do_request() 函數將請求發送到 MDS 處理。後續的訊息發送邏輯並不複
雜,本節不再贅述。

6.6.6.2　叢集端程式解析

當用戶端發送訊息後,MDS 服務的訊息接收模組就會收到該訊息。然後
該模組將訊息分發給 MDS 守護處理程序模組,最後會被路由到服務模
組(整個過程見圖 6-18)。服務模組負責 CephFS 中檔案相關的操作,
自然建立檔案也在其中(第 2204 行~第 2209 行,如程式 6-5 所示。

▼ 程式 6-5 dispatch_client_request() 函數

```
mds/server.cc
2097    void Server::dispatch_client_request(MDRequestRef& mdr)
2098    {
2099     // 刪除部分程式
2100      switch (req->get_op()) {
2101      case CEPH_MDS_OP_LOOKUPHASH:
2102      case CEPH_MDS_OP_LOOKUPINO:
2103        handle_client_lookup_ino(mdr, false, false);
2104        break;
2105      case CEPH_MDS_OP_LOOKUPPARENT:
2106        handle_client_lookup_ino(mdr, true, false);
2107        break;
2108      case CEPH_MDS_OP_LOOKUPNAME:
2109        handle_client_lookup_ino(mdr, false, true);
2110        break;
            // 刪除檔案尋找等分支


2203
2204      case CEPH_MDS_OP_CREATE:      // 建立檔案的實現邏輯
2205        if (mdr->has_completed)
2206          handle_client_open(mdr);
2207        else
2208          handle_client_openc(mdr);
2209        break;
2210
2211      case CEPH_MDS_OP_OPEN:
2212        handle_client_open(mdr);
2213        break;
2214
2215
2216
2217      case CEPH_MDS_OP_MKNOD:
2218        handle_client_mknod(mdr);
2219        break;
```

```
2220    case CEPH_MDS_OP_LINK:
2221      handle_client_link(mdr);
2222      break;
2223    case CEPH_MDS_OP_UNLINK:
2224    case CEPH_MDS_OP_RMDIR:
2225      handle_client_unlink(mdr);
2226      break;
        // 刪除其他分支

2252    default:
2253      dout(1) << " unknown client op " << req->get_op() << dendl;
2254      respond_to_request(mdr, -EOPNOTSUPP);
2255    }
2256  }
```

透過上面程式可以看到，每一個命令都有一個對應的函數進行處理。
其實可以理解 CephFS 實現了一個自訂的 RPC。對於建立檔案則是呼叫
handle_client_ mknod() 函數來完成服務端的工作的，如程式 6-6 所示。

▼ 程式 6-6 handle_client_mknod() 函數

mds/server.cc

```
5524  void Server::handle_client_mknod(MDRequestRef& mdr)
5525  {
5526    MClientRequest *req = mdr->client_request;
5527    client_t client = mdr->get_client();
5528    set<SimpleLock*> rdlocks, wrlocks, xlocks;
5529    file_layout_t *dir_layout = NULL;
5530    CDentry *dn = rdlock_path_xlock_dentry(mdr, 0, rdlocks,
5531                  wrlocks, xlocks, false, false, false,
5532                  &dir_layout);
5533    if (!dn) return;
5534    if (mdr->snapid != CEPH_NOSNAP){
5535      respond_to_request(mdr, -EROFS);
5536      return;
```

```
5537        }
5538     CInode *diri = dn->get_dir()->get_inode();
5539     rdlocks.insert(&diri->authlock);
5540     if (!mds->locker->acquire_locks(mdr, rdlocks, wrlocks, xlocks))
5541       return;
5542     // 查看該使用者對目錄的許可權
5543     if (!check_access(mdr, diri, MAY_WRITE))
5544       return;
5545     // 檢查分片空間
5546     if (!check_fragment_space(mdr, dn->get_dir()))
5547       return;
5548
5549     unsigned mode = req->head.args.mknod.mode;
5550     if ((mode & S_IFMT) == 0)
5551       mode |= S_IFREG;
5552
5553
5554     file_layout_t layout;
5555     if (dir_layout && S_ISREG(mode))
5556       layout = *dir_layout;
5557     else
5558       layout = mdcache->default_file_layout;
5559
5560     CInode *newi = prepare_new_inode(mdr, dn->get_dir(), inodeno_t
       (req->head.ino),
5561 mode, &layout);      // 建立一個inode節點
5562     assert(newi);
5563
5564     dn->push_projected_linkage(newi);
5565
5566     newi->inode.rdev = req->head.args.mknod.rdev;
5567     newi->inode.version = dn->pre_dirty();
5568     newi->inode.rstat.rfiles = 1;
5569     if (layout.pool_id != mdcache->default_file_layout.pool_id)
5570       newi->inode.add_old_pool(mdcache->default_file_layout.pool_id);
```

```
5571    newi->inode.update_backtrace();

5572

5573    snapid_t follows = mdcache->get_global_snaprealm()->get_newest_
        seq();

5574    SnapRealm *realm = dn->get_dir()->inode->find_snaprealm();

5575    assert(follows >= realm->get_newest_seq());

5576

5577

5578    //   如果用戶端透過MKNOD建立了一個常規檔案，則會向該檔案寫入資料
        （如正在匯出NFS）

5579    if (S_ISREG(newi->inode.mode)) {

5580      // 在檔案上建立一個Capability實例

5581      int cmode = CEPH_FILE_MODE_RDWR;

5582      Capability *cap = mds->locker->issue_new_caps(newi, cmode,
        mdr->session,

5583     realm, req->is_replay());

5584      if (cap) {

5585        cap->set_wanted(0);

5586

5587

5588        newi->filelock.set_state(LOCK_EXCL);

5589        newi->authlock.set_state(LOCK_EXCL);

5590        newi->xattrlock.set_state(LOCK_EXCL);

5591

5592        dout(15) << " setting a client_range too, since this is a
        regular file" << dendl;

5593        newi->inode.client_ranges[client].range.first = 0;

5594        newi->inode.client_ranges[client].range.last =

5595     newi->inode.get_layout_size_increment();

5596        newi->inode.client_ranges[client].follows = follows;

5597        cap->mark_clientwriteable();

5598      }

5599    }

5600

5601    assert(dn->first == follows + 1);
```

```
5602    newi->first = dn->first;
5603
5604    dout(10) << "mknod mode " << newi->inode.mode << " rdev " <<
5605    newi->inode.rdev << dendl;
5606
5607
5608    mdr->ls = mdlog->get_current_segment();
5609    EUpdate *le = new EUpdate(mdlog, "mknod");      // 日誌相關邏輯
5610    mdlog->start_entry(le);
5611    le->metablob.add_client_req(req->get_reqid(), req->get_oldest_
        client_tid());
5612    journal_allocated_inos(mdr, &le->metablob);
5613
5614    mdcache->predirty_journal_parents(mdr, &le->metablob, newi,
        dn-> get_dir(),
5615                      PREDIRTY_PRIMARY|PREDIRTY_DIR, 1);
5616    le->metablob.add_primary_dentry(dn, newi, true, true, true);
5617
5618    journal_and_reply(mdr, newi, dn, le, new C_MDS_mknod_finish(this,
5619    mdr,dn, newi));                                 // 提交事務
5620    mds->balancer->maybe_fragment(dn->get_dir(), false);
5621  }
```

在 handle_client_mknod() 函數中，前面是一些加鎖和檢查類別的實現
（第 5540 行～第 5550 行）；然後是建立一個新的 inode，並進行基本資
訊的初始化工作（第 5560 行～第 5570 行）；最後啟動一個事務，將資
料寫入日誌中（第 5609 行～第 5618 行）。完成日誌存檔後就可以給用
戶端返回處理結果。

需要注意的是，上述檔案雖然建立成功了，並且存檔到日誌中，但是真
正的 inode 建立則並不一定完成。目前，inode 只是被添加到快取中，
只有快取更新時 inode 才會被真正建立。

6.6.7 CephFS 寫資料流程解析

CephFS 檔案系統相關的流程很多，限於篇幅，不可能逐一介紹。除了上節介紹的建立檔案的流程，本節再介紹一下寫資料的流程。該流程的典型特點是不需要與 MDS 互動，資料讀 / 寫與 OSD 直接互動。

6.6.7.1 用戶端程式解析

應用程式的寫入操作經過 VFS 會由 CephFS 的程式邏輯處理。以同步寫為例，CephFS 用戶端寫資料的主線流程如圖 6-27 所示。在該流程中，ceph_write_iter() 是 CephFS 註冊到 VFS 的函數，也是 CephFS 寫資料流程的起點。最後，CephFS 呼叫 ceph_con_send() 函數將資料透過網路發送到服務端進行處理。

整個主線的程式邏輯主要是將 VFS 發送的 I/O 請求轉換為 CephFS 的請求 ceph_osd_request，然後透過網路發送出去。根據 VFS 請求的 inode ID 和偏移等資訊計算出在 CephFS 叢集中對應的物件名稱，並選擇 OSD。

需要說明的是，如果 VFS 的寫請求資料比較大，超出了一個物件的大小，那麼將會被拆分。然後以拆分後的資料為單位進行請求的轉換和發送。

在請求發送之前先要建立 CephFS 請求，該過程由函數 ceph_osdc_new_request() 完成。該函數除完成請求的建立外，主要的工作是進行關鍵資訊的初始化。其中，最主要的是呼叫 calc_layout() 函數，根據 VFS 請求的偏移和大小計算出對應的物件編號，以及在物件中的偏移和將要寫入的資料長度等資訊。然後根據計算得到的資訊完成 CephFS 請求的初始化。

完成 CephFS 請求的初始化後，呼叫發送請求的介面完成訊息的發送。在圖 6-27 的發送流程中，比較複雜的是 __submit_request() 函數，該函數會呼叫 calc_target() 函數完成 OSD 計算和選擇的過程。

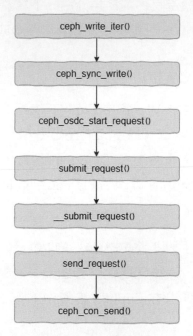

▲ 圖 6-27　CephFS 用戶端寫資料的主線流程

最後，呼叫 ceph_con_send() 函數，該函數其實並不是真正地發送網路資料封包，而是將請求放到一個佇列中。真正的資料發送是由 CephFS 的網路模組負責的，位於核心程式的 net/ceph 目錄下面。這部分內容與 CephFS 檔案系統無關，本節不再贅述。

6.6.7.2　叢集端程式解析

對於寫資料流程，在 CephFS 叢集端其實 MDS 並不參與什麼工作。因為在用戶端已經根據寫請求的偏移等資訊計算出了應該由哪個 OSD 來處理該寫請求。因此，此時寫請求就是用戶端與對應的 OSD 直接互動的過程。

關於 OSD 如何接收寫資料請求，大家可以參考《Ceph 原始程式分析》[24]中的第六章內容，該書對物件資料的讀 / 寫流程進行了非常詳細的分析。

▶ 6.7 分散式系統實例之 GlusterFS

GlusterFS 是一個非常著名和典型的開放原始碼分散式檔案系統，該開放原始碼分散式檔案系統與 GFS、CephFS 最大的區別是沒有專屬的中繼資料節點，也就是 GlusterFS 採用的是無中心架構。本節將深入地介紹一下 GlusterFS 的相關內容。

關於 GlusterFS 有一些特殊的概念，我們這裡做一下簡單的介紹。了解這些概念有助於我們對 GlusterFS 架構及後續程式的理解。

（1）卷冊（Volume）：在 GlusterFS 中，卷冊是一個邏輯的儲存單元，與 NFS 匯出目錄類似。GlusterFS 透過邏輯的卷冊來實現分散式的特性，如資料分布、資料副本和資料分片等。另外，需要注意區分 Linux 中 LVM 的卷冊概念。

（2）儲存區塊（Brick）：儲存區塊是服務端最基本的儲存單元，通常在服務端對應著一個目錄。

（3）轉換器（Translator）：轉換器是 GlusterFS 的基本功能單元，每個轉換器實現一個小特性，GlusterFS 透過不同的轉換器堆疊的方式實現複雜的功能和特性。

6.7.1 GlusterFS 的安裝與使用

為了方便大家學習,我們先介紹一下如何安裝部署該分散式儲存。當然,這裡安裝的系統只是為了方便大家學習,並不可以用於生產環境。如果想要用於生產環境,則大家需要進行嚴格的規劃,並且對安全問題進行處理。

6.7.1.1 安裝環境說明

在安裝之前,先説明一下需要的資源。如圖 6-28 所示,建構一個包含兩個節點的 GlusterFS 叢集,同時有另外一個用戶端實現對檔案系統的存取。如果沒法找到這些資源,則可以用其中一個服務端兼做用戶端。

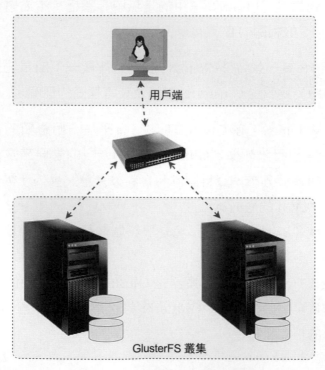

▲ 圖 6-28 GlusterFS 叢集拓撲

為了方便後續安裝，列出 GlusterFS 叢集各個節點的配置資訊，如表 6-1 所示。在該表中我們主要關注每個節點的主機名稱、IP 位址和需要的磁碟資源。列出這些資訊主要是為了後續方便描述，大家在具體安裝時可以適當調整。

表 6-1　GlusterFS 叢集各個節點的配置資訊

節 點 名 稱	IP 地址	主 機 名	磁碟	描　　述
gfs01	192.168.2.117	gfs1	/dev/sdd	叢集節點
gfs02	192.168.2.115	gfs2	/dev/sdd	叢集節點
client	192.168.2.113	client	無	用戶端

一般很難準備這麼多物理伺服器。得益於虛擬化技術，我們可以透過虛擬機器來模擬。目前，市面上的虛擬機器軟體比較多，如 VirtualBox、VMWare 等。關於虛擬機器的安裝與配置的內容不在本書範圍內，請參考相關書籍或自行上網尋找。

由於是測試環境，因此我們可以將系統的防火牆關閉，這樣可以避免很多安裝問題。下面介紹一下環境的基本設置流程，具體操作命令不做介紹，大家可以自行上網檢索相關配置命令。

（1）關閉防火牆。

（2）配置主機名稱。

（3）格式化磁碟。為了簡單起見，我們可以不對磁碟進行分區，而是直接對整個磁碟進行格式化。

（4）設置自動掛載。由於 GlusterFS 服務是守護處理程序，隨系統自動啟動。為了保證 GlusterFS 在執行時期可以存取儲存資源，因此這裡需要設置隨系統啟動自動掛載。

6.7.1.2 安裝 GlusterFS

接下來介紹一下 GlusterFS 在 Ubuntu 18.04 Server 版本的安裝過程。由於 GlusterFS 已經有 Ubuntu 18.04 Server 配套的發行套件,因此安裝還是比較簡單的。下面介紹一下如何安裝 GlusterFS 叢集端的軟體套件。

(1)先添加 GlusterFS 的 PPA 函數庫,命令如下:

```
sudo apt-get install software-properties-common
sudo add-apt-repository ppa:gluster/glusterfs-5
```

(2)更新系統,命令如下:

```
apt update
```

(3)安裝服務端軟體套件,命令如下:

```
apt install glusterfs-server
```

兩個服務端的節點都有執行上述命令。如果系統沒有顯示出錯,服務端的軟體就安裝成功了。

用戶端的安裝與叢集端的安裝沒有太大差別,差別在於安裝的軟體套件不同。首先添加 PPA 函數庫和更新系統(參考叢集端安裝),然後安裝軟體套件,命令如下:

```
apt install glusterfs-client
```

6.7.1.3 系統組態與使用

完成叢集端的軟體安裝之後,我們就可以配置叢集。GlusterFS 的配置也是比較簡單的。下面介紹一下配置步驟。

1. 建立叢集

建立叢集用於將多個節點建構為一個儲存叢集。本實例一共有兩個節點，因此只需要執行一筆命令即可。這裡在 gfs2 節點執行如下命令：

```
gluster peer probe gfs1
```

建立成功後可以透過命令查看一下狀態，如圖 6-29 所示。

```
root@gfs2:~# gluster peer status
Number of Peers: 1

Hostname: gfs1
Uuid: fabad51b-d126-4e9b-821b-815bc3c0a391
State: Peer in Cluster (Connected)
```

▲ 圖 6-29 GlusterFS 叢集的狀態

如果叢集的節點數量多於兩個，那麼需要將 gfs1 逐次替換為其他節點。其原理也就是建立叢集中各個節點的聯繫。

2. 建立邏輯卷冊

叢集建立成功後就可以建立檔案系統了，也就是建立一個邏輯卷冊。本實例是建立一個副本卷冊，命令如下：

```
gluster volume create rep_vol replica 2 \
gfs1:/mnt/gluster/rv1\
gfs2:/mnt/gluster/rv1
```

在上述命令中，rep_vol 表示邏輯卷冊的名稱，replica 表示副本卷冊，數字 2 表示副本卷冊的數量。接下來的兩行命令是兩個伺服器上的資源（brick），分別表示伺服器的主機名稱和路徑。後續寫入的資料會儲存在該路徑下。

邏輯卷冊建立成功後需要執行如下命令來啟動該邏輯卷冊：

```
gluster volume start rep_vol
```

然後可以透過命令查看該邏輯卷冊的資訊或狀態。以查看資訊為例，其相關命令和獲得的資訊如圖 6-30 所示。

```
root@gfs2:~# gluster volume info rep_vol

Volume Name: rep_vol
Type: Replicate
Volume ID: 83cccbb7-e348-43bd-a4dc-ccaccabb1d84
Status: Started
Snapshot Count: 0
Number of Bricks: 1 x 2 = 2
Transport-type: tcp
Bricks:
Brick1: gfs1:/mnt/gluster/rv1
Brick2: gfs2:/mnt/gluster/rv1
Options Reconfigured:
transport.address-family: inet
nfs.disable: on
performance.client-io-threads: off
```

▲ 圖 6-30 GlusterFS 邏輯卷冊的資訊

也可以透過命令來獲取邏輯卷冊的狀態，具體命令及獲得的狀態實例如圖 6-31 所示。透過圖 6-31 可以看出，其中，包括監聽通訊埠和線上狀態等資訊。

```
root@gfs2:~# gluster volume status rep_vol
Status of volume: rep_vol
Gluster process                       TCP Port  RDMA Port  Online  Pid
------------------------------------------------------------------------
Brick gfs1:/mnt/gluster/rv1           49152     0          Y       5421
Brick gfs2:/mnt/gluster/rv1           49152     0          Y       2420
Self-heal Daemon on localhost         N/A       N/A        Y       2402
Self-heal Daemon on gfs1              N/A       N/A        Y       5402

Task Status of Volume rep_vol
------------------------------------------------------------------------
There are no active volume tasks
```

▲ 圖 6-31 GlusterFS 邏輯卷冊的狀態

3. 在用戶端掛載 GlusterFS 分散式檔案系統

如果邏輯卷冊執行正常,那麼可以在用戶端掛載該邏輯卷冊。執行如下命令後,在 /mnt/glusterfs 目錄中的內容就是邏輯卷冊根目錄的內容:

```
mkdir -p /mnt/glusterfs
mount -t glusterfs gfs1:/rep_vol /mnt/gfsclient/
```

至此,建立了一個完整的 GlusterFS 環境,我們可以以此環境為基礎來完成後續 GlusterFS 相關內容的學習。如果大家想了解更多的安裝細節及生產環境的配置內容,可以參考 GlusterFS 的官網。

6.7.2 GlusterFS 整體架構簡析

GlusterFS 屬於無中心節點架構的分散式檔案系統。對於 GlusterFS 來說,無中心架構是指服務端(也就是儲存叢集)並沒有一個或多個專門的中繼資料伺服器來維護整個檔案系統的中繼資料。那麼在沒有中繼資料伺服器的情況下,GlusterFS 如何進行整個檔案系統叢集的資料管理?而整個儲存系統又如何對外提供統一的命名空間?

在 GlusterFS 中,整個檔案系統的中繼資料是借助本地檔案系統來實現的。比如,在用戶端建立一個檔案,檔案的管理是在本地檔案系統完成的。對於 GlusterFS 來說,並沒有一個特殊的地方來對這個檔案進行管理。

在 GlusterFS 中,整個儲存系統對外提供的統一命名空間是由服務端的配置資訊和用戶端的軟體來完成的。其中,服務端卷冊配置資訊描述了組成一個卷冊的所有儲存區塊及其關係,而用戶端的軟體則負責將各個儲存區塊的內容聚合,然後將結果展示給使用者。

在軟體實現層面，GlusterFS 分為用戶端和服務端兩部分軟體。GlusterFS 的大部分特性都是在用戶端實現的，如資料副本、資料分散連結化、資料分布和 I/O 快取等。在用戶端的這些特性採用堆疊的方式實現，也就是一個特性在另外一個特性的上面來實現。

採用堆疊的方式實現這些特性使得 GlusterFS 的程式邏輯非常清晰，降低了閱讀成本。其實這種分層結構也並非 GlusterFS 的原創，很多軟體都採用類似的架構模式，如協定堆疊、Linux 的區塊裝置堆疊和 Windows 的 I/O 堆疊等。

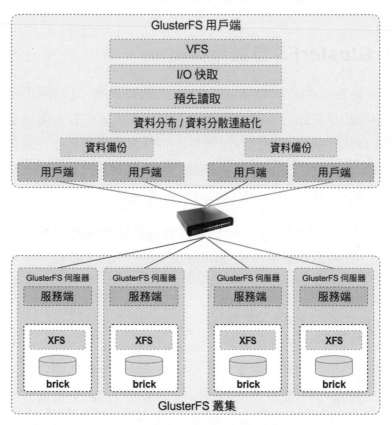

▲ 圖 6-32 GlusterFS 的整體架構

在 GlusterFS 中，實現堆疊的基本元件稱為轉換器（Translator，簡稱 xlator）。轉換器實現了一些基本特性，而透過不同轉換器的組合形成了 GlusterFS 所具備的特性。圖 6-32 所示為 GlusterFS 的整體架構。其中，主要功能都是在用戶端實現的，如 I/O 快取、預先讀取、資料分散連結化和資料副本等。另外，用於實現用戶端與服務端之間通訊的模組也是透過轉換器實現的。

在 GlusterFS 的整體架構中，服務端實現得相對簡單，其入口是服務端（Server）轉換器，該轉換器用於實現網路通訊。然後是資源管理和磁碟存取等相關的轉換器。

用戶端的轉換器實現得要複雜一些，而且多個轉換器之間透過堆疊可以實現豐富的特性。以圖 6-32 為例，底層是網路用戶端端轉換器，實現與服務端的通訊。再往上是分散式資料副本和資料分布 / 資料分散連結化轉換器，兩者結合可以實現一個複合卷冊，這樣可以滿足性能和資料可靠性的要求。再往上，還有預先讀取和 I/O 快取等轉換器，實現了檔案系統在某些場景下加速的功能。

6.7.3 轉換器與轉換器樹

在 GlusterFS 中最為重要的就是轉換器（為了匹配程式，容易理解，本書使用 xlator 來代替轉換器）了。如前文所述，GlusterFS 的所有特性都是透過 xlator 實現的。前文在介紹 GlusterFS 的整體架構時就已經介紹過 xlator 的內容。對應的實現程式在 xlators 目錄中，圖 6-33 是 xlators 目錄結構，該目錄下的子目錄是對 xlator 的分類。而每個分類下面又有一個或多個 xlator。以 cluster 為例，其下是涉及叢集相關的 xlator，如副本卷冊、分散式卷冊和糾刪碼卷冊的具體實現都在其中。

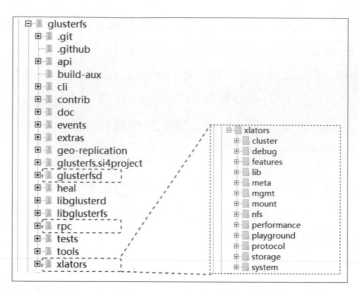

▲ 圖 6-33　xlators 目錄結構

無論是在用戶端還是服務端，在處理程序啟動之後都會初始化一個 xlator 樹，儲存的特性正是透過這個樹來實現的。以用戶端為例，如程式 6-7 所示為 GlusterFS 用戶端卷冊的配置資訊。配置資訊分為若干段，每段由 volume 關鍵字開頭，end-volume 結尾。這裡雖然以 volume 作為關鍵字，其實是一個 xlator 實例，我們可以將其理解為具備某個 xlator 特性的邏輯卷冊。而不同的邏輯卷冊堆疊到一起形成使用者使用的卷冊，這種堆疊關係也就是 xlator 樹。

在每段的配置資訊中有兩個內容是比較關鍵的，一個是類型（type），另一個是子卷冊（subvolumes）。其中，類型表示該邏輯卷冊所對應的 xlator，如第二行程式所示，它對應著 xlators 目錄下面的 xlator 的子路徑。子卷冊則是該邏輯卷冊下層的邏輯卷冊，如果沒有子卷冊欄位，則表示該邏輯卷冊已經是 xlator 樹的葉子節點，如 rep_vol-client-0 和 rep_vol-client-1。

▼ 程式 6-7 GlusterFS 用戶端卷冊的配置資訊

```
1    volume rep_vol-client-0
2        type protocol/client
3        // 刪除一些選項
4        option transport-type tcp
5        option remote-subvolume /mnt/gluster/rv1
6        option remote-host gfs1
7        option ping-timeout 42
8    end-volume
9
10   volume rep_vol-client-1
11       type protocol/client
12       // 刪除一些選項
13       option transport-type tcp
14       option remote-subvolume /mnt/gluster/rv1
15       option remote-host gfs2
16       option ping-timeout 42
17   end-volume
18
19   volume rep_vol-replicate-0
20       type cluster/replicate
21       option use-compound-fops off
22       option afr-pending-xattr rep_vol-client-0,rep_vol-client-1
23       subvolumes rep_vol-client-0 rep_vol-client-1
24   end-volume
25
26   volume rep_vol-dht
27     type cluster/distribute
28     option lock-migration off
29     subvolumes rep_vol-replicate-0
30   end-volume
31
32   volume rep_vol
33       type debug/io-stats
34       option count-fop-hits off
```

```
35        option latency-measurement off
36        option log-level INFO
37        subvolumes rep_vol-dht
38    end-volume
```

如果我們按照卷冊與子卷冊的關係看一下程式 6-7 就會發現，xlator 樹的關係與設定檔各個段的關係是倒置的。也就是樹根是最下面的一個配置段，而配置最上面的內容是樹的葉子節點。

在服務端的每個儲存區塊都會有一個配置資訊，該配置資訊也是一棵 xlator 樹。程式 6-8 所示為一個服務節點簡化後的配置資訊。可以看到，其樹根是 server，它是 RPC 的服務端，然後依次向下，最後是 posix。這個其實就是存取檔案系統的 xlator。

▼ 程式 6-8　一個服務節點簡化後的配置資訊

```
1    volume rep_vol-posix
2        type storage/posix
3        option shared-brick-count 0
4        option volume-id 83cccbb7-e348-43bd-a4dc-ccaccabb1d84
5        option directory /mnt/gluster/rv1
6    end-volume
7
8    volume rep_vol-io-threads
9        type performance/io-threads
10       subvolumes rep_vol-posix
11   end-volume
12
13   volume /mnt/gluster/rv1
14       type performance/decompounder
15       subvolumes rep_vol-io-threads
16   end-volume
17
```

```
18    volume rep_vol-server
19        type protocol/server
20        // 刪除部分選項
21        option auth-path /mnt/gluster/rv1
22        option auth.login.f8a8b…d9a797.password b3e7…300534
23        option auth.login./mnt/gluster/rv1.allow f8a8b…d9a797
24        option transport.address-family inet
25        option transport-type tcp
26        subvolumes /mnt/gluster/rv1
27    end-volume
```

前文從設定檔方面介紹了 GlusterFS 是如何組織和建構一個 xlator 樹的。那麼從程式實現層面又是什麼樣的呢？各層 xlator 之間的請求又是怎麼傳遞的呢？接下來介紹相關的內容。

在 GlusterFS 中，xlator 是透過一個名為 xlator 的結構來表示的。如程式 6-9 所示，在該結構中包含子卷冊列表和父卷冊列表（第 777 行～第 778 行），正是這兩個成員使得 xlator 可以建構一棵樹。

xlator 結構有兩個比較重要的成員是 fops 和 cbks，這兩個成員分別是操作函數集和回呼函數集。操作函數集對應檔案操作，從 Fuse 觸發的檔案操作基本上透過呼叫下一級 xlator 對應的函數來逐層傳遞，最後透過網路發送到服務端。

▼ 程式 6-9 xlator 結構的定義

libglusterfs/src/glusterfs/xlator.h

```
770    struct _xlator {
771
772        char *name;
773        char *type;
774        char *instance_name;
```

```
775         xlator_t *next;
776         xlator_t *prev;
777         xlator_list_t *parents;
778         xlator_list_t *children;
779         dict_t *options;
780
781
782         void *dlhandle;
783         struct xlator_fops *fops;         // 操作函數集
784         struct xlator_cbks *cbks;         // 回呼函數集
785         struct xlator_dumpops *dumpops;
786         struct list_head volume_options;   // 卷冊選項鏈結串列
787
788         void (*fini)(xlator_t *this); // 用於實現對當前xlator的反初始化
789         int32_t (*init)(xlator_t *this);// 用於實現對當前xlator的初始化
790         int32_t (*reconfigure)(xlator_t *this, dict_t *options);
791         int32_t (*mem_acct_init)(xlator_t *this);
792         int32_t (*dump_metrics)(xlator_t *this, int fd);
793
794  event_notify_fn_t notify;
     // 刪除部分程式
870  }
```

當系統完成初始化後，xlator 樹已經建構。xlator 之間透過 children 成員和 parents 成員建構了各級節點的關係。父節點可以透過 children 成員知道當前節點的下一級節點的 xlator，子節點透過 parents 成員可以知道其父節點。

在 GlusterFS 中定義了兩個巨集來實現上一級節點到下一級節點的呼叫和反向呼叫，它們分別是 STACK_WIND 和 STACK_UNWIND。另外，在呼叫下一級函數之前都會分配一個結構 call_frame_t 的空間，被稱為幀。幀用於儲存下一級 xlator 需要的關鍵資訊，如回呼函數、xlator 指標、上一級幀和其他資訊。

程式 6-10 所示為 STACK_WIND_COMMON 的定義，在該巨集定義中
首先建立一個新的幀並填充必要資訊（第 325 行～第 338 行），然後在
第 346 行程式中呼叫下一級 xlator 的函數，並且會將新的幀傳遞給該函
數。可見，透過這種方式實現了請求從上一級 xlator 到下一級 xlator 的
發送。

▼ 程式 6-10 STACK_WIND_COMMON 的定義

libglusterfs/src/glusterfs/stack.h

```
319   #define STACK_WIND_COMMON(frame, rfn, has_cookie, cky, obj, fn,
      params...)
320       do {
321           call_frame_t *_new = NULL;
322           xlator_t *old_THIS = NULL;
323           typeof(fn) next_xl_fn = fn;
324
325           _new = mem_get0(frame->root->pool->frame_mem_pool);
326           if (!_new){
327               break;
328           }
329           typeof(fn##_cbk) tmp_cbk = rfn;
330           _new->root = frame->root;
331           _new->this = obj;
332           _new->ret = (ret_fn_t)tmp_cbk;   // 上一級的回呼函數，任務完
      成時呼叫
333           _new->parent = frame;              // 上一級的幀
334
335           _new->cookie = ((has_cookie == 1) ? (void *)(cky) : (void
      *)_new);
336           _new->wind_from = __FUNCTION__;
337           _new->wind_to = #fn;
338           _new->unwind_to = #rfn;
339
340           fn##_cbk = rfn;
```

```
341          old_THIS = THIS;
342          THIS = obj;
343
344          _new->op = get_fop_index_from_fn((_new->this), (fn));
345
346          next_xl_fn(_new, obj, params);    // 呼叫下一級函數
347          THIS = old_THIS;
348    } while (0)
```

由於在 STACK_WIND_COMMON 巨集定義中進行幀初始化時會註冊
一個回呼函數（第 332 行）。當底層的 xlator 完成任務需要通知上一級
時，透過呼叫 STACK_UNWIND 實現。而該巨集定義本質上是透過這裡
註冊的回呼函數來通知上一級的。

6.7.4 GlusterFS 資料分布與可靠性

對於分散式檔案系統來說，最關鍵的是實現橫向擴展和資料的可靠性。
GlusterFS 透過三種 xlator 來實現上述特性，並且可以將上述特性進行堆
疊，進而實現更加複雜的特性。

6.7.4.1 資料的副本

資料的可靠性是任何儲存系統要解決的問題。在 Ceph 中透過副本技術
和糾刪碼技術來保證資料的可靠性。在 GlusterFS 中也包含副本和糾刪
碼兩種資料容錯技術，本節以副本技術為例進行介紹。

在 GlusterFS 中是透過卷冊來實現資料的組織和管理的，卷冊表示一個
儲存單元，在該單元中的所有資料採用了相同的資料處理演算法。而且
卷冊也是 GlusterFS 叢集匯出檔案系統目錄的單元，用戶端透過掛載該
卷冊來實現一個目錄的掛載。

GlusterFS 的副本技術透過副本卷冊（Replication Volume）實現。一個副本卷冊可以由一個或多個儲存區塊群組成。當由多個儲存區塊群組成時，這個卷冊就包含多個副本，多個儲存區塊中的資料是相同的。圖 6-34 所示為具有兩個副本的副本卷冊示意圖，可以看出，當在用戶端寫入一個檔案時，用戶端的軟體會將資料分發到兩個不同的伺服器，並儲存相同的資料。

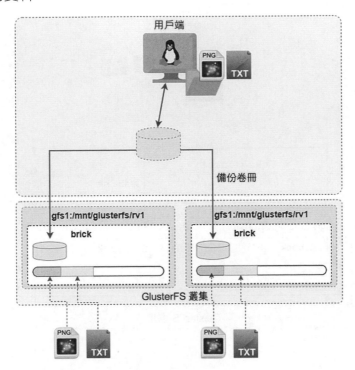

▲ 圖 6-34 具有兩個副本的副本卷冊示意圖

6.7.4.2 資料的分布 / 分片

副本卷冊可以實現資料的保護，資料的分布則透過另外一種類型的卷冊實現，這就是分散式卷冊（Distributed Volume）。資料的分布 / 分片是 GlusterFS 對一個資料集放置在叢集多個節點的方法。

如圖 6-35 所示，對於有兩個儲存區塊的分散式卷冊，當用戶端寫入兩個檔案時，這兩個檔案通常會被儲存在兩個不同的物理節點上。當然，這依賴於分布演算法的計算結果，如果只有兩個檔案則可能會被放置在同一個節點。但是，當用戶端寫入比較多的檔案時，通常這兩個儲存區塊上的檔案數量是均衡的。

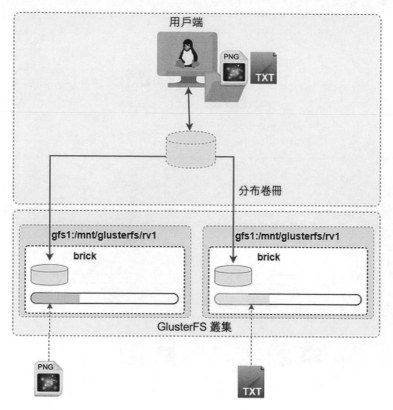

▲ 圖 6-35 分布卷冊原理示意圖

在實際生產環境中，承載分布卷冊的儲存區塊要更多一些，而且通常與業務的負載相關。如果業務的負載非常大，則儲存區塊的數量有可能達到幾十個。

6.7.4.3 資料的分散連結化

分散連結化處理是 GlusterFS 對單一資料物件（也就是檔案）進行分散式處理的技術。對於用戶端的一個檔案，用戶端會將其拆分成指定大小的資料區塊分別寫入不同的節點。資料的分散連結化是透過分散連結卷冊（Stripe Volume）實現的。如圖 6-36 所示，當用戶端寫入一個檔案時，該檔案的一部分被寫入節點 gfs1，另一部分被寫入節點 gfs2。當然，這裡只是一個示意圖，實際情況要比較複雜。

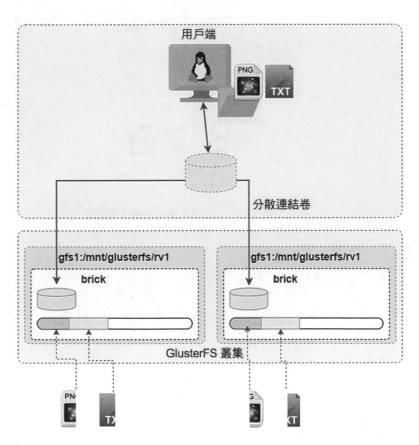

▲ 圖 6-36　分散連結卷冊原理示意圖

6.7.4.4 副本與分片的堆疊

前文介紹的三種不同類型的卷冊解決了分散式中常見的三種問題，但有其偏限性。比如，在分散式檔案系統中，我們既希望資料是高可靠的，又希望可以橫向擴展。但是似乎上述三種類型的卷冊都無法同時搞定。

在 GlusterFS 中可以實現上述特性的堆疊，如將分布卷冊和副本卷冊堆疊。也就是先基於儲存區塊建立副本卷冊，再將多個副本卷冊建立為一個分布卷冊，如圖 6-37 所示。此時最終的卷冊既具有分布卷冊的特性，可以將資料按照雜湊演算法分散儲存；又具有副本卷冊的特性，將一份資料同時儲存兩個或兩個以上資料副本。

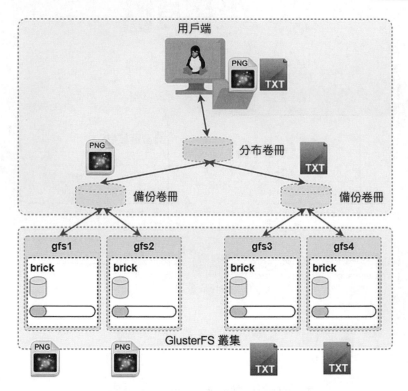

▲ 圖 6-37 分布卷冊與副本卷冊的堆疊

透過這種方式的堆疊,可以在保證資料可靠性的前提下實現叢集的橫向擴展,也就是透過多個物理節點來提供給使用者更大的容量和更高的性能。

6.7.4.5 副本與分散連結的堆疊

在 GlusterFS 中,不僅可以將分布卷冊與副本卷冊堆疊,而且還可以將分散連結卷冊與副本卷冊堆疊。圖 6-38 所示為分散連結卷冊與副本卷冊堆疊。在該類型的卷冊中,當用戶端寫入一個檔案時,會按照分片大小寫入不同的副本卷冊中,然後副本卷冊進一步將資料分別寫入不同的儲存區塊中。當然,這裡展示的只是一個示意圖,實際分散連結數量根據配置情況而定。

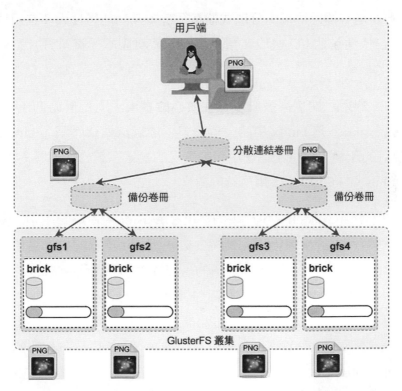

▲ 圖 6-38 分散連結卷冊與副本卷冊的堆疊

這種堆疊卷冊透過副本來保證叢集資料的可靠性。透過分散連結解決大檔案存取的性能問題，對大檔案進行存取時會被分散到叢集的多個節點上，透過多個節點來承載大檔案的存取。

本節主要從系統的可靠性和性能方面對 GlusterFS 的特性進行了介紹。其實 GlusterFS 還有非常多的特性，如用戶端的快取、快取預先讀取和壓縮等，這些特性都是透過轉換器的方式實現的。由於內容許多，很難逐一介紹，大家可以自行閱讀 xlators 目錄下的相關程式。

6.7.5 GlusterFS 用戶端架構與 I/O 流程

GlusterFS 是一個用戶端的分散式檔案系統，其功能特性大多在用戶端實現。這些特性包括 I/O 快取、預先讀取、資料副本、資料分片和資料分散連結化等。

GlusterFS 的用戶端檔案系統沒有在核心態實現，而是借助 Fuse 在使用者態實現。Fuse 是 Linux 中的一個框架，透過該框架隱藏了 Linux 核心 VFS 複雜的架構，提供了在使用者態實現的檔案系統介面。圖 6-39 所示為基於 Fuse 的 GlusterFS 用戶端的架構。

在圖 6-39 中，GlusterFS 用戶端的實現在 gluster 用戶端模組中。圖中的右側是對用戶端的細節描述，其特性透過 xlator 堆疊的方式實現。這裡是以前文介紹的卷冊配置為例建構的，包括 X-fuse（fuse Xlator）、X-io-stats、X-DHT 和 X-client 等。其中，X-fuse 是基於 libfuse 實現的使用者態檔案系統，而 X-client 則是與服務端通訊的網路用戶端端模組。其他模組都是實現的檔案系統的具體特性，如 X_DHT 是分布卷冊的實現，而 X_replication 則是副本卷冊的實現。

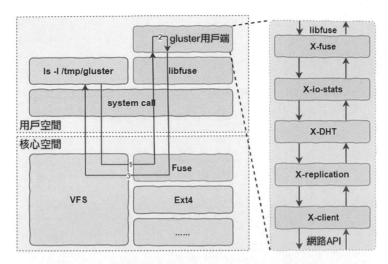

▲ 圖 6-39 基於 Fuse 的 GlusterFS 用戶端的架構

GlusterFS 並沒有特別複雜的架構，其 I/O 堆疊主要是由多個 xlator 堆疊起來的一個堆疊。上層 xlator 對下層 xlator 的呼叫方式已經在 6.7.3 節中做過介紹，本節不再贅述。本節主要以建立檔案為例介紹一下處理流程。

用戶端會呼叫 Fuse 的 API 將檔案處理的 API 註冊給 Fuse。在 GlusterFS 中，註冊的 API 是一個名為 fuse_std_ops 的全域變數，如程式 6-11 所示。當用戶端掛載檔案系統後，掛載點中的存取會觸發這裡註冊的某一個函數指標。

▼ 程式 6-11 fuse_std_ops 全域變數的定義

xlator/mount/fuse/src/fuse-bridge.c

```
6544    static fuse_handler_t *fuse_std_ops[FUSE_OP_HIGH] = {
6545        [FUSE_LOOKUP]  = fuse_lookup,
6546        [FUSE_FORGET]  = fuse_forget,
6547        [FUSE_GETATTR] = fuse_getattr,
6548        [FUSE_SETATTR] = fuse_setattr,
```

```
6549        [FUSE_READLINK] = fuse_readlink,
6550        [FUSE_SYMLINK] = fuse_symlink,
6551        [FUSE_MKNOD] = fuse_mknod,
6552        [FUSE_MKDIR] = fuse_mkdir,
6553        [FUSE_UNLINK] = fuse_unlink,
6554        [FUSE_RMDIR] = fuse_rmdir,
6555        [FUSE_RENAME] = fuse_rename,
6556        [FUSE_LINK] = fuse_link,
6557        [FUSE_OPEN] = fuse_open,
6558        [FUSE_READ] = fuse_readv,
6559        [FUSE_WRITE] = fuse_write,
```

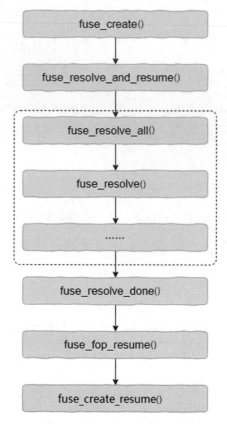

▲ 圖 6-40 GlusterFS 用戶端程式流程

以建立檔案為例，當使用者在掛載的檔案系統建立新檔案時，會觸發上述介面中的 fuse_create() 函數，而該函數最終會呼叫 fuse_create_resume() 函數，如圖 6-40 所示。fuse_create_resume() 函數透過巨集定義 FUSE_FOP 來呼叫 STACK_WIND 巨集定義，也就會呼叫下層的 xlator。

當然，對於用戶端來說，最終會呼叫 client xlator，該 xlator 會將訊息發送到叢集端的 server xlator。

6.7.6 GlusterFS 服務端架構與 I/O 流程

服務端與用戶端類似，也沒有複雜的軟體架構，其核心是伺服器啟動時會根據儲存區塊的配置建構一個 xlator 樹，其中 server xlator 是入口層的 xlator，負責與用戶端通訊。其實 server 就是向 RPC 註冊了一個函數指標集，該函數指標集為全域變數 glusterfs3_3_fop_actors，大家可以自行看一下這個變數。

對於建立檔案操作來說，當 server 收到用戶端發來的建立檔案的訊息後會呼叫 server3_3_create() 函數，而該函數經過層層呼叫後最終會呼叫 server_create_resume() 函數，如圖 6-41 所示。server_create_resume() 函數會呼叫巨集定義 STACK_WIND，這也就啟動了對下一級 xlator 的呼叫過程。

在 6.7.3 節介紹過一個儲存區塊的設定檔，以該配置為例，最後會呼叫 poxis xlator。該 xlator 的主要作用是對檔案系統進行存取，其本質是呼叫與檔案系統相關的 API。對於本實例中的建立檔案操作，在 posix 中呼叫了 posix_create() 函數，而該函數最終會呼叫 open() 函數或

openat() 函數來建立檔案。完成檔案建立後,透過反向呼叫,最終回饋給用戶端結果。

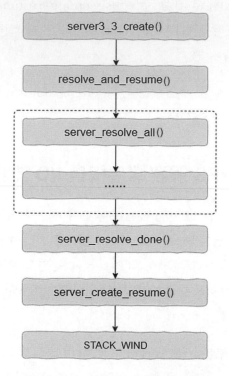

▲ 圖 6-41 GlusterFS 服務端程式流程

至此,我們完成了對 CephFS 和 GlusterFS 等分散式檔案系統相關內容的介紹。相信大家透過對上述兩種不同類型分散式檔案系統原理和程式的學習能夠對分散式檔案系統有一個比較清晰的理解。

百花爭豔 --
檔案系統的其他形態

透過前文的介紹，我們知道檔案系統包括用戶端（主機端）的檔案系統和服務端軟體服務。本章分別介紹一下檔案系統在這兩方面的演化。

▶ 7.1 使用者態檔案系統框架

作業系統為了實現多種檔案系統的支援，通常會實現一個虛擬檔案系統（VFS），然後具體的檔案系統基於 VFS 框架實現。但是，無論是 Linux 還是 Windows，檔案系統都必須在核心態實現，這樣實現門檻就比較高了。

為了降低檔案系統開發的門檻，有些人開發了在使用者態實現的檔案系統框架。這些框架通常透過鉤子的方式捕捉使用者對檔案系統的存取，然後轉發到使用者態進一步處理。這樣，原來在核心態的檔案系統邏輯也就可以在使用者態實現，普通開發者就可以在使用者態開發一個自己的檔案系統。

本節介紹一下常用的使用者態檔案系統框架，包括 Linux 中的 fuse 框架和 Windows 中的 Dokany 框架。

7.1.1 Linux 中的使用者態檔案系統框架 Fuse

7.1.1.1 Fuse 整體架構簡介

在 Linux 中有一個非常有名的使用者態檔案系統框架，這就是 Fuse 框架。有了 Fuse 框架，我們就可以在使用者態開發檔案系統的邏輯，而不用關心 Linux 核心的相關內容。從而大大降低了開發檔案系統的門檻。

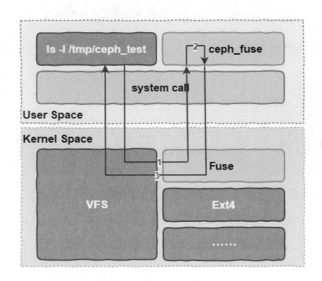

▲ 圖 7-1 Fuse 與 VFS 及其他檔案系統的關係

Fuse 與 VFS 及其他檔案系統的關係如圖 7-1 所示。Fuse 本身包含一個使用者態函數庫和一個核心態模組。使用者態函數庫為檔案系統開發提供了一套介面，核心態模組則實現了一套核心的檔案系統，其功能是將檔案系統存取請求轉發到使用者態。

使用者態函數庫提供了一套 API，同時還提供了一套介面規範，這套規範實際上是一組函數集合。基於 Fuse 開發檔案系統就是實現 Fuse 定義的函數集合的某些或全部函數。然後呼叫 Fuse 使用者態函數庫的 API 將實現的函數註冊到核心態模組中。

核心態的模組基於 VFS 實現了一個檔案系統，可以與 NFS 或 CephFS 用戶端的檔案系統對比理解。但不同的是，當使用者請求到達該檔案系統時，該檔案系統不是存取磁碟或透過網路發送請求，而是呼叫使用者態註冊的回呼函數。

如果大家對 NFS 的流程或 CephFS 的流程熟悉，則比較容易理解 Fuse 的工作原理。與 NFS 類別相比，Fuse 將 NFS 中透過網路轉化請求換成透過函式呼叫（嚴格來説並非簡單的函式呼叫，因為涉及核心態到使用者態的轉換）來轉化請求。

7.1.1.2 具體實現程式解析

接下來從程式實現層面分析一下 Fuse 的實現細節。我們先從開發者角度來看一下如何基於 Fuse 進行開發。

基於 Fuse 開發檔案系統入門並不複雜，官方也提供了非常多的實例。以其最簡單的 HelloWorld 為例，其實現程式不到 200 行。我們截取其中關鍵的程式進行分析，如程式 7-1 所示。

▼ 程式 7-1 Fuse 實例程式

example/hello.c

```
55   static void *hello_init(struct fuse_conn_info *conn,
56              struct fuse_config *cfg)
57   {
58       (void) conn;
59       cfg->kernel_cache = 1;
60       return NULL;
61   }
62   // 獲取檔案的屬性
63   static int hello_getattr(const char *path, struct stat *stbuf,
64                       struct fuse_file_info *fi)
65   {
66       (void) fi;
67       int res = 0;
68
69       memset(stbuf, 0, sizeof(struct stat));
70       if (strcmp(path, "/") == 0) {
71           stbuf->st_mode = S_IFDIR | 0755;
72           stbuf->st_nlink = 2;
73       } else if (strcmp(path+1, options.filename) == 0) {
74           stbuf->st_mode = S_IFREG | 0444;
75           stbuf->st_nlink = 1;
76           stbuf->st_size = strlen(options.contents);
77       } else
78           res = -ENOENT;
79
80       return res;
81   }
82   // 讀取目錄中的資料
83   static int hello_readdir(const char *path, void *buf, fuse_fill_
     dir_t filler,
84               off_t offset, struct fuse_file_info *fi,
85               enum fuse_readdir_flags flags)
86   {
```

```
 87        (void) offset;
 88        (void) fi;
 89        (void) flags;
 90
 91        if (strcmp(path, "/") != 0)
 92            return -ENOENT;
 93
 94        filler(buf, ".", NULL, 0, 0);
 95        filler(buf, "..", NULL, 0, 0);
 96        filler(buf, options.filename, NULL, 0, 0);
 97
 98        return 0;
 99    }
100    // 打開檔案
101    static int hello_open(const char *path, struct fuse_file_info *fi)
102    {
103        if (strcmp(path+1, options.filename) != 0)
104            return -ENOENT;
105
106        if ((fi->flags & O_ACCMODE) != O_RDONLY)
107            return -EACCES;
108
109        return 0;
110    }
111    // 從檔案讀取資料的實現可以看出，這裡返回的是預存的字串
112    static int hello_read(const char *path, char *buf, size_t size,
113                          off_t offset, struct fuse_file_info *fi)
114    {
115        size_t len;
116        (void) fi;
117        if(strcmp(path+1, options.filename) != 0)
118            return -ENOENT;
119
120        len = strlen(options.contents);
121        if (offset < len){
122            if (offset + size > len)
```

```
123            size = len - offset;
124          memcpy(buf, options.contents + offset, size);
125        } else
126            size = 0;
127
128      return size;
129  }
130  // 這個全域變數是實現的函數集，這裡只實現了幾個簡單的函數集，如初始
     化、遍歷目錄、打開檔案和讀取檔案等
131  static struct fuse_operations hello_oper = {
132      .init        = hello_init,
133      .getattr     = hello_getattr,
134      .readdir     = hello_readdir,
135      .open        = hello_open,
136      .read        = hello_read,
137  };
138
139  static void show_help(const char *progname)
140  {
141      printf("usage: %s [options] <mountpoint>\n\n", progname);
142      printf("File-system specific options:\n"
143             "    --name=<s>        Name of the \"hello\" file\n"
144             "                      (default: \"hello\")\n"
145             "    --contents=<s>   Contents \"hello\" file\n"
146             "                      (default \"Hello, World!\\n\")\n"
147             "\n");
148  }
149
150  int main(int argc, char *argv[])
151  {
152      int ret;
153      struct fuse_args args = FUSE_ARGS_INIT(argc, argv);
154
155
156
157
```

```
158        options.filename = strdup("hello");
159        options.contents = strdup("Hello World!\n");
160
161
162        if (fuse_opt_parse(&args, &options, option_spec, NULL) == -1)
163            return 1;
164
165
166
167
168
169
170        if (options.show_help) {
171            show_help(argv[0]);
172            assert(fuse_opt_add_arg(&args, "--help") == 0);
173            args.argv[0] = (char*) "";
174        }
175
176        ret = fuse_main(args.argc, args.argv, &hello_oper, NULL);
           // Fuse的入口函數
177        fuse_opt_free_args(&args);
178        return ret;
179    }
```

上述程式的主要工作是實現 fuse_operations 定義的函數集（第 131
行），並且呼叫 fuse_main() 函數（第 176 行）將函數集註冊到 Fuse
中。而在本實例中，函數集實現得很簡單，只實現了遍歷目錄、打開檔
案、讀取檔案和獲取屬性等介面。同時，本實例透過固定資料模擬了一
個檔案系統，這裡所有的資料只不過是使用一個全域變數儲存的字串。

可以看出，這裡只呼叫了 Fuse 的一個函數，也就是 fuse_main() 函數。
接下來深入講解 Fuse 的內部，看一看 Fuse 是如何工作的。

先看一下 fuse_main() 函數的核心邏輯。我們透過閱讀整個呼叫堆疊的程式可以發現，關鍵業務邏輯是在 fuse_session_process_buf_int() 函數中實現的。由於篇幅有限，我們截取其中關鍵程式，如程式 7-2 所示。

▼ 程式 7-2 fuse_session_process_buf_int() 函數

lib/fuse_lowlevel.c fuse_main-> fuse_main_real-> fuse_loop-> fuse_session_loop ->fuse_session_process_buf_int

```
2432   void fuse_session_process_buf_int(struct fuse_session *se,
2433           const struct fuse_buf *buf, struct fuse_chan *ch)
2434   {

2529       if ((buf->flags & FUSE_BUF_IS_FD) && write_header_size < buf
       -> size &&
2530           (in->opcode != FUSE_WRITE || !se->op.write_buf) &&
               in->opcode != FUSE_NOTIFY_REPLY) {
               void *newmbuf;

2543           res = fuse_ll_copy_from_pipe(&tmpbuf, &bufv); // 從核心中
       讀取請求資料
2544           err = -res;
2545           if (res < 0)
2546               goto reply_err;
2547
2548           in = mbuf;
           }

2551       inarg = (void *)&in[1];
2552       if (in->opcode == FUSE_WRITE && se->op.write_buf) // 判斷是否
       為寫請求
2553           do_write_buf(req, in->nodeid, inarg, buf);
2554       else if (in->opcode == FUSE_NOTIFY_REPLY)
2555           do_notify_reply(req, in->nodeid, inarg, buf);
2556       else
```

```
2557            fuse_ll_ops[in->opcode].func(req, in->nodeid, inarg);
                // 其他請求類型，透過函數指標進行處理
        }
```

在上述程式中，首先從核心中讀取請求資料（第 2543 行），然後將讀取的資料轉化為 fuse_in_header 結構類型。這個結構又被稱為請求標頭，裡面包括操作碼、節點 ID、使用者 ID 和處理程序 ID 等資訊。

接下來針對請求標頭的內容進行處理，主要實現程式為第 2551 行～第 2557 行。這裡主要透過操作碼找到 fuse_ll_ops 中預先定義的函數，然後進行後續處理。每一個處理函數都會呼叫在一開始實現並註冊的函數。

我們再回過頭看一看請求標頭的資料結構。透過程式 7-3 可以看出，比較關鍵的是第二個成員 opcode，它表示請求的類型。正是透過該操作碼來確定具體由哪個函數來進行下一步的處理。

▼ 程式 7-3 Fuse 請求標頭的資料結構

include/kernel.h

```
690    struct fuse_in_header {
691        uint32_t    len;
692        uint32_t    opcode;    // 操作碼表示請求的類型
693        uint64_t    unique;
694        uint64_t    nodeid;
695        uint32_t    uid;
696        uint32_t    gid;
697        uint32_t    pid;
698        uint32_t    padding;
699    };
```

透過上文介紹我們基本上清楚了使用者態如何從核心態獲取請求，並進行相關處理。接下來介紹一下核心態的實現，看一看核心態是如何捕捉使用者對檔案的操作的，並將請求轉發到使用者態的 Fuse 模組。

透過前文可知，Fuse 的核心態模組其實就是一個用戶端檔案系統，因此該模組主要是實現 VFS 定義的函數集。以檔案相關的函數集為例，具體定義如程式 7-4 所示。

▼ 程式 7-4　核心態模組 Fuse 函數指標集

```
fs/fuse/file.c
3398   static const struct file_operations fuse_file_operations  = {
3399        .llseek            = fuse_file_llseek,
3400        .read_iter         = fuse_file_read_iter,
3401        .write_iter        = fuse_file_write_iter,
3402        .mmap              = fuse_file_mmap,
3403        .open              = fuse_open,
3404        .flush             = fuse_flush,
3405        .release           = fuse_release,
3406        .fsync             = fuse_fsync,
3407        .lock              = fuse_file_lock,
3408        .flock             = fuse_file_flock,
3409        .splice_read       = generic_file_splice_read,
3410        .splice_write      = iter_file_splice_write,
3411        .unlocked_ioctl    = fuse_file_ioctl,
3412        .compat_ioctl      = fuse_file_compat_ioctl,
3413        .poll              = fuse_file_poll,
3414        .fallocate         = fuse_file_fallocate,
3415        .copy_file_range   = fuse_copy_file_range,
3416   };
```

以打開檔案為例，當使用者透過 API 打開透過 Fuse 掛載目錄中的檔案時，會觸發 VFS 的函式呼叫，進而會呼叫 fuse_open() 函數。關於如何透過 VFS 呼叫 fuse_open() 函數,這個邏輯與前文介紹的本地檔案系統及 NFS 一致,本節不再贅述。

我們主要看一下 fuse_open() 函數的處理邏輯,該函數經過層層呼叫,最終會呼叫 queue_request_and_unlock() 函數,如圖 7-2 所示。fuse_open() 函數就是將請求掛接到一個鏈結串列中。

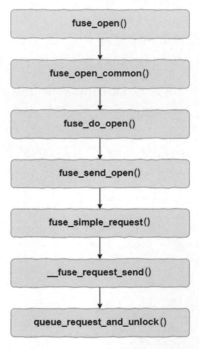

▲ 圖 7-2 Fuse 打開檔案主流程

那麼鏈結串列的請求是如何被使用者態的 Fuse 模組讀取的呢?

其主要原理是核心態模組註冊了一個混雜裝置,裝置名稱是 Fuse。我們在使用者態掛載執行檔案系統流程時會打開該裝置。因此,透過該裝置可以實現與核心態之間的資料互動。

至此，我們對 Fuse 的使用、原理和實現程式進行了比較詳細的介紹。當然，限於篇幅，本節以打開檔案為例進行介紹，並沒有介紹所有流程。不過，其他流程都是類似的，了解了打開檔案流程，再透過閱讀程式可以很容易地熟悉其他流程。

7.1.2 Windows 中的使用者態檔案系統框架 Dokany

對於使用者來說，提起 Linux 就不能不提 Windows，畢竟 Windows 在服務端也占有一席之地。Windows 也有使用者態檔案系統框架，如 Dokany 和 WinFsp 等。本節以 Dokany 為例介紹一下 Windows 中的使用者態檔案系統框架和部分細節。

Dokany 整體架構與 Fuse 整體架構沒有基本的差異，我們完全可以參考圖 7-1 來理解 Dokany 的架構。說到 Dokany 就不得不提一下 Dokan，其實 Dokany 是一些熱心的開發者對 Dokan 進行了封裝，增加了相容 Linux Fuse 的 API，而這個增加了 API 相容 Linux Fuse 的 API 的專案就是 Dokany。

▲ 圖 7-3 Dokany 專案的目錄結構

圖 7-3 所示為從 github 下載的 Dokany 專案的目錄結構。這裡面核心部分包含兩部分，一個是 Windows 核心態模組，另一個是使用者態的動態函數庫。另外，實現與 Fuse 相容介面的程式在目錄 dokan_fuse 中。

對於使用者態的模組，其實現方式與 Fuse 的實現方式非常類似，邏輯也比較簡單，本節不再贅述。其核心邏輯在 DokanLoop() 函數中實現，該函數會從核心獲取請求，並且根據請求的類型分發到註冊的函數。

對於核心態的模組，如果想要徹底理解，則需要掌握一些 Windows 核心的知識。如果想要深入學習 Windows 核心程式設計的知識，則可以見參考文獻中的資料 [25][26]。當然，如果沒有 Windows 核心的知識也沒關係，也不會對理解核心態模組的邏輯產生太大的影響。

Windows 核心態模組的 I/O 堆疊是基於分層架構的，Dokany 實現的核心態模組會插入某兩層之間。Windows 核心驅動有一個統一的入口，當模組初始化時會呼叫該函數，類似使用者態的 main() 函數。對於 Dokany 來說，其函數的實現如程式 7-5 所示，可以看出這裡主要註冊了一些回呼函數。

▼ 程式 7-5 Dokany 函數的實現

```
sys/dokan.c
```
```
NTSTATUS
DriverEntry(__in PDRIVER_OBJECT DriverObject, __in PUNICODE_STRING
RegistryPath)
{
  // 刪除部分程式
  DriverObject->DriverUnload = DokanUnload;

  DriverObject->MajorFunction[IRP_MJ_CREATE] = DokanBuildRequest;
  DriverObject->MajorFunction[IRP_MJ_CLOSE] = DokanBuildRequest;
```

```
  DriverObject->MajorFunction[IRP_MJ_CLEANUP] = DokanBuildRequest;

  DriverObject->MajorFunction[IRP_MJ_DEVICE_CONTROL] =
DokanBuildRequest;
  DriverObject->MajorFunction[IRP_MJ_FILE_SYSTEM_CONTROL] =
DokanBuildRequest;
  DriverObject->MajorFunction[IRP_MJ_DIRECTORY_CONTROL] =
DokanBuildRequest;

  DriverObject->MajorFunction[IRP_MJ_QUERY_INFORMATION] =
DokanBuildRequest;
  DriverObject->MajorFunction[IRP_MJ_SET_INFORMATION] =
DokanBuildRequest;

  DriverObject->MajorFunction[IRP_MJ_QUERY_VOLUME_INFORMATION] =
      DokanBuildRequest;
  DriverObject->MajorFunction[IRP_MJ_SET_VOLUME_INFORMATION] =
      DokanBuildRequest;

  DriverObject->MajorFunction[IRP_MJ_READ] = DokanBuildRequest;
  DriverObject->MajorFunction[IRP_MJ_WRITE] = DokanBuildRequest;
  DriverObject->MajorFunction[IRP_MJ_FLUSH_BUFFERS] = DokanBuildRequest;

  DriverObject->MajorFunction[IRP_MJ_SHUTDOWN] = DokanBuildRequest;
  DriverObject->MajorFunction[IRP_MJ_PNP] = DokanBuildRequest;

  DriverObject->MajorFunction[IRP_MJ_LOCK_CONTROL] = DokanBuildRequest;

  DriverObject->MajorFunction[IRP_MJ_QUERY_SECURITY] =
DokanBuildRequest;
  DriverObject->MajorFunction[IRP_MJ_SET_SECURITY] = DokanBuildRequest;

  RtlZeroMemory(&FastIoDispatch, sizeof(FAST_IO_DISPATCH));
}
```

這裡只實現了一個回呼函數，也就是 DokanBuildRequest()，該函數沒做具體的工作，主要呼叫 DokanDispatchRequest() 函數。而 Dokan DispatchRequest() 函數在內部實現了對不同請求的分發。

以建立檔案為例，當請求到達 DokanDispatchRequest() 函數時，會被分發到 DokanDispatchCreate() 函數來進行處理，而該函數透過如圖 7-4 所示的流程將請求插入一個鏈結串列中。

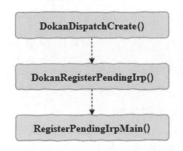

▲ 圖 7-4 Dokan 建立檔案流程

本節主要介紹一下 Dokany 的架構和建立檔案的流程，很多細節沒有進行介紹。如果大家想了解 Dokany 更多的細節，則可以自行閱讀原始程式碼，本節不再贅述。

▶ 7.2 物件儲存與常見實現簡析

接下來介紹一下檔案系統在服務端的演化。服務端的演化主要是根據應用對儲存系統需求轉變的。有些應用對檔案系統的某些方面有特殊的需求，對另外一些方面則沒有任何需求。比如，電子商務應用，其圖片需要儲存在檔案系統上，它關注的是儲存容量、擴展性和性能。但是對是否可以對檔案加鎖、檔案存取權限、擴展屬性和層級結構等沒有太多要求。

鑑於上述應用的特殊化需求，物件儲存出現了。物件儲存與分散式檔案系統類似，但是其對檔案組織和存取語義進行了簡化，使得用戶端對資料存取更加高效。

7.2.1 從檔案系統到物件儲存

隨著網際網路應用的發展，網際網路業務對檔案系統提出了特殊的需求。於是演化出了管理檔案的一種類似檔案系統，但又不是檔案系統，這就是物件儲存系統。本節將介紹一下檔案系統與物件儲存的淵源，以及常見物件儲存的相關內容。

7.2.1.1 從網路檔案系統說起

早些時候的企業級架構普遍採用網路檔案系統，如 Sun 公司的 NFS 和微軟 CIFS 等。關於網路檔案系統的原理本書在前面章節已經進行了深入的介紹，這裡不再贅述。但是網路檔案系統有以下幾個缺點。

（1）用戶端與儲存端互動太多，特別是存在多級目錄的情況下。

（2）一次資料存取需要多次存取磁碟。

（3）儲存端無法透過橫向擴展的方式來提升性能和容量。

雖然分散式檔案系統解決了橫向擴展的問題，但是由於檔案系統層級結構的存在，在主機存取儲存端檔案時仍然存在多次與儲存端互動的問題。而且以檔案系統的方式，應用存取資料的整個存取路徑是比較長的。以 Web 應用為例，儲存系統的存取一般只能透過掛載到 Web 主機的方式存取，無法讓使用者直接存取。

由於檔案系統空間組織的特點，對檔案存取時需要比較多次的磁碟存取。以 Ext4 檔案系統為例，檔案系統將磁碟空間分為兩個主要的區域：

一個是中繼資料區，用於儲存檔案的 inode 等資訊；另一個是資料區，用於儲存檔案的資料，也就是使用者資料。

這樣，當存取一個檔案時，首先需要找到檔案對應的 inode，然後根據 inode 資訊找到資料的位置，並讀取資料。整個過程可能要涉及 2 ～ 3 次的磁碟存取。對於網際網路應用來説，多次磁碟存取會顯著降低性能，影響使用者的體驗。

7.2.1.2 物件儲存解決的問題

由於上述缺點，傳統的網路檔案系統很難完全滿足網際網路領域的應用需求。我們列舉一個實例，以 Facebook 為例，其每秒鐘都有幾十萬次的照片檢索請求。其儲存的照片總量每天新增 3.5 億張，對應的儲存增量約為 300TB。如果對應物理裝置，則每天大概需要新增上百顆硬碟。

許多大型網際網路公司都會遇到這種問題，在它們的平臺上每天也要產生巨量的圖片資源，並且存取量也是驚人的。這種場景，傳統儲存很難滿足其性能和擴展性的要求。

雖然網際網路應用對性能和容量的要求極高，但是對其他特性的要求並不高，甚至可以説基本上沒有要求，如對檔案內容的修改和檔案鎖等。由於上述場景儲存的主要是圖片，而且儲存特點是一次儲存、多次存取、沒有修改、很少刪除。所以，檔案系統的很多特性都是可以簡化的。

針對上述特點，為了解決性能和容量的問題，物件儲存應運而生。可以看出物件儲存要解決的問題很集中，就是保證橫向擴展能力、降低存取延遲時間。而不需要實現檔案系統的其他額外特性。

物件儲存在資料處理層面的特點是將待處理的資料看作一個整體，無法進行局部修改，這也就是為什麼把它稱為物件，而非檔案了。目前，大多數物件儲存只能建立、刪除和讀取物件，而不支援修改物件。同時，如果有多個用戶端同時建立同一個物件，則儲存系統不會保護這些物件，物件的資料以後傳輸的為準。

但物件儲存整體上也不是那麼非常簡單，很多物件儲存在其他方面實現了比較豐富的特性。比如，S3 物件儲存可以支援巨量資料處理、擴展屬性和二次處理（如照片的轉換，浮水印）等特性。接下來介紹物件儲存著重解決的問題。

1. 用戶端與儲存端互動次數多的問題

用戶端與儲存端的互動次數太多是由協定造成的。以 NFSv3 協定為例，如果用戶端要讀取某個目錄下的檔案，在打開檔案時需要確定父目錄和每個祖先目錄的存在性。在這種情況下就需要多次向儲存系統發送 GETATTR 命令。

物件儲存主要透過兩種方法解決該問題：一種是資料採用扁平化的方式管理；另一種是採用了新的存取協定。

在物件儲存中，所有資料是儲存在一個或多個類似檔案系統目錄的容器中的，這個容器在 S3 中稱為桶（bucket），在 Swift 中稱為容器（container）。但與檔案系統中目錄不同的地方是容器是不可以嵌套的，也就是不能在容器中建立子容器。

物件儲存的存取通常採用基於 HTTP 協定的 RESTFul 風格的 API 來直接存取，透過一個 URL 就可以直接定位到具體的物件，如在 Swift 中存取物件的格式如圖 7-5 所示。

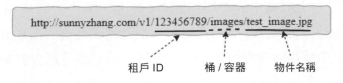

租戶 ID　　桶 / 容器　　物件名稱

▲ 圖 7-5　物件儲存存取 URL 格式

與檔案系統相比，透過這種方式將對儲存的多次存取減少為一次。另外，由於基於 HTTP 協定，用戶端也可以直接存取物件儲存中的物件。顯然，透過這種方式不僅可以減少用戶端與儲存端的互動次數，甚至可以將很多伺服器的負載轉移到物件儲存系統。

2. 多次存取磁碟問題

中繼資料的存取在巨量小檔案的場景下，性能影響最為顯著 [27]，因此，如果能夠減少中繼資料操作，那麼可以極大地提升儲存系統的性能。目前，有很多儲存系統對此進行了最佳化，如 Haystack 等儲存系統。普遍的做法是儲存端不採用本地檔案系統，或者將多個小檔案聚合為一個大檔案，並將中繼資料全部快取到記憶體中。

以 Haystack 為例，其核心特點就是儲存小檔案，如照片。因為照片的大小通常在 10MB 以下，大部分在 KB 等級，如果按照常規每張照片以一個檔案的方式儲存將會產生大量的中繼資料。下面看一下 Haystack 是如何解決磁碟存取問題的。

Haystack 的做法非常簡單，它將多個小檔案作為一個大檔案的局部資料，這個局部資料稱為 needle。同時，Haystack 建構了一個描述 needle 在大檔案中位置的索引檔案。由於索引檔案比較小，因此可以一次性載入到記憶體中。

關於 needle 在大檔案中的布局如圖 7-6 所示。其中，每個 needle 的前半部分是一個固定長度的描述資訊，特別是裡面有一個描述資料大小的域。這樣，即使在沒有索引檔案的情況下，我們也可以很容易地找到第一個 needle，然後計算出後續所有 needle 的位置，進而重構索引檔案。

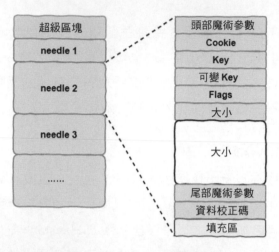

▲ 圖 7-6 Haystack 資料布局

由於索引資料是儲存在記憶體中的，因此當用戶端需要存取資料時，儲存節點可以直接從記憶體中得到資料的位置，並一次從磁碟上讀取資料。從而使儲存性能得到大幅提升。

3. 橫向擴展問題

單一節點的處理能力總歸是有限的。如果能夠透過增加節點數量的方式實現對儲存系統的擴充（包括容量和承載能力），那麼理論上儲存系統的能力可以無限增加，當然實際上會有各種侷限。

物件儲存中的橫向擴展是基礎特性。以 OpenStack Swift 為例，該物件儲存其實除實現物件儲存的基本特性外，其最主要的就是實現了橫向擴展。

OpenStack Swift 的橫向擴展是透過其前端的 Proxy 元件和資料放置演算法實現的。Proxy 元件實現了資料分發的功能，所有請求都要經過 Proxy 元件。在 Proxy 元件內部有資料放置演算法和系統拓撲描述，該元件根據上述資訊可以確定物件的儲存位置。

Proxy 元件最大的特點是可以具備多個實例，每個實例可以安裝在一臺物理伺服器上。由於演算法確定，只要每個 Proxy 元件上的資訊一致，那麼每個 Proxy 元件都可以對請求的資料進行定位，而且結果一致。加上 Proxy 元件可以橫向擴展，因此整個系統沒有任何性能瓶頸節點。

在實際部署時可以在 Proxy 元件前面部署一個負載平衡器，這樣來自用戶端的請求經過負載平衡器後會被均勻地分發到 Proxy 節點，而 Proxy 元件經過計算後將請求發送到具體的儲存節點進行處理。OpenStack Swift 部署結構如圖 7-7 所示。

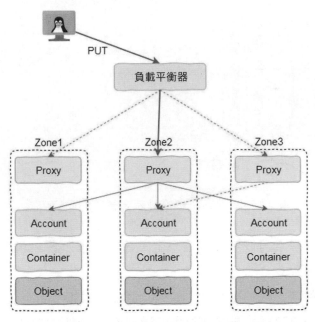

▲ 圖 7-7 OpenStack Swift 部署結構

在 Proxy 元件中最核心的演算法是進行資料放置的一致性雜湊演算法，該演算法實現了將一個物件映射到物理裝置的過程。為了保證整個系統的可靠性和可用性，OpenStack Swift 將裝置劃分為若干等級，如 Zone、Host 和 Disk。透過不同裝置的分發，實現故障域的隔離。

一致性雜湊演算法是對雜湊演算法的改進。雜湊演算法是透過對雜湊表長度取模的方式來定位的演算法。當雜湊表長度發生變化時整個映射關鍵也會發生非常大的變化。

圖 7-8 所示為基於一致性雜湊演算法的資料放置，先要建構一個雜湊環，雜湊環由 0 ～ 32 位元整數（或 64 位元最大值）組成，每個值為一個槽位。雜湊環的初始化是將裝置映射到雜湊環的某些槽位上。一致性雜湊演算法的流程大致如下。

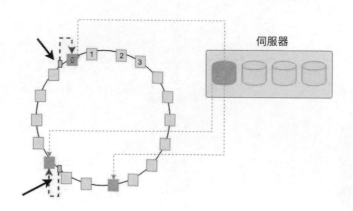

▲ 圖 7-8 基於一致性雜湊演算法的資料放置

（1）首先將物理裝置映射到雜湊環上，建立物理裝置與雜湊環槽位的映射關係。

（2）當有物件存取時，根據物件名稱計算出其雜湊值。

（3）雜湊值以順時鐘的方式映射到雜湊環具有物理裝置的某個槽位上。

經過上述三個流程，物件儲存利用一致性雜湊演算法就可以根據物件名稱輕鬆地找到對應的物理裝置，然後與物理裝置互動，完成資料的存取操作。按照上述流程，當出現物理節點故障時只會影響落到該節點的資料，而落到其他節點的資料位置並不會發生變化。

在物理裝置數量比較少的情況下可能會出現物理裝置在雜湊環分布不均勻的情況。特別是出現故障時，故障節點的資料會被前移到同一個物理節點，導致該節點負載和資料大增。為了改善上述問題，常用的方法是透過虛節點的方式。比如，為一個物理節點建構 100 個虛節點，然後將虛節點映射到雜湊環。由於虛擬節點到雜湊環槽位的映射是偽隨機的，因此當出現物理節點故障時，故障節點的資料會被不同的物理節點處理，從而分攤了負載。

本節對傳統檔案系統的缺點進行了分析，並且結合實例對物件儲存解決的主要問題進行了簡要的分析。

7.2.2 S3 物件儲存簡析

亞馬遜在 2006 年推出了雲端運算領域的第一款產品 S3（Simple Storage Service，簡易儲存服務），雖然 S3 不是最早的物件儲存產品，卻是最出名的物件儲存產品。

S3 拋棄了檔案系統的層級結構，透過扁平化的方式方便使用者使用資料。在 S3 中透過一種桶（bucket）的容器實現了對資料的組織管理。桶的作用類似檔案系統的目錄，但是桶只能保存物件，不能建立「子桶」。

在公有雲環境中，資源都是屬於某個租戶的，S3 中的桶也是屬於某個租戶的。於是 S3 中的租戶、桶與物件的關係如圖 7-9 所示。在 S3 中，預設一個租戶最多可以建立 100 個桶。

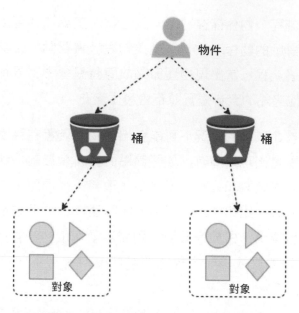

▲ 圖 7-9 S3 中的租戶、桶與物件的關係

物件是儲存在桶中的，其儲存方式是 Key-Value，也就是一個物件名稱對應著物件的資料。在桶中物件的數量是不受限制的，但物件的大小是受限制的，最大可以建立 5TB 的物件。

S3 並不侷限在儲存資料物件，它現在的功能非常豐富，特別是支援許多附加特性。比如，資料的智慧分層、桶資料的跨區複製、存取控制和資料傳輸等特性。隨著雲端運算的興起，S3 無疑已經成為物件儲存的即時性標準，大多數物件儲存實現都相容 S3 介面。

7.2.3 Haystack 物件儲存簡析

Haystack 是 Facebook 用來儲存照片的儲存系統。在其論文發表時，聲稱該系統已經儲存了大約 2600 億張照片，容量多達 20PB[28]。

Facebook 早期也是用 NAS 裝置來儲存系統的，但是隨著資料規模的增大，傳統 NAS 儲存已經完全不能勝任其照片業務的需求。隨後，Facebook 的工程師分析其業務特點，開發了適合自身的儲存系統，也就是 Haystack。

Facebook 開發的 Haystack 儲存系統就是用來解決上述問題的。照片服務有一個非常明顯的特點就是一次寫入、多次讀取並且很少刪除。對於修改方面，Haystack 先假設很少修改，即使出現修改的情況，在 Haystack 內部也是將原來的照片標記為刪除，而將新的照片追加到最後。

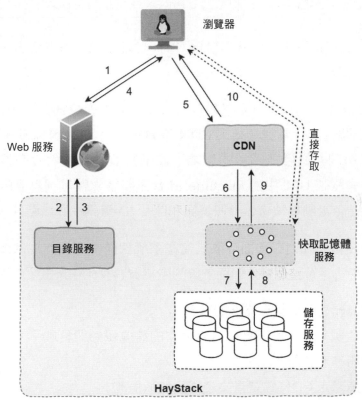

▲ 圖 7-10 Haystack 的整體架構

在了解了上述假設之後，我們看一下 Haystack 的整體架構，如圖 7-10 所示。其中，Haystack 叢集元件在灰色方框中，包含目錄服務、快取服務和儲存服務三個元件。Web 服務和 CDN 不屬於 Haystack，CDN 是一個外部服務，Web 服務提供 Web 存取，可以將 Web 服務理解為 Haystack 服務的使用者。

在圖 7-10 中舉出了一個存取的詳細流程。當瀏覽器存取一個頁面時，Web 服務會透過目錄服務為每個圖片建構一個 URL（步驟 1～4）。URL 稍微有點複雜，一個存取 CDN 的 URL 格式如下：

```
http://<CDN>/<Cache>/<Machine id>/<Logical volume, Photo>
```

從 URL 格式可以看出，該路徑包含 CDN 位址資訊、快取資訊、儲存節點資訊和邏輯卷冊及圖片 ID 資訊等內容。

有了 URL 之後，瀏覽器就可以載入圖片了。請求會發送到 CDN 服務，CDN 會對圖片進行尋找。如果 CDN 沒有該圖片，CDN 服務會向 URL 中的快取服務發送獲取圖片的請求。如果快取服務依然沒有該圖片，快取服務會根據 URL 中的 Machine id 資訊將請求轉發到具體的儲存節點。最後儲存節點根據邏輯卷冊資訊和圖片 ID 資訊找到該圖片。

目錄服務相當於我們在前面分散式檔案系統架構中介紹的控制節點，在目錄服務中維護著整個物件儲存系統的中繼資料資訊，其主要作用如下。

（1）提供邏輯卷冊到物理卷冊的映射。

（2）提供負載平衡，可以實現寫入操作的跨邏輯卷冊負載平衡和讀取操作的跨物理卷冊負載平衡。

（3）確定請求走 CDN 還是直接發送到快取服務。

（4）辨識某些邏輯卷冊是否為唯讀狀態。

快取服務用於快取熱點資料，這樣請求就不用存取磁碟，而是直接從快取讀取。

儲存服務是一個由普通伺服器組成的叢集，它們是實際儲存持久化資料的節點。儲存服務中每個節點上所有硬碟透過 RAID 卡做成 RAID6，然後將該 RAID 劃分為比較大的（如 100GB）物理卷冊，如圖 7-11 所示。假設有 12 塊 1TB 的硬碟，做成 RAID6 後有 10TB 的空間，可以劃分出 100 個 100GB 的物理卷冊。物理卷冊實際上是本地檔案系統中的一個大檔案。在 Haystack 的儲存節點上使用的是 XFS 檔案系統。

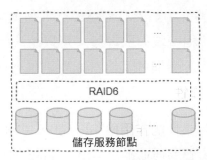

▲ 圖 7-11 儲存服務節點示意圖

7.2.3.1 資料可靠性

Haystack 解決了兩種等級的元件故障：一種是磁碟級的故障；另一種是節點級的故障。這裡節點級故障不侷限於節點當機問題，網線或網路卡等故障也有可能引起節點級的故障。

Haystack 從兩個方面實現上述故障的解決：一個是在節點內透過 RAID 技術保證磁碟故障下的資料可靠性；另一個是透過節點之間的資料副本來保證節點級故障下的資料可靠性。對於資料副本，Haystack 是透過邏輯卷冊來實現的。

RAID 技術透過某種演算法將多個區塊裝置（如磁碟）抽象為一個區塊裝置來使用。透過 RAID 技術建構的區塊裝置不僅可以基於容錯的方式實現容錯，而且可以透過分散連結化提高性能。關於 RAID 的更多細節本節不再贅述，有興趣的讀者可以見參考文獻中的資料 [29]。

節點之間的可靠性是透過邏輯卷冊實現的。邏輯卷冊由多個物理卷冊群組成，物理卷冊中儲存的內容相同，也就是透過多個物理卷冊實現多副本。對於邏輯卷冊中物理卷冊的選擇來說，可以跨節點、機櫃甚至資料中心。透過對裝置拓撲的辨識，可以實現更高級別的容錯。

在關於 Haystack 的論文中並沒有對邏輯卷冊做太多的解釋，但根據我們對分散式檔案系統相關技術的理解，可以做一些推測。在 GlusterFS 中，我們也看到過關於卷冊的概念，知道副本卷冊可以實現多副本儲存，並保證資料的可靠性。

在 Haystack 中，邏輯卷冊的作用與 GlusterFS 中副本卷冊的作用類似。不過在 Haystack 中邏輯卷冊並不會呈現卷冊的形態，也就是資料並不經過該卷冊。在 Haystack 中，卷冊只是一個邏輯概念，本質上只是目錄服務中的一個專案，它建立了與物理卷冊之間的關係。

為了更加清楚地理解邏輯卷冊與物理卷冊之間的關係，假設有一個三個節點的叢集，每個節點有兩個物理卷冊。假設建立了三個邏輯卷冊，副本數為 2，此時邏輯卷冊與物理卷冊之間的對應關係如圖 7-12 所示。

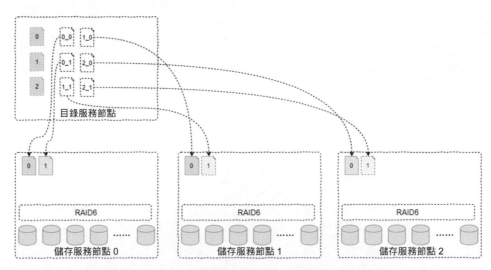

▲ 圖 7-12 邏輯卷冊與物理卷冊之間的對應關係

從圖 7-12 中可以看出，每個邏輯卷冊對應著兩個物理卷冊，為了更加清晰地了解邏輯卷冊與物理卷冊的關係，本書列出表 7-1 所示的對應關係。

表 7-1 邏輯卷冊與物理卷冊的關係

邏輯卷冊	物理卷冊 0	物理卷冊 1
0	0_0	1_0
1	0_1	2_0
2	1_1	2_1

由於有上述對應關係，當使用者上傳圖片時，Web 服務首先從目錄服務查詢一個邏輯卷冊。然後 Web 服務根據該邏輯卷冊對應的物理卷冊直接將請求發送到儲存服務。寫資料的流程如圖 7-13 所示。

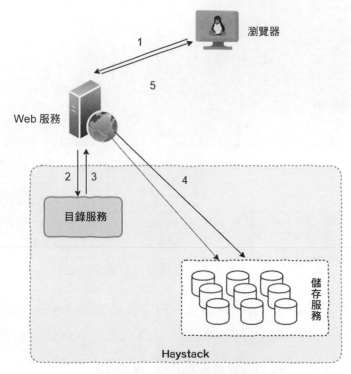

▲ 圖 7-13 寫資料的流程

7.2.3.2 橫向擴展

理解了邏輯卷冊的概念，以及邏輯卷冊與物理卷冊之間的對應關係，就容易理解其橫向擴展的概念。

由於儲存系統的負載和容量由邏輯卷冊承載，因此擴充其實就是增加邏輯卷冊數量的過程。又因為邏輯卷冊是由物理卷冊群組成的，因此擴充其實就是增加節點，並且建立邏輯卷冊的過程。當建立了新的邏輯卷冊後，在目錄服務中就會有相關的資訊。由於新邏輯卷冊使用率和負載等是最小的，因此寫資料會優先分配給它，這也就達到了橫向擴展的目的。

Haystack 的整體架構其實與 GFS 的整體架構非常類似，這裡目錄服務類似 GFS 中的 master 節點，而儲存服務則類似 chunkserver。不同之處是 Haystack 目錄服務維護的中繼資料相對比較簡單，沒有複雜的層級關係。

7.2.3.3 存取性能

對於存取性能方面，Haystack 在多個層面進行了設計，如 CDN 的使用、快取的使用和本地資料組織等。由於 CDN 和快取是基礎元件，這方面的內容有很多介紹，本節不再贅述，具體見參考文獻中的資料 [30][31][32]。

Haystack 性能的最佳化有兩個方面：一個方面是目錄服務實現對物理卷冊和邏輯卷冊的負載平衡；另一個方面是對小檔案的聚合處理。

在負載平衡方面，目錄服務即時地收集各個儲存節點上物理卷冊的存取熱度資訊和容量資訊。同時，在目錄服務中透過平衡搜尋樹或某種方式快速檢索負載最小邏輯卷冊。這樣，當用戶端有讀 / 寫請求時，目錄服務就可以快速找到最優的邏輯卷冊。

在小檔案聚合方面，Haystack 透過一個大檔案（物理卷冊）和一個索引檔案來實現。其中，大檔案用來儲存多個小檔案，索引檔案則建立了物件關鍵字與資料在大檔案偏移的關係。物件資料在大檔案中是依次排列的，如圖 7-14 所示。

透過圖 7-14 可以看出，在 Haystack 中每個物件透過一個 needle 進行表示。每個 needle 的布局如圖 7-14 右側所示。在 needle 中包含關鍵字、大小和資料等資訊，這樣透過上述資訊可以找到期望的物件。

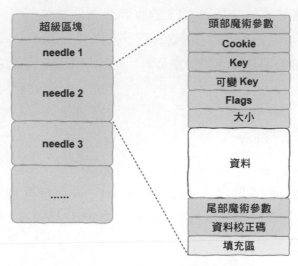

▲ 圖 7-14 物理卷冊資料布局

透過遍歷的方式尋找物件已經太落後了，也沒達到使用 Haystack 想要解決的問題。在 Haystack 中，可以透過索引檔案來實現物件尋找。索引檔案可以一次性地被載入到記憶體中，因此物件的尋找就變成索引檔案遍歷的過程。

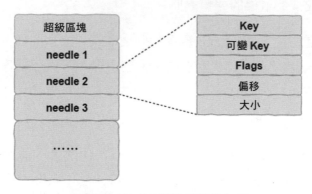

▲ 圖 7-15 索引檔案資料布局

索引檔案資料布局如圖 7-15 所示，其中，每個 needle 與大檔案中的 needle 是一一對應的。這樣，根據索引檔案中 Key 與偏移的關係就可以確定要尋找的物件在大檔案的位置。可見，對於讀取請求，可以不經過讀磁碟而一次性確定物件位置，然後直接從大檔案讀取資料。

對於索引檔案在記憶體中的表示，我們可以透過平衡搜尋樹或雜湊表實現，這樣在記憶體中的尋找也是非常迅速的。

假設小檔案平均大小為 1MB，那麼一個物理卷冊大概可以儲存 1 萬個小檔案。這樣，對於檔案的中繼資料資訊就少得多了。

至此，我們完成了本書所有內容的介紹。從本地檔案系統到網路檔案系統、分散式檔案系統、再到物件儲存。每一種儲存技術的出現都是為了解決某些問題，而也都有其適用場景。透過本書的介紹，相信大家對檔案系統有了一個整體和系統的認識，也希望能夠對大家的工作有所幫助。

6.7 分散式系統實例之 GlusterFS

參考文獻

[1]   Microsoft 公司 . 微軟英漢雙解電腦百科辭典 [M]. 漢揚天地科技發展
       有限公司，譯 . 北京：北京希望電子出版社，1999.

[2]   全國科學技術名詞審定委員會審定 . 電腦科學技術名詞（第 3 版）
       [M]. 北京：科學出版社，2018.

[3]   W. Richard Stevens. UNIX 環境高級程式設計 [M]. 尤晉元，譯 . 北
       京：機械工業出版社，2000.

[4]   O'Neil，et al. The LRU-K Page Replacement Algorithm for Database
       Disk Buffering[J]. Acm Sigmod Record，1993.

[5]   Johnson T，Shasha D. 2Q：A Low Overhead High Performance Buffer
       Management Replacement Algorithm[C]. PROCEEDINGS OF THE
       INTERNATIONAL CONFERENCE ON VERY LARGE DATA BASES.
       Morgan Kaufmann Publishers Inc. 1994.

[6]   Jiang S，Zhang X. LIRS：An Efficient Low Inter-reference Recency Set Replacement to Improve Buffer Cache Performance[C]. Proceedings of the International Conference on Measurements and Modeling of Computer Systems，SIGMETRICS 2002，June 15-19，2002，Marina Del Rey，California，USA. ACM，2002.

[7]   Lee D，Choi J，Kim J H，et al. LRFU：A Spectrum of Policies that Subsumes the Least Recently Used and Least Frequently Used Policies[J]. Computers IEEE Transactions on，1999，27（1）：134-143.

[8]   Megiddo N. ARC：A self-tuning，low overhead Replacement cache[C] USENIX File and Storaqe Technologies Conference（FAST'03），San Francisco，CA. 2003.

[9]   A. Sweeney，D. Doucette，W. Hu，C. Anderson，M. Nishimoto，and G. Peck. Scalability in the xfs file system. In ATEC' 96:Proceedings of the 1996 annual conference on USENIX Annual Technical Conference，pages 1–1，Berkeley，CA，USA，1996. USENIX Association.

[10]   鳥哥 . 鳥哥的 Linux 私房菜：伺服器架設篇（第 3 版）[M]. 北京：機械工業出版社，2012.

[11]   Evi Nemeth. UNIX/Linux 系統管理技術手冊（第 4 版）[M]. 張輝，譯 . 北京：人民郵電出版社，2016.

[12]   Ghemawat S，Gobioff H B，Leung S . The Google file system[J]. ACM SIGOPS Operating Systems Review，2003.

[13]   Sage A. Weil，Scott A. Brandt，Ethan L. Miller，Darrell D. E. Long. Ceph：A Scalable，High-Performance Distributed File System.

[14]　S. A. Weil，K. T. Pollack, S. A. Brandt，and E. L. Miller. Dynamic Metadata Management for Petabyte-scale File Systems. In Proceedings of the 2004 ACM/IEEE Conference on Supercomputing（SC＇04）. ACM，Nov. 2004.

[15]　Mustaque Ahamad，Mostafa H. Ammar，Shun Yan Cheung. Replicated Data Management in Distributed Systems.

[16]　黃建忠，曹強，秦嘯．糾刪碼儲存叢集系統設計與最佳化 [M]. 北京：科學出版社，2016.

[17]　Huang C，Simitci H，Xu Y，et al. Erasure coding in windows azure storage[C] Proceedings of the 2012 USENIX conference on Annual Technical Conference. USENIX Association，2012.

[18]　Gautschi W . On inverses of Vandermonde and confluent Vandermonde matrices III[J]. Numerische Mathematik, 1978，29（4）：445-450.

[19]　Murray J F，Hughes G F，Kreutz-Delgado K . Machine Learning Methods for Predicting Failures in Hard Drives: A Multiple-Instance Application[J]. Journal of Machine Learning Research, 2005，6（1）：783-816.

[20]　卡倫‧辛格．Ceph 分散式儲存學習指南 [M]. Ceph 中國社區，譯．北京：機械工業出版社，2017.

[21]　Ceph 中國社區．Ceph 分散式儲存實戰 [M]. 北京：機械工業出版社，2016.

[22]　謝型果．Ceph 設計原理與實現 [M]. 北京：機械工業出版社，2017.

[23]　Sage A. Weil，Andrew W. Leung，Scott A. Brandt，Carlos Maltzahn. RADOS: A Scalable，Reliable Storage Service for Petabyte-scale Storage Clusters.

[24] 常濤 . Ceph 原始程式分析 [M]. 北京：機械工業出版社，2016.

[25] 譚文，陳銘霖 . Windows 核心程式設計 [M]. 北京：電子工業出版社，2020.

[26] 譚文，陳銘霖 . Windows 核心安全與驅動開發 [M]. 北京：電子工業出版社，2015.

[27] D. Roselli，J. Lorch, and T. Anderson. A comparisonof file system workloads. In Proceedings of the 2000 USENIX Annual Technical Conference，pages 41–54, June2000.

[28] Beaver，Doug，Kumar，Sanjeev，Li，Harry C，et al. Finding a needle in Haystack: facebook's photo storage[C] Usenix Conference on Operating Systems Design & Implementation. USENIX Association, 2010.

[29] 魯士文 . 儲存網路技術及應用 [M]. 北京：清華大學出版社，2010.

[30] 雷葆華，孫穎，王峰，等 . CDN 技術詳解 [M]. 北京：電子工業出版社，2012.

[31] 唐宏，陳戈，陳步華，等 . 內容分發網路原理與實踐 [M]. 北京：人民郵電出版社，2018.

[32] Carlson，Josiah L. Redis in Action[J]. Media. johnwiley. com. au，2013.

Note

Note